U0313546

全国高等院校土木与建筑专业十二五创新规划教材

建设工程监理实务

马　楠　李　可　主　编

徐　聪　王　雯　孟　韬　副主编

清华大学出版社

北　京

内 容 简 介

《建设工程监理实务》是"高等教育土木工程类系列规划教材"之一。本教材结合我国建设工程监理的实际情况，共分为 7 章，分别讲述了建设工程监理基本知识、监理工程师与工程监理企业、建设工程目标控制、建设工程风险管理、建设工程监理组织、建设工程监理规划、国外监理发展概况等内容。书中给出了反映建设工程监理工作的大量实际案例和习题，力求通过工程实例讲清相关概念、原理、方法和应用，为教师的备课、学生的学习提供最大方便。

本教材具有体系设计合理、内容充实、实用性强等特点。同时，教材与监理工程师培训要求相符合，案例分析与教材内容要求相吻合，具有监理工程师所需的实务知识。

本教材适合作为高等院校土木工程、工程管理等专业的教材使用，也可以作为培训教材及在职人员的自学用书。

图书在版编目(CIP)数据

建设工程监理实务/马楠，李可主编. —北京：清华大学出版社，2014(2019.1重印)
(全国高等院校土木与建筑专业十二五创新规划教材)
ISBN 978-7-302-37552-4

Ⅰ. ①建… Ⅱ. ①马… ②李… Ⅲ. ①建筑工程—监理工作—高等学校—教材 Ⅳ. ①TU712

中国版本图书馆 CIP 数据核字(2014)第 174647 号

责任编辑：桑任松
装帧设计：刘孝琼
责任校对：周剑云
责任印制：沈　露

出版发行：清华大学出版社
　　　　网　　　址：http://www.tup.com.cn, http://www.wqbook.com
　　　　地　　　址：北京清华大学学研大厦 A 座　　　　邮　　编：100084
　　　　社 总 机：010-62770175　　　　　　　　　　邮　　购：010-62786544
　　　　投稿与读者服务：010-62776969，c-service@tup.tsinghua.edu.cn
　　　　质量反馈：010-62772015，zhiliang@tup.tsinghua.edu.cn
　　　　课件下载：http://www.tup.com.cn, 010-62791865

印 装 者：三河市君旺印务有限公司
经　　销：全国新华书店
开　　本：185mm×260mm　　印　张：14.5　　　字　数：349 千字
版　　次：2014 年 9 月第 1 版　　　　　　　印　次：2019 年 1 月第 4 次印刷
定　　价：39.00 元

产品编号：053759-02

前　　言

　　中国建筑业的持久繁荣有力地促进了工程监理行业的发展，中国工程监理行业的发展呼唤高等院校培养更加优秀的监理人才。近几年来，国家修订、完善了包括《中华人民共和国建筑法》、《建设工程监理规范》等在内的一大批与工程监理相关的法律、规范。这些法规将对我国工程监理行业改革产生重大而深远的影响。但目前我国普通高等院校建设监理类课程的教材体系内容却严重滞后，远远不能满足新形势下社会对工程监理类人才的培养需求。

　　在这一新的背景下，当前建设工程监理类课程体系和教材内容的调整已经刻不容缓。为了及时将国家最新颁布实施的法规引入教材，作者在总结多年的科研、教学实践以及以往教材编写经验的基础上，根据新形势下我国普通高等教育土木工程、工程管理等本科专业人才培养目标对本课程的教学要求，并结合当前建设工程监理领域发展的最新动态，编写了《建设工程监理实务》，旨在满足新形势下我国对建设类相关专业人才培养的迫切需求。

　　本教材基于建设工程监理的实际工作，融入了最新国家标准《建设工程监理规范》等法规的内容，充分吸收了国内外最新的学科研究和教学改革成果，邀请了多年来一直在工程监理一线的专家加盟编写团队，以建设项目的全过程为主线，以实际应用为目的，结合来自于现场一线的典型案例，将教学置身于真实的工程监理环境中，强调了理论与实践的高度结合，加强了对工程造价控制能力的培养，形成了本教材的独特风格。

　　(1) 课程内容新颖实用。本教材以当前国家最新颁布的建设法律、规范为依据，尽量吸收工程监理行业的最新成果，反映了国内外本课程的最新动态。

　　(2) 知识体系博采众长。本教材广泛参考和吸取国内外相关教材的理论研究成果和教学改革成果。

　　(3) 教学案例典型丰富。本教材在编写过程中始终坚持理论够用，重在应用能力的人才培养原则，借鉴了大量生动、翔实的典型案例，特别是首创将大规模案例教学引入课堂教学，使学生置身于真实工程监理环境中，具有较强的应用性和实践性。

　　(4) 教材内容广泛、全面。本教材在内容上涵盖了建设工程监理领域的工作实践，兼顾了我国注册监理工程师的培养要求，便于本科人才培养与国家执业资格考试的有效对接。

　　(5) 课程知识结构合理。在知识结构上，本教材以工程建设基本程序为主线，做到知识内容全面、主线明确、层次分明、重点突出、结构合理。

(6) 教学设计力求创新。本教材知识体系完整，每章后设置典型案例分析，便于教师教学和学生自学，有助于学生尽快学习和掌握工程监理理论与实践，加强对所学知识的综合应用。

本书由马楠、李可任主编，徐聪、王雯、孟韬任副主编，盛华工程监理咨询有限公司吴美林总监理工程师提供了部分案例，全书由马楠负责统稿。

由于编者水平有限，在成书过程中虽经反复研究推敲，不妥之处仍在所难免，诚请读者批评指正。

编　者

目　　录

第 1 章　建设工程监理基本知识

【学习要点及目标】

◆ 了解建设工程项目的程序及各阶段的工作内容。

◆ 熟悉建设工程监理的基本理论及基本概念。

◆ 熟悉建设工程监理相关法规。

1.1 工程建设及其程序

1.1.1 工程建设相关概念

1. 工程建设的概念

工程建设是指投资建造固定资产和形成物质基础的经济活动。凡是固定资产扩大再生产的新建、扩建、改建、恢复工程及与之相关的活动均称为工程建设。因此，工程建设的实质是形成新增固定资产的一项综合性的经济活动，其主要内容是把一定的物质资料，如建筑材料、机械设备等，通过购置、建造、安装和调试等活动转化为固定资产，形成新的生产能力或使用效益的过程。与之相关的其他工作，如征用土地、勘察设计、筹建机构和生产职工培训等，也属于工程建设的组成部分。

2. 工程建设的内容

工程建设是通过勘察、设计和施工等活动，以及其他有关部门的经济活动来实现的。它包括从资源开发规划，确定工程建设规模、投资结构、建设布局、技术政策和技术结构、环境保护、项目决策，到建筑安装、生产准备、竣工验收、联动试车等一系列复杂的技术经济活动。工程建设的内容主要有建筑工程、设备及工器具购置、设备安装工程以及工程建设其他工作。

(1) 建筑工程。

建筑工程是指永久性和临时性的各种建筑物和构筑物。例如，厂房、仓库、住宅、学校、矿井、桥梁、电站、体育场等新建、扩建、改建或复建工程；各种民用管道和线路的敷设工程，设备基础、炉窑砌筑、金属结构件(如支柱、操作台、钢梯、钢栏杆等)工程；农田水利工程等。

(2) 设备及工器具购置。

设备及工器具购置是指按设计文件规定，对用于生产或服务于生产达到固定资产标准的设备、工器具的加工、订购和采购。

(3) 设备安装工程。

设备安装工程是指永久性和临时性生产、动力、起重、运输、传动和医疗、实验等设备的装配、安装工程，以及附属于被安装设备的管线敷设、绝缘、保温、刷油等工程。

(4) 工程建设其他工作。

工程建设其他工作是指上述 3 项工作之外而与建设项目有关的各项工作。其内容因建设项目性质的不同而有所差异，以新建工程而言，主要包括征地、拆迁、安置、建设场地准备(三通一平)、勘察、设计招标、承建单位招标、生产人员培训、生产准备、竣工验收、试车等。

1.1.2　建设项目及其分类

1. 建设项目的概念

通常将工程建设项目简称为建设项目。它是指按照一个总体设计进行施工的，可以形成生产能力或使用价值的一个或几个单项工程的总体。它一般在行政上实行统一管理，在经济上实行统一核算。

凡属于一个总体设计中分期分批进行建设的主体工程和附属配套工程、供水供电工程等都作为一个建设项目。按照一个总体设计和总投资文件在一个场地或者几个场地上进行建设的工程，也属于一个建设项目。

在工业建设中，一般以一个工厂为一个建设项目；在民用建设中，一般以一个事业单位，如一所学校、一所医院为一个建设项目。

2. 建设项目的分类

建设项目可以按不同的标准进行分类。

1）按建设项目的建设性质分类

建设项目按建设性质可分为基本建设项目和更新改造项目。基本建设项目是投资建设用于进行扩大生产能力或增加工程效益为主要目的的工程，包括新建项目、扩建项目、迁建项目和恢复项目。

(1) 新建项目。新建项目是指从无到有的新建设的项目。按现行规定，对原有建设项目重新进行总体设计，经扩大建设规模后，其新增固定资产价值超过原有固定资产价值 3 倍以上的，也属新建项目。

(2) 扩建项目。扩建项目是指现有企业或事业单位为扩大生产能力或新增效益而增建的主要生产车间或其他工程项目。

(3) 迁建项目。迁建项目是指现有企、事业单位出于各种原因而搬迁到其他地点的建设项目。

(4) 恢复项目。恢复项目是指现有企、事业单位原有固定资产因遭受自然灾害或人为灾害等原因造成全部或部分报废，而后又重新建设的项目。

(5) 更新改造项目。更新改造项目是指原有企、事业单位为提高生产效益，改进产品质量等原因，对原有设备、工艺流程进行技术改造或固定资产更新，以及相应配套的辅助生产、生活福利等工程和有关工作。

2）按建设项目的用途分类

按建设项目在国民经济各部门中的作用，建设项目可分为生产性建设项目和非生产性建设项目。

(1) 生产性建设项目。生产性建设项目是指直接用于物质生产或满足物质生产需要的建设项目。它包括工业建设、农业、林业、水利、交通、商业、地质勘探等建设工程。

(2) 非生产性建设项目。非生产性建设项目是指用于满足人们物质文化需要的建设项目。它包括办公楼、住宅、公共建筑和其他建设工程项目。

　　3) 按建设项目规模分类

　　根据国家有关规定，基本建设项目可划分为大型建设项目、中型建设项目和小型建设项目；更新改造项目可划分为限额以上(能源、交通、原材料工业项目 5000 万元以上，其他项目总投资 3000 万元以上)和限额以下项目两类。

　　4) 按行业性质和特点分类

　　按行业性质和特点可分为竞争性项目、基础性项目和公益性项目。

　　(1) 竞争性项目。竞争性项目主要是指投资效益比较高、竞争性比较强的一般性建设项目。这类项目应以企业为基本投资对象，由企业自主决策、自担投资风险。

　　(2) 基础性项目。基础性项目主要是指具有自然垄断性、建设周期长、投资额大而收益低的基础设施和需要政府重点扶持的一部分基础工业项目，以及直接增强国力的符合经济规模的支柱性产业项目。这类项目主要由政府集中必要的财力、物力，通过经济实体进行投资。

　　(3) 公益性项目。公益性项目主要包括科技、文教、卫生、体育和环保等设施，公、检、法等政权机关以及政府机关、社会团体办公设施等。公益性项目的投资主要由政府用财政资金来安排。

1.1.3　建设项目的组成

　　建设项目按照建设管理和合理确定工程造价的需要，划分为建设项目、单项工程、单位工程、分部工程和分项工程 5 个项目层次。

　　1. 建设项目

　　建设项目一般是指具有设计任务书和总体规划、经济上实行独立核算、管理上具有独立组织形式的基本建设单位。如一座工厂、一所学校、一所医院等均为一个建设项目。

　　2. 单项工程

　　单项工程又叫工程项目，是建设项目的组成部分。一个建设项目可能就是一个单项工程，也可能包括若干个单项工程。单项工程是指具有独立的设计文件，建成后可以独立发挥生产能力和使用效益的工程。如一所学校的教学楼、办公楼、图书馆等，一座工厂中的各个车间、办公楼等。

　　3. 单位工程

　　单位工程是单项工程的组成部分。单位工程是指具有独立设计文件，可以独立组织施工，但建成后一般不能独立发挥生产能力和使用效益的工程。如办公楼是一个单项工程，该办公楼的土建工程、室内给排水工程、室内电气照明工程等，均属于单位工程。

　　4. 分部工程

　　分部工程是单位工程的组成部分。分部工程是指在一个单位工程中，按工程部位及使用的材料和工种进一步划分的工程。如一般土建单位工程的土石方工程、桩基础工程、砌筑工程、混凝土和钢筋混凝土工程、金属结构工程、构件运输及安装工程、楼地面工程、屋面工程，均属于分部工程。

5. 分项工程

分项工程是分部工程的组成部分。是按不同施工方法、材料工序及路段长度等将分部工程划分为若干个分项或项目的工程。如砌筑工程可划分为砖基础、内墙、外墙、空斗墙、空心砖墙、砖柱、钢筋砖过梁等分项工程。分项工程没有独立存在的意义，它只是为了便于计算建筑工程造价而分解出来的"假定产品"。

综上所述，一个建设项目通常是由一个或几个单项工程组成的，一个单项工程是由几个单位工程组成的，而一个单位工程又是由若干个分部工程组成的，一个分部工程可按照选用的施工方法、使用的材料、结构构件规格的不同等因素划分为若干个分项工程。合理地划分概预算编制对象的分项工程，是正确编制工程概预算造价的一项十分重要的工作，同时也有利于项目的组织和管理。

1.1.4　工程建设程序

1. 工程建设程序的概念

工程建设过程中所涉及的社会层面和管理部门广泛，协调合作环节多。因此，必须按照建设项目建设的客观规律和实际顺序进行工程建设。工程的建设程序就是指建设项目从酝酿、提出、决策、设计、施工到竣工验收及投入生产整个过程中各环节及各项主要工作内容必须遵循的先后顺序。这个顺序是由工程建设进程所决定的，它反映了建设工作客观存在的经济规律及自身的内在联系特点。

2. 工程建设程序阶段的划分

根据我国现行的工程建设程序法规的规定，我国工程建设的一般程序如表 1.1 所示。

表 1.1　我国工程建设程序

工程建设程序的阶段划分	各阶段的主要环节
(1)工程建设前期阶段 (投资决策阶段)	①建设项目投资意向确定
	②建设项目投资机会分析
	③编制项目建议书
	④建设项目可行性研究
	⑤项目审批立项
(2)工程建设准备阶段	①建设项目规划
	②获取土地使用权
	③征地拆迁
	④建设项目报建
	⑤建设项目发包与承包

续表

工程建设程序的阶段划分	各阶段的主要环节
(3)工程建设实施阶段	①工程勘察设计
	②设计文件审批
	③施工准备
	④工程施工
	⑤生产准备
(4)竣工验收交付阶段	①竣工验收
	②工程保修
	③投资后评价

由表 1.1 可知，我国工程建设程序共分 5 个阶段，每个阶段又各包含若干环节。各阶段、各环节的工作应按规定顺序进行。当然，工程项目的性质不同，规模不一，同一阶段内各环节的工作会有一些交叉，有些环节还可以省略，在具体执行时，可根据本行业、本项目的特点，在遵守工程建设程序的大前提下，灵活地开展各项工作。

3. 坚持建设程序的意义

建设程序反映了工程建设过程的客观规律。坚持建设程序在以下几方面有重要意义。

(1) 依法管理工程建设，保证正常建设秩序。

建设工程涉及国计民生，并且投资大、工期长、内容复杂，是一个庞大的系统。在建设过程中，客观上存在着具有一定内在联系的不同阶段和不同内容，必须按照一定的步骤进行。为了使工程建设有序地进行，有必要将各个阶段的划分和工作的次序用法规或规章的形式加以规范，以便于人们遵守。实践证明，坚持建设程序，建设工程就能顺利进行、健康发展；反之，不按建设程序办事，建设工程就会受到极大的影响。因此，坚持建设程序，是依法管理工程建设的需要，是建立正常建设秩序的需要。

(2) 科学决策，保证投资效果。

建设程序明确规定，建设前期应当做好项目建议书和可行性研究工作。在这两个阶段，由具有资格的专业技术人员对项目是否必要、条件是否可行进行研究和论证，并对投资收益进行分析，对项目的选址、规模等进行方案比较，提出技术上可行、经济上合理的可行性研究报告，为项目决策提供依据，而项目审批又从综合平衡方面进行把关。如此，可最大限度地避免决策失误并力求决策优化，从而保证投资效果。

(3) 顺利实施建设工程，保证工程质量。

建设程序强调了先勘察、后设计、再施工的原则。根据真实、准确的勘察成果进行设计，根据深度、内容合格的设计进行施工，在做好准备的前提下合理地组织施工活动，使整个建设活动能够有条不紊地进行，这是工程质量得以保证的基本前提。事实证明，坚持建设程序，就能顺利实施建设工程并保证工程质量。

(4) 顺利开展建设工程监理。

建设工程监理的基本目的是协助建设单位在计划的目标内把工程建成投入使用。因此，坚持建设程序，按照建设程序规定的内容和步骤，有条不紊地协助建设单位开展好每个阶段的工作，对建设工程监理是非常重要的。

4. 建设程序与建设工程监理的关系

(1) 建设程序为建设工程监理提出了规范化的建设行为标准。

建设工程监理要根据行为准则对工程建设行为进行监督管理。建设程序对各建设行为主体和监督管理主体在每个阶段应当做什么、如何做、何时做、由谁做等一系列问题都给予了一定的解答。工程监理企业和监理人员应当根据建设程序的有关规定进行监理。

(2) 建设程序为建设工程监理提出了监理的任务和内容。

建设程序要求建设工程的前期应当做好科学决策的工作。建设工程监理决策阶段的主要任务就是协助委托单位正确地做好投资决策，避免决策失误，力求决策优化。具体的工作就是协助委托单位择优选定咨询单位，做好咨询合同管理，对咨询成果进行评价。

建设程序要求按照先勘察、后设计、再施工的基本顺序做好相应的工作。建设工程监理在此阶段的任务就是协助建设单位做好择优选择勘察、设计、施工单位，对它们的建设活动进行监督管理，做好投资、进度、质量控制以及合同管理和组织协调工作。

(3) 建设程序明确了工程监理企业在工程建设中的重要地位。

根据有关法律、法规的规定，在工程建设中应当实行建设工程监理制。现行的建设程序体现了这一要求。这就为工程监理企业确立了其在工程建设中的应有地位。随着我国经济体制改革的深入，工程监理企业在工程建设中的地位将越来越重要。在一些发达国家的建设程序中，都非常强调这一点。例如，英国土木工程师学会在他的《土木工程程序》中强调，在土木工程程序中的所有阶段，监理工程师"起着重要作用"。

(4) 坚持建设程序是监理人员的基本职业准则。

坚持建设程序，严格按照建设程序办事，是所有工程建设人员的行为准则。对于监理人员而言，更应率先垂范。掌握和运用建设程序，既是监理人员业务素质的要求，也是职业准则的要求。

(5) 严格执行我国建设程序是结合中国国情推行建设工程监理制的具体体现。

任何国家的建设程序都能反映这个国家的工程建设方针、政策、法律、法规的要求，反映建设工程的管理体制，反映工程建设的实际水平。而且，建设程序总是随着时代的变化、环境和需求的变化，不断地调整和完善。这种动态的调整总是与国情相适应的。

我国推行建设工程监理应当遵循两条基本原则：一是参照国际惯例；二是结合中国国情。工程监理企业在开展建设工程监理的过程中，严格按照我国建设程序的要求做好监理的各项工作，就是结合中国国情的体现。

1.1.5　工程建设程序各个阶段的工作内容

1. 工程建设前期阶段的内容

工程建设前期阶段即投资决策分析阶段，这一阶段主要是对工程项目投资的合理性进行考察，对工程项目进行选择。对投资者来讲，这是进行战略决策，它将从根本上决定其投资效益，因此是十分重要的阶段。这个阶段包含投资意向确定、投资机会分析、项目建议书编制、可行性研究与评价、审批立项等几个环节。

(1) 投资意向确定。

投资意向是指投资主体发现社会存在合适的投资机会所产生的投资愿望。它是工程建设活动的起点，也是工程建设得以进行的必备条件。

(2) 投资机会分析。

投资机会分析是指投资主体对投资机会所进行的初步考察和分析，在认为机会合适、有良好的预期效益时，则可进行下一步行动。

(3) 项目建议书编制。

项目建议书是指投资机会分析结果文字化后所形成的书面文件，以方便投资决策者分析、抉择。项目建议书应对拟建工程的必要性、客观可行性和获利的可能性逐一进行论述。

大中型和限额以上项目的投资项目建议书，由行业归口主管部门初审后，再由国家发改委(原为国家计委)审批。小型项目的项目建议书，按隶属关系由主管部门或地方计委审批。

(4) 可行性研究与评价。

可行性研究是指项目建议书被批准后，对拟建项目在技术上是否可行、经济上是否合理等内容所进行的分析论证。广义的可行性研究还包括投资机会分析与评价。

可行性研究应对项目所涉及的社会、经济、技术问题进行深入的调查研究，对各种各样的建设方案和技术方案进行发掘并加以比较、优化，对项目建成后的经济效益、社会效益进行科学的预测及评价，提出该项目建设是否可行的结论性意见。对可行性研究的具体内容和所应达到的深度，有关法规都有明确的规定。

可行性研究报告必须经有资格的咨询机构评估确认后，才能作为投资决策的依据。

(5) 审批立项。

审批立项是指有关部门对可行性研究报告的审查批准程序，审查通过后即予以立项，正式进入工程项目的建设准备阶段。

《关于建设项目进行可行性研究的试行管理办法》对审批立项作了具体规定。

大中型建设项目的可行性研究报告由各主管部，各省、市、自治区或全国性工业公司负责预审，报国务院审批。

小型项目的可行性研究报告，按隶属关系由各主管部，各省、市、自治区到全国性专业公司审批。

2. 工程建设准备阶段的内容

工程建设准备是指为勘察、设计、施工创造条件所做的建设现场、建设队伍、建设设备等方面的准备工作。

这一阶段包括建设项目规划、获取土地使用权、拆迁、报建、工程发包与承包等主要环节。

(1) 建设项目规划。

在规划区内建设的工程，必须符合城市规划或村庄、乡镇规划的要求。其工程选址和布局，必须取得城市规划行政主管部门或村、镇规划主管部门的同意、批准；在城市规划区内进行工程建设的，要依法先后领取城市规划行政主管部门发的"选址意见书"、"建设用地规划许可证"、"建设工程规划许可证"，方能获取土地使用权，进行设计、施工等相关建设活动。

(2) 获取土地使用权。

《中华人民共和国土地管理法》规定：农村和城市郊区的土地 (除法律规定属国家所有外)属于农民集体所有，其余的土地都归国家所有。工程建设用地都必须通过国家对土地使用权的出让或划拨而取得，需在农民集体所有的土地上进行工程建设的，也必须先由国家征用农民土地，然后再将土地使用权出让或划拨给建设单位或个人。

通过国家出让而取得土地使用权的，应向国家支付出让金，并与市、县人民政府土地管理部门签订书面出让合同，然后按合同规定的年限与要求进行工程建设。

由国家划拨取得土地使用权的，虽不向国家支付出让金，但在城市要承担拆迁费用，在农村和郊区要承担土地原使用者的补偿费和安置补助费，其标准由各省、直辖市、自治区自行规定。

(3) 拆迁。

在城市进行工程建设，一般都要对建设用地上的原有房屋和附属物进行拆迁。国务院颁发的《城市房屋拆迁管理条例》规定，任何单位和个人需要拆迁房屋的，都必须持国家规定的批准文件、拆迁计划和拆迁方案，向县级以上人民政府房屋拆迁主管部门提出申请，经批准并取得房屋拆迁许可证后，方可拆迁。拆迁人和被拆迁人应签订书面协议，被拆迁人必须服从城市建设的需要，在规定的搬迁期限内完成搬迁，拆迁人对被拆迁人(被拆房屋及附属物的所有人、代管人及国家授权的管理人)依法给予补偿，并对被拆迁房屋的使用人进行安置。对违章建筑、超过批准期限的临时建筑的被拆迁人和使用人，则不予补偿和安置。

(4) 报建。

建设项目被批准立项后，建设单位或其代理机构必须持工程项目立项批准文件、银行出具的资信证明、建设用地的批准文件等资料，向当地建设行政主管部门或其授权机构进行报建。凡未报建的工程项目，不得办理招标手续和发放施工许可证，设计、施工单位不得承接该项目的设计、施工任务。

(5) 工程发包与承包。

建设单位或其代理机构在上述准备工作完成后，须对拟建工程进行发包，以择优选定工程勘察设计单位、施工单位或总承包单位。工程发包与承包有招标发包和直接发包两种方式，为鼓励公平竞争，建立公正的竞争秩序，国家提倡招标发包方式，并对许多工程强制进行招标投标。

3. 工程建设实施阶段的内容

1) 工程勘察设计

设计是工程项目建设的重要环节，设计文件是制定建设计划、组织工程施工和控制建设投资的依据。它对实现投资者的意愿起关键作用。设计与勘察是密不可分的，设计必须在进行工程勘察，取得足够的地质、水文等基础资料之后才能进行。

另外，勘察工作也服务于工程建设的全过程，在工程选址、可行性研究、工程施工等各个阶段，也必须进行必要的勘察。

2) 施工准备

施工准备包括施工单位在技术、物资方面的准备和建设单位取得开工许可两方面内容。

(1) 施工单位技术、物资方面的准备。工程施工涉及的因素很多，过程也十分复杂，所以，施工单位在接到施工图后，必须做好细致的施工准备工作，以确保工程顺利建成。它包括熟悉审查设计施工图，编制施工组织设计，向下属单位进行计划、技术、质量、安全、经济责任的交底，下达施工任务书，准备工程施工所需的设备、材料等活动。

(2) 取得开工许可。建设单位取得开工许可的条件如下。

① 已经办好该工程用地批准手续。

② 在城市规划区的工程，已取得规划许可证。

③ 需要拆迁的，拆迁进度满足施工进度要求。

④ 建筑安装施工企业已确定。

⑤ 有满足施工需要的施工图和技术资料。

⑥ 有保证工程质量和安全的具体措施。

⑦ 建设资金已落实并满足有关法律、法规规定的其他条件。

建设单位具备以上条件，方可按国家有关规定向工程所在地县级以上人民政府建设行政主管部门申领施工许可证。未取得施工许可证的建设单位不得擅自组织开工。已取得施工许可证的，应自批准之日起 3 个月内组织开工，因故不能按期开工的，可向发证机关申请延期，延期以两次为限，每次不超过 3 个月。既不按期开工，又不申请延期或超过延期时限的，已批准的施工许可证自行作废。

3) 工程施工

工程施工是指施工队伍具体地配置各种施工要素，将工程设计物化为建筑产品的过程，也是投入劳动量最大、花费时间较长的工作。其管理水平的高低、工作质量的好坏对建设项目的质量和所产生的效益起着十分重要的作用。

工程施工管理具体包括施工调度、施工安全、文明施工、环境保护等几方面的内容。

施工调度是进行施工管理，掌握施工情况，及时处理施工中存在的问题，严格控制工程的施工质量、进度和成本的重要环节。施工单位的各级管理机构均应配备专职调度人员，建立和健全各级调度机构。

施工安全是指施工活动中，对职工身体健康与安全、机械设备使用的安全及物资的安全等应有保障制度和所采取的措施。根据有关规定，施工单位必须执行国家有关安全生产和劳动保护的法规，建立安全生产责任制，加强规范化管理，进行安全交底、安全教育和安全宣传，严格执行安全技术方案，定期检修、维修各种安全设施，做好施工现场的安全保卫工作，建立和执行防火管理制度，切实保障工程施工的安全。

文明施工是指施工单位应推行现代管理方法，科学组织施工，保证施工活动整洁、有序、合理地进行。其具体内容包括：按施工总平面布置图设置各项临时设施，施工现场设置明显标牌，主要管理人员要佩戴身份标识。机械操作人员要持证上岗，施工现场的用电线路、用电设施的安装使用和现场水源、道路的设置要符合规范要求等。

环境保护是指施工单位必须遵守国家有关环境保护的法律、法规，采取措施控制各种粉尘、废气、噪声等对环境的污染和危害。如不能控制在规定的范围内，则应事先报请有关部门批准。

4) 生产准备

生产准备是指工程施工临近结束时，为保证建设项目能及时投产使用所进行的准备活动。如招收和培训必要的生产人员，组织人员参加设备安装调试和工程验收，组建生产管理机构，制定规章制度，收集生产技术资料和样品，落实原材料、外协产品、燃料、水、电的来源及其他配合条件等。建设单位要根据建设项目或主要单项工程的生产技术特点，及时组成专门班子或机构，有计划地做好这一工作。

4. 工程竣工验收与保修阶段的内容

(1) 工程竣工验收。

工程项目按设计文件规定的内容和标准全部建成，并按规定将工程内外全部清理完毕后称为竣工。国家计委颁发的《建设项目(工程)竣工验收办法》规定，凡新建、扩建、改建的基本建设项目(工程)和技术改造项目，按批准的设计文件所规定的内容建成，符合验收标准的必须及时组织验收，办理固定资产移交手续。根据《中华人民共和国建筑法》及国务院《建设工程质量管理条例》等相关法规规定，交付竣工验收的工程，必须具备下列条件。

① 完成建设工程设计和合同约定的各项内容。

② 有完整的技术档案和施工管理资料。

③ 有工程使用的主要建筑材料、建筑构配件和设备的进场试验报告。

④ 有勘察、设计、施工、工程监理等单位分别签署的质量合格文件。

⑤ 有施工单位签署的工程保证书。

竣工验收的依据是已批准的可行性研究报告、初步设计或扩大初步设计、施工图和设备技术说明书以及现行施工技术验收的规范和主管部门(公司)有关审批、修改、调整的文件等。

工程验收合格后，方可交付使用。此时承发包双方应尽快办理固定资产移交手续和工程结算，将所有工程款项结算清楚。

(2) 工程保修。

根据《中华人民共和国建筑法》及《建设工程质量管理条例》等相关法规的规定，工程竣工验收交付使用后，在保修期限内，承包单位要对工程中出现的质量缺陷承担保修与赔偿责任。

(3) 投资后评价。

建设项目投资后评价是工程竣工投产、生产运营一段时间后，对项目的立项决策、设计施工、竣工投产、生产运营等全过程进行系统评价的一种技术经济活动。它是工程建设管理的一项重要内容，也是工程建设程序的最后一道环节。它可使投资主体达到总结经验、吸取教训、改进工作、不断提高项目决策水平和投资效益的目的。目前我国的投资后评价一般分建设单位的自我评价、项目所属行业(地区)主管部门的评价及各级计划部门(或主要投资主体)的评价3个层次进行。

1.1.6 建设工程主要管理制度

按照我国的有关规定，在工程建设中，应当实行项目法人责任制、工程招标投标制、建设工程监理制、合同管理制等主要制度。这些制度相互关联、相互支持，共同构成了建设工程管理制度体系。

1. 项目法人责任制

为了建立投资约束机制，规范建设单位的行为，建设工程应当按照政企分开的原则组建项目法人，实行项目法人责任制，即由项目法人对项目的策划、资金筹措、建设实施、生产经营、债务偿还和资产的保值增值，实行全过程负责的制度。

1) 项目法人

国有单位经营性大中型建设工程必须在建设阶段组建项目法人。项目法人可按《中华人民共和国公司法》(以下简称《公司法》)的规定设立有限责任公司(包括国有独资公司)和股份有限公司等。

2) 项目法人的设立

(1) 设立时间。新上项目在项目建议书被批准后，应及时组建项目法人筹备组，具体负责项目法人的筹建工作。项目法人筹备组主要由项目投资方派代表组成。

在申报项目可行性研究报告时，需同时提出项目法人组建方案；否则，其项目可行性报告不予审批。项目可行性研究报告经批准后，正式成立项目法人，并按有关规定确保资金按时到位，同时及时办理公司设立登记。

(2) 备案。国家重点建设项目的公司章程须报国家计委备案，其他项目的公司章程按项目隶属关系分别向有关部门、地方计委备案。

3) 组织形式和职责

(1) 组织形式。

国有独资公司设立董事会。董事会由投资方负责组建。

国有控股或参股的有限责任公司、股份有限公司设立股东会、董事会和监事会。董事会、监事会由各投资方按照《公司法》的有关规定组建。

(2) 建设项目董事会职权。

① 负责筹措建设资金。

② 审核上报项目初步设计和概算文件。

③ 审核上报年度投资计划并落实年度资金。

④ 提出项目开工报告。

⑤ 研究解决建设过程中出现的重大问题。

⑥ 负责提出项目竣工验收申请报告。

⑦ 审定偿还债务计划和生产经营方针，并负责按时偿还债务。

⑧ 聘任或解聘项目总经理，并根据总经理的提名，聘任或解聘其他高级管理人员。

(3) 总经理职权。

组织编制项目初步设计文件，对项目工艺流程、设备选型、建设标准、总图布置提出意见，提交董事会审查。

组织工程设计、工程监理、工程施工和材料设备采购招标工作，编制和确定招标方案、标底和评标标准，评选和确定投、中标单位。

编制并组织实施项目年度投资计划、用款计划和建设进度计划。

编制项目财务预算、决算。

编制并组织实施归还贷款和其他债务计划。

组织工程建设实施，负责控制工程投资、工期和质量。

在项目建设过程中，在批准的概算范围内对单项工程的设计进行局部调整。

根据董事会授权处理项目实施过程中的重大紧急事件，并及时向董事会报告。

负责生产准备工作和培训人员。

负责组织项目试生产和单项工程预验收。

拟订生产经营计划、企业内部机构设置、劳动定员方案及工资福利方案。

组织项目后评估，提出项目后评估报告。

按时向有关部门报送项目建设、生产信息和统计资料。

提请董事会聘请或解聘项目高级管理人员。

4) 项目法人责任制与建设工程监理制的关系

(1) 项目法人责任制是实行建设工程监理制的必要条件。建设工程监理制的产生、发展取决于社会需求。没有社会需求，建设工程监理就会成为无源之水，也就难以发展。

实行项目法人责任制，贯彻执行谁投资、谁决策、谁承担风险的市场经济下的基本原则，这就为项目法人提出了一个重大问题：如何决策和承担风险的工作。也因此对社会提出了需求。这种需求，为建设工程监理的发展提供了坚实的基础。

(2) 建设工程监理制是实行项目法人责任制的基本保障。有了建设工程监理制，建设单位就可以根据自己的需要和有关的规定委托监理。在工程监理企业的协助下，做好投资控制、进度控制、质量控制、合同管理、信息管理、组织协调工作，就为在计划目标内实现建设项目提供了基本保证。

2. 工程招标投标制

为了在工程建设领域引入竞争机制，择优选定勘察单位、设计单位、施工单位以及材料、设备供应单位，需要实行工程招标投标制。

《中华人民共和国招标投标法》对招标范围和规模标准、招标方式和程序、招标投标活动的监督等内容作出相应的规定。

3. 建设工程监理制

早在 1988 年建设部发布的"关于开展建设监理工作的通知"中就明确提出要建立建设监理制度，在《中华人民共和国建筑法》中也作了"国家推行建筑工程监理制度"的规定。

4. 合同管理制

为了使勘察、设计、施工、材料设备供应单位和工程监理企业依法履行各自的责任和义务，在工程建设中必须实行合同管理制。

合同管理制的基本内容是：建设工程的勘察、设计、施工、材料设备采购和建设工程监理都要依法订立合同。各类合同都要有明确的质量要求、履约担保和违约处罚条款。违约方要承担相应的法律责任。

合同管理制的实施对建设工程监理开展合同管理工作提供了法律上的支持。

1.2 建设工程监理的基本概念

1.2.1 建设工程监理制产生的背景

从中华人民共和国成立直至 20 世纪 80 年代，我国固定资产投资基本上是由国家统一安排计划(包括具体的项目计划)，由国家统一财政拨款。在我国当时经济基础薄弱、建设投资和物资短缺的条件下，这种方式对于国家集中有限的财力、物力、人力进行经济建设，迅速建立我国的工业体系和国民经济体系起到了积极作用。

当时，我国建设工程的管理基本上采用两种形式：对于一般建设工程，由建设单位自己组成筹建机构，自行管理；对于重大建设工程，则从与该工程相关的单位抽调人员组成工程建设指挥部，由指挥部进行管理。因为建设单位无须承担经济风险，这两种管理形式得以长期存在，但其弊端是不言而喻的。由于这两种形式都是针对一个特定的建设工程临时组建的管理机构，相当一部分人员不具有建设工程管理的知识和经验，因此，他们只能在工作实践中摸索。而一旦工程建成投入使用，原有的工程管理机构和人员就解散，当有新的建设工程时再重新组建。这样，建设工程管理的经验不能承袭升华，用来指导今后的工程建设，而教训却不断地重复发生，使我国建设工程管理水平长期在低水平徘徊，难以提高。投资"三超"(概算超估算、预算超概算、结算超预算)、工期延长的现象较为普遍。工程建设领域存在的上述问题受到政府和有关单位的关注。

20 世纪 80 年代我国进入了改革开放的新时期，国务院决定在基本建设和建筑业领域采取一些重大的改革措施，例如，投资有偿使用(即"拨改贷")、投资包干责任制、投资主体多元化、工程招标投标制等。在这种情况下，改革传统的建设工程管理形式，已经势在必行；否则，难以适应我国经济发展和改革开放新形势的要求。

通过对我国几十年建设工程管理实践的反思和总结，并对国外工程管理制度与管理方法进行了考察，认识到建设单位的工程项目管理是一项专门的学问，需要一大批专门的机构和人才，建设单位的工程项目管理应当走专业化、社会化的道路。在此基础上，建设部于 1988 年发布了《关于开展建设监理工作的通知》，明确提出要建立建设监理制度。建设监理制作为工程建设领域的一项改革举措，旨在改变陈旧的工程管理模式，建立专业化、社会化的建设监理机构，协助建设单位做好项目管理工作，以提高建设水平和投资效益。

建设工程监理制于 1988 年开始试点，5 年后逐步推广，1997 年《中华人民共和国建筑法》(以下简称《建筑法》)以法律制度的形式作出规定，国家推行建设工程监理制度，从而使建设工程监理在全国范围内进入全面推行阶段。

1.2.2　建设工程监理的概念

1. 定义

我国的建设工程监理制度发展很快，在许多方面取得了成功，但仍有不成熟的地方，如果从其主要属性来说，大体上可作以下表述：建设工程监理是指具有相应资质的工程监理企业，接受建设单位的委托，承担其项目管理工作，并代表建设单位对承包单位的建设行为进行监督管理的专业化服务活动。

建设单位，也称为业主、项目法人，是委托监理的一方。建设单位在工程建设中拥有确定建设工程规模、标准、功能以及选择勘察、设计、施工、监理单位等工程建设中重大问题的决定权。

工程监理企业是指取得企业法人营业执照，具有监理资质证书的依法从事建设工程监理业务活动的经济组织。

2. 监理概念要点

1) 建设工程监理的行为主体

《建筑法》明确规定，实行监理的建设工程，由建设单位委托具有相应资质条件的工程监理企业实施监理。建设工程监理只能由具有相应资质的工程监理企业来开展，建设工程监理的行为主体是工程监理企业，这是我国建设工程监理制度的一项重要规定。

建设工程监理不同于建设行政主管部门的监督管理。后者的行为主体是政府部门，它具有明显的强制性，是行政性的监督管理，它的任务、职责、内容不同于建设工程监理。同样，总承包单位对分包单位的监督管理也不能视为建设工程监理。

2) 建设工程监理实施的前提

《建筑法》明确规定，建设单位与其委托的工程监理企业应当订立书面建设工程委托监理合同。也就是说，建设工程监理的实施需要建设单位的委托和授权。工程监理企业应根据委托监理合同和有关建设工程合同的规定实施监理。

建设工程监理只有在建设单位委托的情况下才能进行。只有与建设单位订立书面委托监理合同，明确了监理的范围、内容、权利、义务和责任等，工程监理企业才能在规定的范围内行使管理权，合法地开展建设工程监理。工程监理企业在委托监理的工程中拥有一定的管理权限，能够开展管理活动，是建设单位授权的结果。

承建单位根据法律、法规的规定和它与建设单位签订的有关建设工程合同的规定接受工程监理企业对其建设行为进行的监督管理，接受并配合监理是其履行合同的一种行为。工程监理企业对哪些单位的哪些建设行为实施监理，要根据有关建设工程合同的规定。例如，仅委托施工阶段监理的工程，工程监理企业只能根据委托监理合同和施工合同对施工行为实行监理。而在委托全过程监理的工程中，工程监理企业则可以根据委托监理合同以及勘察合同、设计合同、施工合同对勘察单位、设计单位和施工单位的建设行为实行监理。

3）建设工程监理的依据

建设工程监理的依据包括工程建设文件、有关的法律法规规章和标准规范、建设工程委托监理合同和有关的建设工程合同。

(1) 工程建设文件。其包括批准的可行性研究报告、建设项目选址意见书、建设用地规划许可证、建设工程规划许可证、批准的施工图设计文件和施工许可证等。

(2) 有关的法律、法规、规章和标准、规范。其包括《建筑法》、《中华人民共和国合同法》、《中华人民共和国招标投标法》、《建设工程质量管理条例》等法律法规以及《工程建设监理规定》等部门规章和地方性法规等，也包括《工程建设标准强制性条文》、《建设工程监理规范》以及有关的工程技术标准、规范、规程等。

(3) 建设工程委托监理合同和有关的建设工程合同。工程监理企业应当根据下述两类合同进行监理：一是工程监理企业与建设单位签订的建设工程委托监理合同；二是建设单位与承建单位签订的建设工程合同。

4）建设工程监理的范围

建设工程监理范围可以分为监理的工程范围和监理的建设阶段范围。

(1) 工程范围。为了有效发挥建设工程监理的作用，加大推行监理的力度，根据《建筑法》，国务院公布的《建设工程质量管理条例》，对实行强制性监理的工程范围作了原则性的规定，2001 年建设部颁布了《建设工程监理范围和规模标准规定》(86 号部令)，规定了必须实行监理的建设工程项目的具体范围和规模标准。下列建设工程必须实行监理。

① 国家重点建设工程。依据《国家重点建设项目管理办法》所确定的对国民经济和社会发展有重大影响的骨干项目。

② 大中型公用事业工程。项目总投资额在 3000 万元以上的供水、供电、供气、供热等市政工程项目；科技、教育、文化等项目；体育、旅游、商业等项目；卫生、社会福利等项目；其他公用事业项目。

③ 成片开发建设的住宅小区工程。建筑面积在 50 000m² 以上的住宅建设工程。

④ 利用外国政府或者国际组织贷款、援助资金的工程。其包括使用世界银行、亚洲开发银行等国际组织贷款资金的项目；使用国外政府及其机构贷款资金的项目；使用国际组织或者国外政府援助资金的项目。

⑤ 国家规定必须实行监理的其他工程。项目总投资额在 3000 万元以上关系社会公共利益、公众安全的交通运输、水利建设、城市基础设施、生态环境保护、信息产业、能源等基础设施项目，包括学校、影剧院、体育场馆项目。

建设工程监理范围不宜无限扩大，否则会造成监理力量与监理任务严重失衡，使得监理工作难以到位，保证不了建设工程监理的质量和效果。从长远来看，随着投资体制的不断深化改革，投资主体日益多元化，对所有建设工程都实行强制监理的做法，既与市场经济的要求不相适应，也不利于建设工程监理行业的健康发展。

(2) 阶段范围。建设工程监理可以适用于工程建设投资决策阶段和实施阶段，但目前主要是建设工程施工阶段。

在建设工程施工阶段，建设单位、勘察单位、设计单位、施工单位和工程监理企业等工程建设的各类行为主体均出现在建设工程中，形成了一个完整的建设工程组织体系。在这个阶段，建筑市场的发包体系、承包体系、管理服务体系的各主体在建设工程中会合，由建设单位、勘察单位、设计单位、施工单位和工程监理企业各自承担工程建设的责任和义务，最终将建设工程建成投入使用。在施工阶段委托监理，其目的是更有效地发挥监理的规划、控制、协调作用，为在计划目标内建成工程提供最好的管理。

1.2.3　建设工程监理的性质

1. 服务性

建设工程监理具有服务性，是从它的业务性质方面定性的。建设工程监理的主要方法是规划、控制、协调，主要任务是控制建设工程的投资、进度和质量，最终应当达到的基本目的是协助建设单位在计划的目标内将建设工程建成投入使用。这就是建设工程监理的管理服务的内涵。

工程监理企业既不直接进行设计，也不直接进行施工；既不向建设单位承包造价，也不参与承包商的利益分成。在工程建设中，监理人员利用自己的知识、技能和经验、信息以及必要的试验、检测手段，为建设单位提供管理和技术服务。

工程监理企业不能完全取代建设单位的管理活动。它不具有工程建设重大问题的决策权，它只能在授权范围内代表建设单位进行管理。

建设工程监理的服务对象是建设单位。监理服务是按照委托监理合同的规定进行的，是受法律约束和保护的。

2. 科学性

科学性是由建设工程监理要达到的基本目的决定的。建设工程监理以协助建设单位实现其投资目的为己任，力求在计划的目标内建成工程。面对工程规模日趋庞大，环境日益复杂，功能、标准要求越来越高，新技术、新工艺、新材料、新设备不断涌现，参加建设的单位越来越多，市场竞争日益激烈，风险日渐增加的形势，只有采用科学的思想、理论、方法和手段才能驾驭工程建设。

科学性主要表现在：工程监理企业应当由组织管理能力强、工程建设经验丰富的人员担任领导；应当有足够数量的、有丰富的管理经验和应变能力的监理工程师组成的骨干队伍；要有一套健全的管理制度；要有现代化的管理手段；要掌握先进的管理理论、方法和手段；要积累足够的技术、经济资料和数据；要有科学的工作态度和严谨的工作作风，要

实事求是、创造性地开展工作。

3. 独立性

《中华人民共和国建筑法》明确指出，工程监理企业应当根据建设单位的委托，客观、公正地执行监理任务。《工程建设监理规定》和《建设工程监理规范》要求工程监理企业按照"公正、独立、自主"的原则开展监理工作。

按照独立性要求，工程监理单位应当严格地按照有关法律、法规、规章、工程建设文件、工程建设技术标准、建设工程委托监理合同、有关的建设工程合同等的规定实施监理；在委托监理的工程中，与承建单位不得有隶属关系和其他利害关系；在开展工程监理的过程中，必须建立自己的组织，按照自己的工作计划、程序、流程、方法、手段，根据自己的判断，独立地开展工作。

4. 公正性

公正性是社会公认的职业道德准则，是监理行业能够长期生存和发展的基本职业道德准则。在开展建设工程监理的过程中，工程监理企业应当排除各种干扰，客观、公正地对待监理的委托单位和承建单位。特别是当双方发生利益冲突或者矛盾时，工程监理企业应以事实为依据，以法律和有关合同为准绳，在维护建设单位的合法权益时，不损害承建单位的合法权益。例如，在调解建设单位和承建单位之间的争议，处理工程索赔和工程延期，进行工程款支付控制以及竣工结算时，应当尽量客观、公正地对待建设单位和承建单位。

1.2.4 建设工程监理的作用

建设单位的工程项目实行专业化、社会化管理在外国已有 100 多年的历史，现在越来越显现出其强劲的生命力，在提高投资的经济效益方面发挥了重要作用。我国实施建设工程监理的时间虽然不长，但已经发挥出明显的作用，为政府和社会所承认。建设工程监理的作用主要表现在以下几方面。

1. 有利于提高建设工程投资决策科学化水平

在建设单位委托工程监理企业实施全方位、全过程监理的条件下，在建设单位有了初步的项目投资意向之后，工程监理企业可协助建设单位选择适当的工程咨询机构，管理工程咨询合同的实施，并对咨询结果(如项目建议书、可行性研究报告)进行评估，提出有价值的修改意见和建议；或者直接从事工程咨询工作，为建设单位提供建设方案。这样，不仅可使项目投资符合国家经济发展规划、产业政策、投资方向，而且可使项目投资更加符合市场需求。工程监理企业参与或承担项目决策阶段的监理工作，有利于提高项目投资决策的科学化水平，避免项目投资决策失误，也为实现建设工程投资综合效益最大化打下了良好的基础。

2. 有利于规范工程建设参与各方的建设行为

工程建设参与各方的建设行为都应当符合法律、法规、规章和市场准则。要做到这一点，仅仅依靠自律机制是远远不够的，还需要建立有效的约束机制。为此，首先需要政府对工程建设参与各方的建设行为进行全面的监督管理，这是最基本的约束，也是政府的主要职能之一。但是，由于受客观条件所限，政府的监督管理不可能深入到每一项建设工程的实施过程中，因此，还需要建立另一种约束机制，能在建设工程实施过程中对工程建设参与各方的建设行为进行约束。建设工程监理制就是这样一种约束机制。

在建设工程实施过程中，工程监理企业可依据委托监理合同和有关的建设工程合同对承建单位的建设行为进行监督管理。由于这种约束机制贯穿于工程建设的全过程，采用事前、事中和事后控制相结合的方式，因此可以有效地规范各承建单位的建设行为，最大限度地避免不当建设行为的发生。即使出现不当建设行为，也可以及时加以制止，最大限度地减少其不良后果。应当说，这是约束机制的根本目的。另外，由于建设单位不了解建设工程有关的法律、法规、规章、管理程序和市场行为准则，也可能发生不当建设行为。在这种情况下，工程监理单位可以向建设单位提出适当的建议，从而避免发生建设单位的不当建设行为，这对规范建设单位的建设行为也可以起到一定的约束作用。

当然，要发挥上述约束作用，工程监理企业首先必须规范自身的行为，并接受政府的监督管理。

3. 有利于促使承建单位保证建设工程质量和使用安全

建设工程是一种特殊的产品，不仅价值大、使用寿命长，而且还关系到人民的生命财产安全、健康和环境。因此，保证建设工程质量和使用安全就显得尤为重要，在这方面不允许有丝毫的懈怠和疏忽。

工程监理企业对承建单位建设行为的监督管理，实际上是从产品需求者的角度对建设工程生产过程的管理，这与产品生产者自身的管理有很大的不同。而工程监理企业又不同于建设工程的实际需求，其监理人员都是既懂工程技术又懂经济管理的专业人士，他们有能力及时发现建设工程实施过程中出现的问题，发现工程材料、设备以及阶段产品存在的问题，从而避免留下工程质量隐患。因此，实行建设工程监理制之后，在加强承建单位自身对工程质量管理的基础上，由工程监理企业介入建设工程生产过程的管理，对保证建设工程质量和使用安全有着重要作用。

4. 有利于实现建设工程投资效益最大化

建设工程投资效益最大化有以下 3 种不同表现。

(1) 在满足建设工程预定功能和质量标准的前提下，建设投资额最少。

(2) 在满足建设工程预定功能和质量标准的前提下，建设工程寿命周期费用(或全寿命费用)最少。

(3) 建设工程本身的投资效益与环境、社会效益的综合效益最大化。

实行建设工程监理制之后，工程监理企业一般都能协助建设单位实现上述建设工程投

资效益最大化的第一种表现，也能在一定程度上实现上述第二种和第三种表现。随着建设工程寿命周期费用思想和综合效益理念被越来越多的建设单位所接受，建设工程投资效益最大化的第二种和第三种表现的比例将越来越大，从而大大地提高我国全社会的投资效益，促进我国国民经济的发展。

1.3　建设工程监理理论基础和现阶段的特点

1.3.1　建设工程监理的理论基础

1988 年我国建立建设工程监理制之初就已明确界定，我国的建设工程监理是专业化、社会化的建设单位项目管理，所依据的基本理论和方法来自建设项目管理学。建设项目管理学，又称工程项目管理学，它是以组织论、控制论和管理学作为理论基础，结合建设工程项目和建筑市场的特点而形成的一门新兴学科。研究的范围包括管理思想、管理体制、管理组织、管理方法和管理手段。研究的对象是建设工程项目管理总目标的有效控制，包括费用(投资)目标、时间(工期)目标和质量目标的控制。我国监理工程师培训教材就是以建设项目管理学的理论为指导编写的，并尽可能及时地反映建设项目管理学的最新发展，如本书就新增了建设工程风险管理和建设工程组织管理新型模式的内容。因此，从管理理论和方法的角度看，建设工程监理与国外通称的建设项目管理是一致的，这也是我国的建设工程监理很容易被国外同行理解和接受的原因。

需要说明的是，我国提出建设工程监理制构想时，还充分考虑了 FIDIC(Federation Internationale Des Ingenieurs Conseils，国际咨询工程师联合会)合同条件。20 世纪 80 年代中期，在我国接受世界银行贷款的建设工程上普遍采用了 FIDIC 土木工程施工合同条件，这些建设工程的实施效果都很好，受到有关各方的重视。而 FIDIC 合同条件中对工程师作为独立、公正的第三方的要求及其对承建单位严格、细致的监督和检查被认为起到了重要的作用，因此，在我国建设工程监理制中也吸收了对工程监理企业和监理工程师独立、公正的要求，以保证在维护建设单位利益的同时，不损害承建单位的合法权益。同时，强调了对承建单位施工过程和施工工序的监督、检查和验收。

理论来自实践，理论又指导实践。作为监理工程师，应当了解建设工程监理的基本理论和方法，熟悉和掌握有关 FIDIC 的合同条件。本书特意新增了第 7 章，旨在引导监理人员对监理理论的关注。

1.3.2　现阶段建设工程监理的特点

我国的建设工程监理无论在管理理论和方法上，还是在业务内容和工作程序上，与国外的建设项目管理都是相同的。但在现阶段，由于发展条件不尽相同，主要是需求方对监理的认知度较低，市场体系发育不够成熟，市场运行规则不够健全，因此还有一些差异，呈现出某些特点。

1. 建设工程监理的服务对象具有单一性

在国际上，建设项目管理按服务对象主要可分为为建设单位服务的项目管理和为承建单位服务的项目管理。而我国的建设工程监理制规定，工程监理企业只接受建设单位的委托，即只为建设单位服务。它不能接受承建单位的委托为其提供管理服务。从这个意义上看，可以认为我国的建设工程监理就是为建设单位服务的项目管理。

2. 建设工程监理属于强制推行的制度

建设项目管理是适应建筑市场中建设单位新的需求的产物，其发展过程也是整个建筑市场发展的一个方面，没有来自政府部门的行政指导或干预。而我国的建设工程监理从一开始就是作为对计划经济条件下所形成的建设工程管理体制改革的一项新制度提出来的，也是依靠行政手段和法律手段在全国范围推行的。为此，不仅在各级政府部门中设立了主管建设工程监理有关工作的专门机构，而且制定了有关的法律、法规、规章，明确提出国家推行建设工程监理制度，并明确规定了必须实行建设工程监理的工程范围。其结果是在较短的时间内促进了建设工程监理在我国的发展，形成了一批专业化、社会化的工程监理企业和监理工程师队伍，缩小了与发达国家建设项目管理的差距。

3. 建设工程监理具有监督功能

我国的工程监理企业有一定的特殊地位，它与建设单位构成委托与被委托关系，与承建单位虽然无任何经济关系，但根据建设单位授权，有权对其不当建设行为进行监督，或者预先防范，或者指令及时改正，或者向有关部门反映，请求纠正。不仅如此，在我国的建设工程监理中还强调对承建单位施工过程和施工工序的监督、检查和验收，而且在实践中又进一步提出了旁站监理的规定。我国监理工程师在质量控制方面的工作所达到的深度和细度，远远超过了国际上建设项目管理人员的工作深度和细度，这对保证工程质量起到了很好的作用。

4. 市场准入的双重控制

在建设项目管理方面，一些发达国家只对专业人士的执业资格提出要求，而没有对企业的资质管理作出规定。而我国对建设工程监理的市场准入采取了企业资质和人员资格的双重控制。要求专业监理工程师以上的监理人员要取得监理工程师资格证书，不同资质等级的工程监理企业至少要有一定数量的取得监理工程师资格证书并经注册的人员。应当说，这种市场准入的双重控制对于保证我国建设工程监理队伍的基本素质、规范我国建设工程监理市场起到了积极的作用。

1.3.3　建设工程监理的发展趋势

我国的建设工程监理已经取得有目共睹的成绩，并且已为社会各界所认同和接受，但是应当承认，我国目前仍处在发展的初期阶段，与发达国家相比还存在很大的差距。因此，为了使我国的建设工程监理实现预期效果，在工程建设领域发挥更大的作用，应向以下几个方面发展。

1. 加强法制建设，走法制化的道路

目前，我国颁布的法律法规中有关建设工程监理的条款不少，部门规章和地方性法规的数量更多，这充分反映了建设工程监理的法律地位。但从加入WTO的角度看，法制建设还比较薄弱，突出表现在市场规则和市场机制方面。市场规则特别是市场竞争规则和市场交易规则还不健全。市场机制，包括信用机制、价格形成机制、风险防范机制及仲裁机制等尚未形成，应当在总结经验的基础上，借鉴国际上通行的做法，逐步建立和健全起来。只有这样，才能使我国的建设工程监理走上有法可依、有法必依的轨道，才能适应加入WTO后的新形势。

2. 以市场需求为导向，向全方位、全过程监理发展

我国实行建设工程监理只有十几年的时间，目前仍然以施工阶段监理为主。造成这种状况既有体制上、认识上的原因，也有建设单位需求和监理企业素质及能力等原因。但是应当看到，随着项目法人责任制的不断完善，以及民营企业和私人投资项目的大量增加，建设单位将对工程投资效益愈加重视，工程前期决策阶段的监理将日益增多。从发展趋势看，代表建设单位进行全方位、全过程的工程项目管理，将是我国工程监理行业发展的趋向。当前，应当按照市场需求多样化的规律，积极扩展监理服务内容。要从现阶段以施工阶段为主，向全过程、全方位监理发展，即不仅要进行施工阶段质量、投资和进度控制，做好合同管理、信息管理和组织协调工作，而且要进行决策阶段和设计阶段的监理。只有实施全方位、全过程监理，才能更好地发挥建设工程监理的作用。

3. 适应市场需求，优化工程监理企业结构

在市场经济条件下，任何企业的发展都必须与市场需求相适应，工程监理企业的发展也不例外。建设单位对建设工程监理的需求是多种多样的，工程监理企业所能提供的"供给"(即监理服务)也应当是多种多样的。前文所述建设工程监理应当向全方位、全过程监理发展，是从建设工程监理整个行业而言，并不意味着所有的工程监理企业都朝这个方向发展。

因此，应当通过市场机制和必要的行业政策引导，在工程监理行业逐步建立起综合性监理企业与专业性监理企业相结合、大中小型监理企业相结合的合理的企业结构。按工作内容分，建立起能承担全过程、全方位监理任务的综合性监理企业与能承担某一专业监理任务(如招标代理、工程造价咨询)的监理企业相结合的企业结构。按工作阶段分，建立起能承担工程建设全过程监理的大型监理企业与能承担某一阶段工程监理任务的中型监理企业和只提供旁站监理劳务的小型监理企业相结合的企业结构。这样既能满足建设单位的各种需求，又能使各类监理企业各得其所，都能有合理的生存和发展空间。一般来说，大型、综合素质较高的监理企业应当向综合监理方向发展，而中小型监理企业则应当逐渐形成自己的专业特色。

4. 加强培训工作，不断提高从业人员素质

从全方位、全过程监理的要求来看，我国建设工程监理从业人员的素质还不能与之相适应，迫切需要加以提高。另外，工程建设领域的新技术、新工艺、新材料层出不穷，工程技术标准、规范、规程也时有更新，信息技术日新月异，都要求建设工程监理从业人员与时俱进，不断提高自身的业务素质和职业道德素质，这样才能为建设单位提供优质服务。从业人员的素质是整个工程监理行业发展的基础。只有培养和造就出大批高素质的监理人员，才可能形成相当数量的高素质的工程监理企业，才能形成一批公信力强、有品牌效应的工程监理企业，才能提高我国建设工程监理的总体水平及其效果，才能推动建设工程监理事业更好、更快地发展。

5. 与国际惯例接轨，走向世界

毋庸讳言，我国的建设工程监理虽然形成了一定的特点，但在一些方面与国际惯例还有差异。我国已加入 WTO，如果不尽快改变这种状况，将不利于我国建设工程监理事业的发展。前面说到的几点，都是与国际惯例接轨的重要内容，但仅仅在某些方面与国际惯例接轨是不够的，必须在建设工程监理领域的多方面与国际惯例接轨。为此，应当认真学习和研究国际上被普遍接受的规则，为我所用。

与国际惯例接轨可使我国的工程监理企业与国外同行按照同一规则同台竞争，这既可能表现在国外项目管理公司进入我国后与我国工程监理企业之间的竞争，也可能表现在我国工程监理企业走向世界、与国外同类企业之间的竞争。要在竞争中取胜，除有实力、业绩、信誉外，不掌握国际上通行的规则也是不行的。我国的监理工程师和工程监理企业应当做好充分准备，不仅要迎接国外同行进入我国后的竞争挑战，而且也要把握进入国际市场的机遇，敢于到国际市场与国外同行竞争。在这方面，大型、综合素质较高的工程监理企业应当率先采取行动。

1.4　建设工程法律法规

1.4.1　建设工程法律法规体系

建设工程法律法规体系是指根据《中华人民共和国立法法》的规定，制定和公布施行的有关建设工程的各项法律、行政法规、地方性法规、自治条例、单行条例、部门规章和地方政府规章的总称。目前，这个体系已经基本形成。本节列举和介绍的是与建设工程监理有关的法律、行政法规和部门规章，不涉及地方性法规、自治条例、单行条例和地方政府规章。

1. 建设工程法律法规规章的制定机关和法律效力

建设工程法律是指由全国人民代表大会及其常务委员会通过的规范工程建设活动的法

律规范，由国家主席签署主席令予以公布，如《中华人民共和国建筑法》、《中华人民共和国招标投标法》、《中华人民共和国合同法》、《中华人民共和国政府采购法》、《中华人民共和国城市规划法》等。

建设工程行政法规是指由国务院根据宪法和法律制定的规范工程建设活动的各项法规，由总理签署国务院令予以公布，如《建设工程质量管理条例》、《建设工程勘察设计管理条例》等。

建设工程部门规章是指建设部按照国务院规定的职权范围，独立或同国务院有关部门联合根据法律和国务院的行政法规、决定、命令，制定的规范工程建设活动的各项规章，属于建设部制定的由部长签署建设部令予以公布，如《工程监理企业资质管理规定》、《注册监理工程师管理规定》等。

上述法律法规规章的效力是：法律的效力高于行政法规，行政法规的效力高于部门规章。

2. 与建设工程监理有关的建设工程法律法规规章

1) 法律

(1) 《中华人民共和国建筑法》。

(2) 《中华人民共和国合同法》。

(3) 《中华人民共和国招标投标法》。

(4) 《中华人民共和国土地管理法》。

(5) 《中华人民共和国城市规划法》。

(6) 《中华人民共和国城市房地产管理法》。

(7) 《中华人民共和国环境保护法》。

(8) 《中华人民共和国环境影响评价法》。

2) 行政法规

(1) 《建设工程质量管理条例》。

(2) 《建设工程安全生产管理条例》。

(3) 《建设工程勘察设计管理条例》。

(4) 《中华人民共和国土地管理法实施条例》。

3) 部门规章

(1) 《工程监理企业资质管理规定》。

(2) 《注册监理工程师管理规定》。

(3) 《建设工程监理范围和规模标准规定》。

(4) 《建筑工程设计招标投标管理办法》。

(5) 《房屋建筑和市政基础设施工程施工招标投标管理办法》。

(6) 《评标委员会和评标方法暂行规定》。

(7) 《建筑工程施工发包与承包计价管理办法》。

(8) 《建筑工程施工许可管理办法》。

(9) 《实施工程建设强制性标准监督规定》。

(10)　《房屋建筑工程质量保修办法》。

(11)　《房屋建筑工程和市政基础设施工程竣工验收备案管理暂行办法》。

(12)　《建设工程施工现场管理规定》。

(13)　《建筑安全生产监督管理规定》。

(l4)　《工程建设重大事故报告和调查程序规定》。

(15)　《城市建设档案管理规定》。

监理工程师应当了解和熟悉我国建设工程法律法规规章体系，并熟悉和掌握其中与监理工作关系比较密切的法律、法规、规章，以便依法进行监理和规范自己的工程监理行为。

1.4.2　建筑法

《建筑法》是我国工程建设领域的一部大法。全文分 8 章共计 85 条。整部法律内容是以建筑市场管理为中心，以建筑工程质量和安全为重点，以建筑活动监督管理为主线形成的。

1. 总则

《建筑法》总则一章，是对整部法律的纲领性规定。内容包括立法目的、调整对象和适用范围、建筑活动基本要求、建筑业的基本政策、建筑活动当事人的基本权利和义务、建筑活动监督管理主体。

(1) 立法目的是为了加强对建筑活动的监督管理，维护建筑市场秩序，保证建筑工程的质量和安全，促进建筑业健康发展。

(2) 《建筑法》调整的地域范围是中华人民共和国境内，调整的对象包括从事建筑活动的单位和个人以及监督管理的主体，调整的行为是各类房屋建筑及其附属设施的建造和与其配套的线路、管道、设备的安装活动。但《建筑法》中关于施工许可、建筑施工企业资质审查和建筑工程发包、承包、禁止转包，以及建筑工程监理、建筑工程安全和质量管理的规定，也适用于其他专业工程的建筑活动。

(3) 建筑活动基本要求是建筑活动应当确保建筑工程质量和安全，符合国家的建筑工程安全标准。

(4) 任何单位和个人从事建筑活动应当遵守法律、法规，不得损害社会公共利益和他人合法权益。任何单位和个人不得妨碍和阻挠依法进行的建筑活动。

(5) 国务院建设行政主管部门对全国的建筑活动实施统一监督管理。

2. 建筑许可

建筑许可一章是对建筑工程施工许可制度和从事建筑活动的单位和个人从业资格的规定。

1) 建筑工程施工许可制度

建筑工程施工许可制度是建设行政主管部门根据建设单位的申请，依法对建筑工程所应具备的施工条件进行审查，符合规定条件的，准许该建筑工程开始施工，并颁发施工许可证的一种制度。其具体内容包括以下几方面。

(1) 施工许可证的申领时间、申领程序、工程范围、审批权限以及施工许可证与开工报告之间的关系。

(2) 申请施工许可证的条件和颁发施工许可证的时间规定。

(3) 施工许可证的有效时间和延期的规定。

(4) 领取施工许可证的建筑工程中止施工和恢复施工的有关规定。

(5) 取得开工报告的建筑工程不能按期开工或中止施工以及开工报告有效期的规定。

2) 从事建筑活动的单位的资质管理规定

(1) 从事建筑活动的建筑施工企业、勘察单位、设计单位和工程监理单位应有符合国家规定的注册资本，有与其从事的建筑活动相适应的具有法定执业资格的专业技术人员，有从事相关建筑活动所应有的技术装备，以及法律、行政法规规定的其他条件。

(2) 从事建筑活动的单位应根据资质条件划分不同的资质等级，经资质审查合格，取得相应的资质等级证书后，方可在其资质等级许可的范围内从事建筑活动。

(3) 从事建筑活动的专业技术人员，应当依法取得相应的执业资格证书，并在执业资格证书许可的范围内从事建筑活动。

3. 建筑工程发包与承包

(1) 建筑工程发包与承包的一般规定包括：发包单位和承包单位应当签订书面合同，并应依法履行合同义务；招标投标活动的原则；发包和承包行为约束方面的规定；合同价款约定和支付的规定等。

(2) 建筑工程发包内容包括：建筑工程发包方式；公开招标程序和要求；建筑工程招标的行为主体和监督主体；发包单位应将工程发包给依法中标或具有相应资质条件的承包单位；政府部门不得滥用权力限定承包单位；禁止将建筑工程肢解发包；发包单位在承包单位采购方面的行为限制的规定等。

(3) 建筑工程承包内容包括：承包单位资质管理的规定；关于联合承包方式的规定；禁止转包；有关分包的规定等。

4. 关于建筑工程监理

(1) 国家推行建筑工程监理制度。国务院可以规定实行强制性监理的工程范围。

(2) 实行监理的建筑工程，由建设单位委托具有相应资质条件的工程监理单位监理。建设单位与其委托的工程监理单位应当订立书面委托监理合同。

(3) 建筑工程监理应当依据法律、行政法规及有关的技术标准、设计文件和工程承包合同，对承包单位在施工质量、建设工期和建设资金使用等方面，代表建设单位实施监督。

工程监理人员认为工程施工不符合工程设计要求、施工技术标准和合同约定的，有权要求建筑施工企业改正。

工程监理人员发现工程设计不符合建筑工程质量标准或者合同约定的质量要求的，应当报告建设单位要求设计单位改正。

(4) 实施建筑工程监理前，建设单位应当将委托的工程监理单位、监理的内容及监理权限，书面通知被监理的建筑施工企业。

(5) 工程监理单位应当在其资质等级许可的监理范围内，承担工程监理业务。

工程监理单位应当根据建设单位的委托，客观、公正地执行监理任务。

工程监理单位与被监理工程的承包单位以及建筑材料、建筑构配件和设备供应单位不得有隶属关系或者其他利害关系。

工程监理单位不得转让工程监理业务。

(6) 工程监理单位不按照委托监理合同的约定履行监理义务，对应当监督检查的项目不检查或者不按照规定检查，给建设单位造成损失的，应当承担相应的赔偿责任。

工程监理单位与承包单位串通，为承包单位谋取非法利益，给建设单位造成损失的，应当与承包单位承担连带赔偿责任。

5. 关于建筑安全生产管理

建设安全生产管理的内容包括：建筑安全生产管理的方针和制度；建筑工程设计应当保证工程的安全性能；建筑施工企业安全生产方面的规定；建筑施工企业在施工现场应采取的安全防护措施；建设单位和建筑施工企业关于施工现场地下管线保护的义务；建筑施工企业在施工现场应采取保护环境措施的规定；建设单位应办理施工现场特殊作业申请批准手续的规定；建筑安全生产行业管理和国家监察的规定；建筑施工企业安全生产管理和安全生产责任制的规定；施工现场安全由建筑施工企业负责的规定；劳动安全生产培训的规定；建筑施工企业和作业人员有关安全生产的义务以及作业人员安全生产方面的权利；建筑施工企业为有关职工办理意外伤害保险的规定；涉及建筑主体和承重结构变动的装修工程设计、施工的规定；房屋拆除的规定；施工中发生事故应采取紧急措施和报告制度的规定。

6. 建筑工程质量管理

(1) 建筑工程勘察、设计、施工质量必须符合有关建筑工程安全标准的规定。

(2) 国家对从事建筑活动的单位推行质量体系认证制度的规定。

(3) 建设单位不得以任何理由要求设计单位和施工企业降低工程质量的规定。

(4) 关于总承包单位和分包单位工程质量责任的规定。

(5) 关于勘察、设计单位工程质量责任的规定。

(6) 设计单位对设计文件选用的建筑材料、构配件和设备不得指定生产厂、供应商的规定。

(7) 施工企业质量责任。

(8) 施工企业对进场材料、构配件和设备进行检验的规定。

(9) 关于建筑物合理使用寿命内和工程竣工时的工程质量要求。

(10) 关于工程竣工验收的规定。

(11) 建筑工程实行质量保修制度的规定。

(12) 关于工程质量实行群众监督的规定。

7. 法律责任

对下列行为规定了法律责任。

(1) 未经法定许可,擅自施工的。

(2) 将工程发包给不具备相应资质的单位或者将工程肢解发包的;无资质证书或者超越资质等级承揽工程的;以欺骗手段取得资质证书的。

(3) 转让、出借资质证书或者以其他方式允许他人以本企业名义承揽工程的。

(4) 将工程转包,或者违反法律规定进行分包的。

(5) 在工程发包与承包中索贿、受贿、行贿的。

(6) 工程监理单位与建设单位或者建筑施工企业串通,弄虚作假、降低工程质量的;转让监理业务的。

(7) 涉及建筑主体或者承重结构变动的装修工程,违反法律规定,擅自施工的。

(8) 建筑施工企业违反法律规定,对建筑安全事故隐患不采取措施予以消除的;管理人员违章指挥、强令职工冒险作业,因而造成严重后果的。

(9) 建设单位要求设计单位或者施工企业违反工程质量、安全标准,降低工程质量的。

(10) 设计单位不按工程质量、安全标准进行设计的。

(11) 建筑施工企业在施工中偷工减料,使用不合格材料、构配件和设备的,或者有其他不按照工程设计图纸或者施工技术标准施工的行为的。

(12) 建筑施工企业不履行保修义务或者拖延履行保修义务的。

(13) 违反法律规定,对不具备相应资质等级条件的单位颁发该等级资质证书的。

(14) 政府及其所属部门的工作人员违反规定,限定发包单位将招标发包的工程发包给指定的承包单位的。

(15) 有关部门及其工作人员对不符合施工条件的建筑工程颁发施工许可证的,对不合格的建筑工程出具质量合格文件或按合格工程验收的。

1.4.3 建设工程质量管理条例

《建设工程质量管理条例》(以下简称《质量管理条例》)以建设工程质量责任主体为基线,规定了建设单位、勘察单位、设计单位、施工单位和工程监理单位的质量责任和义务,明确了工程质量保修制度、工程质量监督制度等内容,并对各种违法违规行为的处罚作了原则规定。

1. 总则

总则的内容包括:制定条例的目的和依据;条例所调整的对象和适用范围;建设工程质量责任主体;建设工程质量监督管理主体;关于遵守建设程序的规定等。

(1) 制定条例的目的和依据。为了加强对建设工程质量的管理,保证建设工程质量,保护人民生命和财产安全,根据《建筑法》制定本条例。

(2) 调整对象和适用范围。凡在中华人民共和国境内从事建设工程的新建、扩建、改建等有关活动及实施对建设工程质量监督管理的，必须遵守本条例。

(3) 建设工程质量责任主体。建设单位、勘察单位、设计单位、施工单位、工程监理单位依法对建设工程质量负责。

(4) 建设工程质量监督管理主体。县级以上人民政府建设行政主管部门和其他有关部门应当加强对建设工程质量的监督管理。

(5) 必须严格遵守建设程序。从事建设工程活动，必须严格执行基本建设程序，坚持先勘察、后设计、再施工的原则。县级以上人民政府及其有关部门不得超越权限审批建设项目或擅自简化基本建设程序。

2. 建设单位的质量责任和义务

《质量管理条例》对建设单位的质量责任和义务进行了多方面的规定。其内容包括：工程发包方面的规定；依法进行工程招标的规定；向其他建设工程质量责任主体提供与建设工程有关的原始资料和对资料要求的规定；工程发包过程中的行为限制；施工图设计文件审查制度的规定；委托监理以及必须实行监理的建设工程范围的规定；办理工程质量监督手续的规定；建设单位采购建筑材料、建筑构配件和设备的要求，以及建设单位对施工单位使用建筑材料、建筑构配件和设备方面的约束性规定；涉及建筑主体和承重结构变动的装修工程的有关规定；竣工验收程序、条件和使用方面的规定；建设项目档案管理的规定。

《质量管理条例》的第 12 条，对委托监理作了重要规定。

(1) 实行监理的建设工程，建设单位应当委托具有相应资质等级的工程监理单位进行监理，也可以委托具有工程监理相应资质等级并与被监理工程的施工承包单位没有隶属关系或者其他利害关系的该工程的设计单位进行监理。

(2) 下列建设工程必须实行监理：国家重点建设工程；大中型公用事业工程；成片开发建设的住宅小区工程；利用外国政府或者国际组织贷款、援助资金的工程；国家规定必须实行监理的其他工程。

3. 勘察、设计单位的质量责任和义务

勘察、设计单位的质量责任和义务的内容包括：从事建设工程的勘察、设计单位市场准入的条件和行为要求；勘察、设计单位以及注册执业人员质量责任的规定；勘察成果质量基本要求；关于设计单位应当根据勘察成果进行工程设计和设计文件应当达到规定深度并注明合理使用年限的规定；设计文件中应注明材料、构配件和设备的规格、型号、性能等技术指标，质量必须符合国家规定的标准；除特殊要求外，设计单位不得指定生产厂和供应商；关于设计单位应就施工图设计文件向施工单位进行详细说明的规定；设计单位对工程质量事故处理方面的义务。

4. 施工单位的质量责任和义务

施工单位的质量责任和义务的内容包括：施工单位市场准入条件和行为的规定；关于施工单位对建设工程施工质量负责和建立质量责任制，以及实行总承包的工程质量责任的

规定；关于总承包单位和分包单位工程质量责任承担的规定；有关施工依据和行为限制方面的规定，以及对设计文件和图纸方面的义务；关于施工单位使用材料、构配件和设备前必须进行检验的规定；关于施工质量检验制度和隐蔽工程检查的规定；有关试块、试件取样和检测的规定；工程返修的规定；关于建立、健全教育培训制度的规定等。

5. 工程监理单位的质量责任和义务

(1) 市场准入和市场行为规定。工程监理单位应当依法取得相应等级的资质证书，并在其资质等级许可的范围内承担工程监理业务。

禁止工程监理单位超越本单位资质等级许可的范围或者以其他工程监理单位的名义承担工程监理业务。禁止工程监理单位允许其他单位或者个人以本单位的名义承担工程监理业务。

工程监理单位不得转让工程监理业务。

(2) 工程监理单位与被监理单位关系的限制性规定。工程监理单位与被监理工程的施工承包单位以及建筑材料、建筑构配件和设备供应单位有隶属关系或者其他利害关系的，不得承担该项建设工程的监理业务。

(3) 工程监理单位对施工质量监理的依据和监理责任。工程监理单位应当依照法律、法规以及有关技术标准、设计文件和建设工程承包合同，代表建设单位对施工质量实施监理，并对施工质量承担监理责任。

(4) 监理人员资格要求及权力方面的规定。工程监理单位应当选派具备相应资格的总监理工程师和(专业)监理工程师进驻施工现场。

未经监理工程师签字，建筑材料、建筑构配件和设备不得在工程上使用或安装，施工单位不得进行下一道工序的施工。未经总监理工程师签字，建设单位不拨付工程款，不进行竣工验收。

(5) 监理方式的规定。监理工程师应当按照工程监理规范的要求，采用旁站、巡视和平行检验等形式，对建设工程实施监理。

6. 建设工程质量保修

建设工程质量保修的内容包括：关于国家实行建设工程质量保修制度和质量保修书出具时间和内容的规定；关于建设工程最低保修期限的规定；施工单位保修义务和责任的规定；对超过合理使用年限的建设工程继续使用的规定。

7. 监督管理

(1) 关于国家实行建设工程质量监督管理制度的规定。

(2) 建设工程质量监督管理部门应当加强对有关建设工程质量的法律、法规和强制性标准执行情况的监督检查。

(3) 关于国务院发展计划部门对国家出资的重大建设项目实施监督检查的规定，以及国务院经济贸易主管部门对国家重大技术改造项目实施监督检查的规定。

(4) 关于建设工程质量监督管理可以委托建设工程质量监督机构具体实施的规定。

(5) 县级以上地方人民政府建设行政主管部门和其他有关部门应当加强对有关建设工程质量的法律、法规和强制性标准执行情况的监督检查。

(6) 县级以上人民政府建设行政主管部门及其他有关部门进行监督检查时有权采取的措施。

(7) 关于建设工程竣工验收备案制度的规定。

(8) 关于有关单位和个人应当支持和配合建设工程监督管理主体对建设工程质量进行监督检查的规定。

(9) 对供水、供电、供气、公安消防等部门或单位不得滥用权力的规定。

(10) 关于工程质量事故报告制度的规定。

(11) 关于建设工程质量实行社会监督的规定。

8. 罚则

对违反本条例的行为将追究法律责任。其中涉及建设单位、勘察单位、设计单位、施工单位和工程监理单位的有以下几个。

(1) 建设单位。将建设工程发包给不具有相应资质等级的勘察、设计、施工单位或委托给不具有相应资质等级的工程监理单位的；将建设工程肢解发包的；不履行或不正当履行有关职责的；未经批准擅自开工的；建设工程竣工后，未向建设行政主管部门或有关部门移交建设项目档案的。

(2) 勘察、设计、施工单位。超越本单位资质等级承揽工程的；允许其他单位或者个人以本单位名义承揽工程的；将承包的工程转包或者违法分包的；勘察单位未按工程建设强制性标准进行勘察的；设计单位未根据勘察成果或者未按照工程建设强制性标准进行工程设计的，以及指定建筑材料、建筑构配件的生产厂、供应商的；施工单位在施工中偷工减料的，使用不合格材料、构配件和设备的，或者有不按照设计图纸或者施工技术标准施工的其他行为的；施工单位未对建筑材料、建筑构配件、设备、商品混凝土进行检验，或者未对涉及结构安全的试块、试件以及有关材料取样检测的；施工单位不履行或拖延履行保修义务的。

(3) 工程监理单位。超越资质等级承担监理业务的；转让监理业务的；与建设单位或施工单位串通，弄虚作假、降低工程质量的；将不合格的建设工程、建筑材料、建筑构配件和设备按照合格签字的；工程监理单位与被监理工程的施工承包单位以及建筑材料、建筑构配件和设备供应单位有隶属关系或者其他利害关系承担该项建设工程的监理业务的。

1.4.4　建设工程安全生产管理条例

《建设工程安全生产管理条例》(以下简称《条例》)以建设单位、勘察单位、设计单位、施工单位、工程监理单位及其他与建设工程安全生产有关的单位为主体，规定了各主体在安全生产中的安全管理责任与义务，并对监督管理、生产安全事故的应急救援和调查处理、法律责任等作了相应的规定。

1. 总则

总则的内容包括：制定条例的目的和依据；条例所调整的对象和适用范围；建设工程安全管理责任主体等内容。

(1) 立法目的。加强建设工程安全生产监督管理，保障人民群众生命和财产安全。

(2) 调整对象。在中华人民共和国境内从事建设工程的新建、扩建、改建和拆除等有关活动及实施对建设工程安全生产的监督管理。

(3) 安全方针。坚持安全第一、预防为主。

(4) 责任主体。建设单位、勘察单位、设计单位、施工单位、工程监理单位及其他与建设工程安全生产有关的单位。

(5) 国家政策。国家鼓励建设工程安全生产的科学技术研究和先进技术的推广应用，推进建设工程安全生产的科学管理。

2. 建设单位的安全责任

《质量管理条例》主要规定了建设单位向施工单位提供施工现场及毗邻区域内等有关地下管线资料并保证资料的真实、准确、完整；不得对勘察、设计、施工、工程监理等单位提出不符合建设工程安全生产法律、法规和强制性标准规定的要求，不得压缩合同约定的工期；在编制工程概算时，应当确定有关安全施工所需费用；应当将拆除工程发包给具有相应资质等级的施工单位等安全责任。

3. 勘察、设计、工程监理及其他有关单位的安全责任

(1) 《质量管理条例》规定了勘察单位应当按照法律、法规和工程建设强制性标准进行勘察，采取措施保证各类管线、设施和周边建筑物、构筑物的安全等内容。

(2) 《质量管理条例》规定了设计单位应当按照法律、法规和工程建设强制性标准进行设计，防止因设计不合理导致生产安全事故的发生；应当考虑施工安全操作和防护的需要，并对防范生产安全事故提出指导意见；采用新结构、新材料、新工艺的建设工程和特殊结构的建设工程，设计单位应当在设计中提出保障施工作业人员安全和预防生产安全事故的措施建议等内容。

(3) 《质量管理条例》规定了工程监理单位应当审查施工组织设计中的安全技术措施或者专项施工方案是否符合工程建设强制性标准。

工程监理单位在实施监理过程中，发现存在安全事故隐患的，应当要求施工单位整改；情况严重的，应当要求施工单位暂时停止施工，并及时报告建设单位。施工单位拒不整改或者不停止施工的，工程监理单位应当及时向有关主管部门报告。

工程监理单位和监理工程师应当按照法律、法规和工程建设强制性标准实施监理，并对建设工程安全生产承担监理责任。

(4) 《质量管理条例》还对为建设工程提供机械设备和配件的单位，应当按照安全施工的要求配备齐全有效的保险、限位等安全设施和装置；出租机械设备和施工机具及配件的出租单位应当对出租的机械设备和施工机具及配件的安全性能进行检测；检验检测机构对检测合格的施工起重机械和整体提升脚手架、模板等自升式架设设施，应当出具安全合格

证明文件，并对检测结果负责等内容作了规定。

4. 施工单位的安全责任

《质量管理条例》主要规定了施工单位应当在其资质等级许可的范围内承揽工程；施工单位主要负责人依法对本单位的安全生产工作全面负责；施工单位对列入建设工程概算的安全作业环境及安全施工措施所需费用，不得挪作他用；施工单位应当设立安全生产管理机构，配备专职安全生产管理人员；建设工程实行施工总承包的，由总承包单位对施工现场的安全生产负总责。

《质量管理条例》规定施工单位应当在施工组织设计中编制安全技术措施和施工现场临时用电方案，对下列达到一定规模的危险性较大的分部分项工程编制专项施工方案，并附具安全验算结果，经施工单位技术负责人、总监理工程师签字后实施，由专职安全生产管理人员进行现场监督。

(1) 基坑支护与降水工程。

(2) 土方开挖工程。

(3) 模板工程。

(4) 起重吊装工程。

(5) 脚手架工程。

(6) 拆除、爆破工程。

(7) 国务院建设行政主管部门或者其他有关部门规定的其他危险性较大的工程。

《质量管理条例》还规定了施工单位技术人员应当对有关安全施工的技术要求向施工作业班组、作业人员作出详细说明；施工单位安全警示标志设置；施工现场办公、生活区与作业区设置；施工单位对毗邻建筑物、构筑物和地下管线防护，遵守有关环境保护法律、法规的规定；现场建立消防安全责任制度；遵守安全施工的强制性标准、规章制度和操作规程；使用施工起重机械和整体提升脚手架、模板等自升式架设设施前，应当组织有关单位进行验收；安全生产教育培训；为施工现场从事危险作业的人员办理意外伤害保险等内容。

5. 监督管理

《质量管理条例》规定国务院负责安全生产监督管理的部门对全国建设工程安全生产工作实施综合监督管理；县级以上地方人民政府负责安全生产监督管理的部门对本行政区域内建设工程安全生产工作实施综合监督管理；国务院建设行政主管部门对全国的建设工程安全生产实施监督管理；国务院铁路、交通、水利等有关部门按照国务院规定的职责分工，负责有关专业建设工程安全生产的监督管理；县级以上地方人民政府建设行政主管部门对本行政区域内的建设工程安全生产实施监督管理；县级以上地方人民政府交通、水利等有关部门在各自的职责范围内，负责本行政区域内的专业建设工程安全生产的监督管理。

6. 生产安全事故的应急救援和调查处理

《质量管理条例》对县级以上地方人民政府建设行政主管部门和施工单位制定建设工

程(特大)生产安全事故应急救援预案;生产安全事故的应急救援、生产安全事故调查处理程序和要求等作了规定。

7. 法律责任

《质量管理条例》对违反《建设工程安全生产管理条例》的法律责任做了规定。

工程监理单位未对施工组织设计中的安全技术措施或者专项施工方案进行审查的;发现安全事故隐患未及时要求施工单位整改或者暂时停止施工的;施工单位拒不整改或者不停止施工,未及时向有关主管部门报告的;未依照法律、法规和工程建设强制性标准实施监理的将责令限期改正;逾期未改正的,责令停业整顿,并处10万元以上30万元以下的罚款;情节严重的,降低资质等级,直至吊销资质证书;造成重大安全事故,构成犯罪的,对直接责任人员,依照刑法有关规定追究刑事责任;造成损失的,依法承担赔偿责任等处罚。

注册执业人员未执行法律、法规和工程建设强制性标准的,责令停止执业3个月以上1年以下;情节严重的,吊销执业资格证书,5年内不予注册;造成重大安全事故的,终身不予注册;构成犯罪的,依照《中华人民共和国刑法》有关规定追究其刑事责任。

1.5 建设工程监理规范与相关文件

1.5.1 建设工程监理规范

行政主管部门制定颁发的工程建设方面的标准、规范和规程也是建设工程监理的依据。

《建设工程监理规范》虽然不属于建设工程法律法规规章体系,但对建设工程监理工作有重要的作用,故放在本节一并介绍。

《建设工程监理规范》(以下简称《监理规范》)分总则、术语、项目监理机构及其设施、监理规划及监理实施细则、施工阶段的监理工作、施工合同管理的其他工作、施工阶段监理资料的管理、设备采购监理与设备监造共计8部分,另附有施工阶段监理工作的基本表式。

1. 总则

(1) 制定目的。为了提高建设工程监理水平,规范建设工程监理行为。

(2) 适用范围。本规范适用于新建、扩建、改建建设工程施工、设备采购和监造的监理工作。

(3) 关于监理单位开展建设工程监理必须签订书面建设工程委托监理合同的规定。

(4) 建设工程监理应实行总监理工程师负责制的规定。

(5) 监理单位应公正、独立、自主地开展监理工作,维护建设单位和承包单位的合法权益。

(6) 建设工程监理应符合建设工程监理规范和国家其他有关强制性标准、规范的规定。

2. 术语

《监理规范》对项目监理机构、监理工程师、总监理工程师、总监理工程师代表、专业监理工程师、监理员、监理规划、监理实施细则、工地例会、工程变更、工程计量、见证、旁站、巡视、平行检验、设备监造、费用索赔、临时延期批准、延期批准19条建设工程监理常用术语作出了解释。

3. 项目监理机构及其设施

该部分内容包括项目监理机构、监理人员职责和监理设施。

1) 项目监理机构

(1) 关于项目监理机构建立时间、地点及撤离时间的规定。

(2) 决定项目监理机构组织形式、规模的因素。

(3) 项目监理机构人员配备以及监理人员资格要求的规定。

(4) 项目监理机构的组织形式、人员构成及对总监理工程师的任命应书面通知建设单位，以及监理人员变化的有关规定。

2) 监理人员职责

《监理规范》规定了总监理工程师、总监理工程师代表、专业监理工程师和监理员的职责，具体内容见第5章第4节。

3) 监理设施

(1) 建设单位提供委托监理合同约定的办公、交通、通信、生活设施。项目监理机构应妥善保管和使用，并在完成监理工作后移交建设单位。

(2) 项目监理机构应按委托监理合同的约定配备满足监理工作需要的常规检测设备和工具。

(3) 在大中型项目的监理工作中，项目监理机构应实施监理工作计算机辅助管理。

4. 监理规划及监理实施细则

(1) 监理规划，规定了监理规划的编制要求、编制程序与依据、主要内容及调整修改等。

(2) 监理实施细则，规定了监理实施细则编写要求、编写程序与依据、主要内容等。

5. 施工阶段的监理工作

(1) 制定监理程序的一般规定。

制定监理工作程序应根据专业工程特点，应体现事前控制和主动控制的要求，应注重工作效果，应明确工作内容、行为主体、考核标准、工作时限，应符合委托监理合同和施工合同，应根据实际情况的变化对程序进行调整和完善。

(2) 施工准备阶段的监理工作。

施工准备阶段，项目监理机构应做好的工作包括：熟悉设计文件；参加设计技术交底会；审查施工组织设计；审查承包单位现场项目管理机构的质量管理、技术管理体系和质量保证体系；审查分包单位资格报审表和有关资料并签认；检查测量放线控制成果及保护措施；审查承包单位报送的工程开工报审表及有关资料，符合条件时，由总监理工程师签

发；参加第一次工地会议，并起草会议纪要等。

(3) 工地例会。

规定了工地例会制度，包括会议主持人、会议纪要的起草和会签、会议的主要内容以及有关组织专题会议的要求。

(4) 工程质量控制工作。

规定了项目监理机构工程质量控制的工作内容：施工组织设计调整的审查；重点部位、关键工序的施工工艺和保证工程质量措施的审查；使用新材料、新工艺、新技术、新设备的控制措施；对承包单位实验室的考核；对拟进场的工程材料、构配件和设备的控制措施；直接影响工程质量的计量设备技术状况的定期检查；对施工过程进行巡视和检查；旁站监理的内容；审核、签认分项工程、分部工程、单位工程的质量验评资料；对施工过程中出现的质量缺陷应采取的措施；发现施工中存在重大质量隐患应及时下达工程暂停令，整改完毕并符合规定的要求应及时签署工程复工令；质量事故的处理等。

(5) 工程造价控制工作。

规定了项目监理机构进行工程计量、工程款支付、竣工结算的程序，同时，规定了进行工程造价控制的主要工作：应对工程项目造价目标进行风险分析，并应制定防范性对策；审查工程变更方案；做好工程计量和工程款支付工作；做好实际完成工程量和工作量与计划完成量的比较、分析，并制定调整措施；及时收集有关资料，为处理费用索赔提供依据；及时按有关规定做好竣工结算工作等。

(6) 工程进度控制工作。

规定了项目监理机构进行工程进度控制的程序，同时，规定了工程进度控制的主要工作：审查承包单位报送的施工进度计划；制定进度控制方案，对进度目标进行风险分析，制定防范性对策；检查进度计划的实施，并根据实际情况采取措施；在监理月报中向建设单位报告工程进度及有关情况，并提出预防由建设单位原因导致工程延期及相关费用索赔的建议等。

(7) 竣工验收。

在竣工验收阶段，项目监理机构要做好以下工作：审查承包单位报送的竣工资料；进行工程质量竣工预验收，对存在的问题及时要求承包单位整改；签署工程竣工报验单，并提出工程质量评估报告；参加建设单位组织的竣工验收，并提供相关资料；对验收中提出的问题，要求承包单位进行整改；会同验收各方签署竣工验收报告。

(8) 工程质量保修期的监理工作。

项目监理机构在工程质量保修期内要做好工程质量缺陷检查和记录工作；对承包单位修复的工程质量进行验收并签认；分析确定工程质量缺陷的原因和责任归属，并签署应付费用的工程款支付证书。

6. 施工合同管理的其他工作

1) 工程暂停和复工

其内容包括：规定了签发工程暂停令的根据；签发工程暂停令的适用情况；签发工程

暂停令应做好的相关工作(确定停工范围、工期和费用的协商等)；及时签署工程复工报审表等。

2) 工程变更的管理

其内容包括：项目监理机构处理工程变更的程序；处理工程变更的基本要求；总监理工程师未签发工程变更，承包单位不得实施工程变更的规定；未经总监理工程师审查同意而实施的工程变更，项目监理机构不得予以计量的规定。

3) 费用索赔的处理

其内容包括：处理费用索赔的依据；项目监理机构受理承包单位提出的费用索赔应满足的条件；处理承包单位向建设单位提出费用索赔的程序；应当综合提出费用索赔和工程延期的条件；处理建设单位向承包单位提出索赔时，对总监理工程师的要求。

4) 工程延期及工程延误的处理

其内容包括：受理工程延期的条件；批准工程临时延期和最终延期的规定；作出工程延期应与建设单位和承包单位协商的规定；批准工程延期的依据；工期延误的处理规定。

5) 合同争议的调解

其内容包括：项目监理机构接到合同争议的调解要求后应进行的工作；合同争议双方必须执行总监理工程师签发的合同争议调解意见的有关规定；项目监理机构应公正地向仲裁机关或法院提供与争议有关的证据。

6) 合同的解除

其内容包括：合同解除必须符合法律程序；因建设单位违约导致施工合同解除时，项目监理机构确定承包单位应得款项的有关规定；因承包单位违约导致施工合同终止后，项目监理机构清理承包单位的应得款，或偿还建设单位的相关款项应遵循的工作程序；因不可抗力或非建设单位、承包单位原因导致施工合同终止时，项目监理机构应按施工合同规定处理有关事宜。

7) 施工阶段监理资料的管理

(1) 施工阶段监理资料应包括的内容。

(2) 施工阶段监理月报应包括的内容，以及编写和报送的有关规定。

(3) 监理工作总结应包括的内容等有关规定。

(4) 关于监理资料的管理事宜。

8) 设备采购监理与设备监造

(1) 设备采购监理工作包括：组建项目监理机构；编制设备采购方案、采购计划；组织市场调查，协助建设单位选择设备供应单位；协助建设单位组织设备采购招标或进行设备采购的技术及商务谈判；参与设备采购订货合同的谈判，协助建设单位起草及签订设备采购合同；采购监理工作结束，总监理工程师应组织编写监理工作总结。

(2) 设备监造监理工作包括：组建设备监造的项目监理机构；熟悉设备制造图纸及有关技术说明，并参加设计交底；编制设备监造规划；审查设备制造单位生产计划和工艺方案；审查设备制造分包单位资质；审查设备制造的检验计划、检验要求等20项工作。

(3) 规定了设备采购监理与设备监造的监理资料。

1.5.2　建设部关于落实建设工程安全生产监理责任的若干意见

为了贯彻《建设工程安全生产管理条例》(以下简称《条例》)，指导和督促工程监理单位落实安全生产监理责任，做好建设工程安全生产的监理工作，建设部于 2006 年 10 月 16 日发布了《关于落实建设工程安全生产监理责任的若干意见》，对建设工程安全监理的主要工作内容、工作程序、监理责任等作出了规定。

1. 建设工程安全监理的主要工作内容

1) 施工准备阶段

(1) 监理单位应根据《条例》的规定，按照工程建设强制性标准、《建设工程监理规范》(GB 50319)和相关行业监理规范的要求，编制包括安全监理内容的项目监理规划，明确安全监理的范围、内容、工作程序和制度措施，以及人员配备计划和职责等。

(2) 对中型及以上项目和《条例》第 26 条规定的危险性较大的分部分项工程，监理单位应当编制监理实施细则。实施细则应当明确安全监理的方法、措施和控制要点，以及对施工单位安全技术措施的检查方案。

(3) 审查施工单位编制的施工组织设计中的安全技术措施和危险性较大的分部分项工程安全专项施工方案是否符合工程建设强制性标准要求。审查的主要内容应当包括以下几方面。

① 施工单位编制的地下管线保护措施方案是否符合强制性标准要求。

② 基坑支护与降水、土方开挖与边坡防护、模板、起重吊装、脚手架、拆除、爆破等分部分项工程的专项施工方案是否符合强制性标准要求。

③ 施工现场临时用电施工组织设计或者安全用电技术措施和电气防火措施是否符合强制性标准要求。

④ 冬期、雨期等季节性施工方案的制定是否符合强制性标准要求。

⑤ 施工总平面布置图是否符合安全生产的要求，办公、宿舍、食堂、道路等临时设施设置以及排水、防火措施是否符合强制性标准要求。

(4) 检查施工单位在工程项目上的安全生产规章制度和安全监管机构的建立、健全及专职安全生产管理人员配备情况，督促施工单位检查各分包单位的安全生产规章制度的建立情况。

(5) 审查施工单位资质和安全生产许可证是否合法有效。

(6) 审查项目经理和专职安全生产管理人员是否具备合法资格，是否与投标文件相一致。

(7) 审核特种作业人员的特种作业操作资格证书是否合法有效。

(8) 审核施工单位应急救援预案和安全防护措施费用使用计划。

2) 施工阶段

(1) 监督施工单位按照施工组织设计中的安全技术措施和专项施工方案组织施工，及时制止违规施工作业。

（2）定期巡视检查施工过程中的危险性较大工程作业情况。

（3）核查施工现场施工起重机械、整体提升脚手架、模板等自升式架设设施和安全设施的验收手续。

（4）检查施工现场各种安全标志和安全防护措施是否符合强制性标准要求，并检查安全生产费用的使用情况。

（5）督促施工单位进行安全自查工作，并对施工单位自查情况进行抽查，参加建设单位组织的安全生产专项检查。

2. 建设工程安全监理的工作程序

监理单位的建设工程安全监理工作应按以下程序进行。

（1）监理单位按照《建设工程监理规范》和相关行业监理规范要求，编制含有安全监理内容的监理规划和监理实施细则。

（2）在施工准备阶段，监理单位审查核验施工单位提交的有关技术文件及资料，并由项目总监在有关技术文件报审表上签署意见；审查未通过的，安全技术措施及专项施工方案不得实施。

（3）在施工阶段，监理单位应对施工现场安全生产情况进行巡视检查，对发现的各类安全事故隐患，应书面通知施工单位，并督促其立即整改；情况严重的，监理单位应及时下达工程暂停令，要求施工单位停工整改，并同时报告建设单位。安全事故隐患消除后，监理单位应检查整改结果，签署复查或复工意见。施工单位拒不整改或不停工整改的，监理单位应当及时向工程所在地建设主管部门或工程项目的行业主管部门报告，以电话形式报告的，应当有通话记录，并及时补充书面报告。检查、整改、复查、报告等情况应记载在监理日志、监理月报中。

监理单位应核查施工单位提交的施工起重机械、整体提升脚手架、模板等自升式架设设施和安全设施等验收记录，并由安全监理人员签收备案。

（4）工程竣工后，监理单位应将有关安全生产的技术文件、验收记录、监理规划、监理实施细则、监理月报、监理会议纪要及相关书面通知等按规定立卷归档。

3. 建设工程安全生产的监理责任

监理单位有下述违反《条例》有关建设工程安全生产监理规定行为的，应承担《条例》第 57 条规定的法律责任。

（1）监理单位应对施工组织设计中的安全技术措施或专项施工方案进行审查，未进行审查；施工组织设计中的安全技术措施或专项施工方案未经监理单位审查签字认可，施工单位擅自施工的，监理单位应及时下达工程暂停令，并将情况及时书面报告建设单位。监理单位未及时下达工程暂停令并向建设单位报告的。

（2）监理单位在监理巡视检查过程中，发现存在安全事故隐患的，应按照有关规定及时下达书面指令要求施工单位进行整改或停止施工。监理单位发现安全事故隐患没有及时下达书面指令，并要求施工单位进行整改或停止施工的。

（3）施工单位拒绝按照监理单位的要求进行整改或者停止施工的，监理单位应及时将情

况向当地建设主管部门或工程项目的行业主管部门报告而监理单位没有及时报告的。

(4) 监理单位未依照法律、法规和工程建设强制性标准实施监理的，应当承担《条例》第 57 条规定的法律责任。

监理单位履行了《条例》有关建设工程安全生产监理规定的职责，施工单位未执行监理指令继续施工或发生安全事故的，应依法追究监理单位以外的其他相关单位和人员的法律责任。

为了切实落实监理单位的安全生产监理责任，应做好以下 3 个方面的工作。

(1) 健全监理单位安全监理责任制。监理单位法定代表人应对本企业监理工程项目的安全监理全面负责。总监理工程师要对工程项目的安全监理负责，并根据工程项目的特点，明确监理人员的安全监理职责。

(2) 完善监理单位安全生产管理制度。在健全审查核验制度、检查验收制度和督促整改制度基础上，完善工地例会制度及资料归档制度。定期召开工地例会，针对薄弱环节，提出整改意见，并督促落实；指定专人负责监理内业资料的整理、分类及立卷归档。

(3) 建立监理人员安全生产教育培训制度。监理单位的总监理工程师和安全监理人员需经安全生产教育培训后方可上岗，其教育培训情况记入个人继续教育档案。

1.5.3 施工旁站监理管理办法

为了提高建设工程质量，建设部于 2002 年 7 月 17 日颁布了《房屋建筑工程施工旁站监理管理办法(试行)》。该规范性文件要求在工程施工阶段的监理工作中实行旁站监理，并明确了旁站监理的工作程序、内容及旁站监理人员的职责。

1. 旁站监理的概念

旁站监理是指监理人员在工程施工阶段监理中，对关键部位、关键工序的施工质量实施全过程现场跟班的监督活动。旁站监理是控制工程施工质量的重要手段之一，也是确认工程质量的重要依据。

在实施旁站监理工作中，如何确定工程的关键部位、关键工序，必须结合具体的专业工程而定。就房屋建筑工程而言，其关键部位、关键工序包括两类内容：一是基础工程类，包括土方回填，混凝土灌注桩浇筑，地下连续墙、土钉墙、后浇带及其他结构混凝土、防水混凝土浇筑，卷材防水层细部构造处，钢结构安装；二是主体结构工程类，包括梁柱节点钢筋隐蔽过程，混凝土浇筑，预应力张拉、装配式结构安装，钢结构安装，网架结构安装，索膜安装。至于其他部位或工序是否需要旁站监理，可由建设单位与监理企业根据工程具体情况协商确定。

2. 旁站监理程序

旁站监理一般按下列程序实施。

(1) 监理企业制定旁站监理方案，明确旁站监理的范围、内容、程序和旁站监理人员职责，并编入监理规划中。旁站监理方案同时送建设单位、施工企业和工程所在地的建设行政主管部门或其委托的工程质量监督机构各 1 份。

(2) 施工企业根据监理企业制定的旁站监理方案,在需要实施旁站监理的关键部位、关键工序进行施工前 24 小时,书面通知监理企业派驻工地的项目监理机构。

(3) 项目监理机构安排旁站监理人员按照旁站监理方案实施旁站监理。

3. 旁站监理人员的工作内容和职责

(1) 检查施工企业现场质检人员到岗、特殊工种人员持证上岗以及施工机械、建筑材料准备情况。

(2) 在现场跟班监督关键部位、关键工序的施工执行施工方案以及工程建设强制性标准情况。

(3) 核查进场建筑材料、建筑构配件、设备和商品混凝土的质量检验报告等,并可在现场监督施工企业进行检验或者委托具有资格的第三方进行复验。

(4) 做好旁站监理记录和监理日记,保存旁站监理原始资料。

如果旁站监理人员或施工企业现场质检人员未在旁站监理记录上签字,则施工企业不能进行下一道工序施工,监理工程师或者总监理工程师也不得在相应文件上签字。旁站监理人员在旁站监理时,如果发现施工企业有违反工程建设强制性标准行为的,有权制止并责令施工企业立即整改;如果发现施工企业的施工活动已经或者可能危及工程质量的,应当及时向监理工程师或者总监理工程师报告,由总监理工程师下达局部暂停施工指令或者采取其他应急措施,制止危害工程质量的行为。

1.6　案　例　分　析

1.6.1　案例 1

案例背景

某项目工程建设单位与甲监理公司签订了施工阶段的监理合同,该合同明确规定:监理单位应对工程质量、工程造价、工程进度进行控制。建设单位在室内精装修招标前,与乙审计事务所签订了审查工程预结(决)算的审计服务合同。与丙装修中标单位签订的精装修合同中写明监理单位为甲监理公司。但在另一条款中又规定:精装修工程预付款、工程款及工程结算必须经乙审计事务所审查签字同意后方可付款。在精装修施工中,建设单位要求甲监理公司对乙审计单位的审计工作予以配合。

案例问题

1. 建设工程监理实施程序包括哪几个主要方面?

2. 建设工程监理实施的原则主要有哪几方面?

3. 针对本案例的工程情况,不经总监理工程师签字,建设单位能拨付工程款吗?为什么?

参考答案

1．建设工程监理实施程序主要包括以下几方面。

(1) 确定项目总监理工程师，成立项目监理机构。

(2) 编制建设工程监理规划。

(3) 制定各专业监理实施细则。

(4) 规范化地开展监理工作。

(5) 参与验收，签署建设工程监理意见。

(6) 向业主提交工程监理档案资料。

(7) 监理工作总结。

2．建设工程监理实施的原则主要有以下几点。

(1) 公正、独立、自主的原则。

(2) 权责一致的原则。

(3) 总监理工程师负责制的原则，即总监理工程师是工程监理的责任主体和权力主体。

(4) 严格监理，热情服务的原则。

(5) 综合效益的原则，既要考虑业主的经济效益，也要考虑与社会效益和环境效益的统一。

3．处理本案例中的工程款支付问题，应根据"规范化地开展监理工作"的监理实施程序和"公正、独立、自主"以及"权责一致"的监理实施原则，以有关法律、法规为依据来作出正确判断，即"精装修合同中约定必须由审计单位签字方可支付"的规定是不妥当的。

因为《建筑法》、《质量管理条例》和《监理规范》等一系列有关文件早已明确规定：工程款的支付应当首先由承包单位统计经监理工程师质量验收合格的工程量，填报工程量清单和工程款支付申请表；再由专业监理工程师按施工合同约定加以审核并报总监理工程师审定。然后由总监理工程师签署工程款支付证书并报建设单位。未经总监理工程师签字，建设单位不得拨付工程款，不进行竣工验收(《质量管理条例》第 37 条)。

1.6.2　案例 2

案例背景

某电站建设工程项目工地，傍晚木工班班长带全班人员在高空 15～20m 的混凝土施工工作面上安装模板，并向全班人员交代系好安全带。当晚天色转暗，照明灯具已损坏，安全员不在现场，管理人员只在作业现场的危险区悬挂了警示牌。在作业期间，一木工身体不佳，为接同伴递来的木方，卸下安全带后，水平移动 2m，不料脚下木架断裂，其人踩空直接坠落地面，高度为 15m，经抢救无效死亡，另两人也因此从高空坠落，其中 1 人伤重死亡，另一人重伤致残。

案例问题

1．对高空作业人员，有哪些基本的安全作业要求？

2．你认为该施工地施工作业环境存在哪些安全隐患？

3．施工单位安全管理工作有哪些不足？应如何加强？

4．安全检查有哪几类？检查的主要内容及重点是什么？

5．根据我国有关安全事故的分类，该事故应属于哪一类？

参考答案

1．从事高空作业人员，必须经过安全教育和安全作业培训，提高安全意识，掌握和认真遵守操作规程及现场对安全方面的规定。从业人员应身体健康，身体条件适合于所从事的作业工作。

2．(1) 施工作业环境区内照明设施有问题。

(2) 脚手架在使用过程中应经常检查、及时维修，保证其牢固、安全、可靠，本次事故说明，该作业现场的事先安全作业检查工作有问题。

(3) 高空作业必须架设安全网，作业人员从 15m 高空直接坠落地面致死，说明这方面存在重大问题。

(4) 作业人员轻易卸下安全带进行操作，说明本工地安全教育培训不到位。

3．(1) 应健全施工单位安全生产责任制，加强对有关人员的安全教育和培训，使之熟悉各工种安全操作规程和岗位管理制度，提高职工的安全素质和自我保护的意识和能力。

(2) 对高空作业应架设安全网和防护栏，照明设施应完备，加强和坚持对施工现场的经常性和定期的检查，及时发现隐患，采取有效措施防护。

4．安全检查包括日常检查、专业性检查、季节性检查、节假日前后检查以及不定期检查等。

5．根据建设部《工程建设重大事故报告和调查程序规定》，本案例所发生的事故应属于 4 级重大事故(死亡人数 1～2 人或重伤人数 3～19 人)。

本 章 练 习

一、单项选择题

1．在建设项目中，凡具有独立的设计文件，竣工后可以独立发挥生产能力或投资效益的工程称为(　　)。

    A. 建设项目　　B. 单项工程　　C. 单位工程　　D. 分部工程

2．下列不属于建立依据的是(　　)。

    A. 工程建设文件　　　　　　B.《建设工程质量管理条例》

    C. 监理合同　　　　　　　　D. 设计合同

3．以下不属于建立性质的是(　　)。

        A. 服务性　　　　　B. 独立性　　　　　C. 科学性　　　　　D. 合理性

4. 工程监理人员认为工程施工不符合工程设计要求、施工技术标准和合同约定的，(　　)要求建筑施工企业改正。

        A. 应当报告建设单位　　　　　　　B. 工程监理人员

        C. 应当报告质监站　　　　　　　　D. 应当报告设计院

5. 工程监理单位与承包单位串通，为承包单位谋取非法利益，给建设单位造成损失的，应当与(　　)承担连带赔偿责任。

        A. 建设单位　　　　B. 施工单位　　　　C. 设计单位　　　　D. 咨询单位

二、多项选择题

1. 建设项目按照行业性质和特点划分包括(　　)。

        A. 基本建设项目　　　　B. 更新改造项目　　　　C. 竞争性项目

        D. 基础性项目　　　　　E. 公益性项目

2. 按照我国有关规定，在工程建设中，应当实行(　　)等主要制度。这些制度相互关联、相互支持，共同构成了建设工程管理制度体系。

        A. 项目法人责任制　　　　B. 工程招标投标制　　　　C. 建设工程监理制

        D. 合同管理制　　　　　　E. 企业法人制

3. 监理企业制定旁站监理方案，同时送(　　)各 1 份。

        A. 建设单位　　　　　　　B. 施工企业　　　　　　C. 建设行政主管部门

        D. 质量监督机构　　　　　E. 设计单位

4. 建设工程监理的作用主要表现在(　　)。

        A. 有利于提高建设工程投资决策科学化水平

        B. 有利于规范工程建设参与各方的建设行为

        C. 有利于促使承建单位保证建设工程质量和使用安全

        D. 有利于实现建设工程投资效益最大化

        E. 有利于规范设计单位的行为

5. 建设工程监理范围可以分为(　　)。

        A. 工程范围　　　　　　　B. 建设阶段范围　　　　　C. 设计范围

        D. 采购范围　　　　　　　E. 运营范围

三、案例分析

案例背景

    某工程项目业主与监理单位及承包商分别签订了施工阶段监理合同和工程施工合同。由于工期紧张，在设计单位仅交付地下室的施工图时，业主要求承包商进场施工，同时向监理单位提出对设计图纸质量把关的要求，在此情况下由于承包商不具备防水施工技术，故合同约定：地下防水工程可以分包。在承包商尚未确定防水分包单位的情况下，业主为保证工期和工程质量，自行选择了一家专承防水施工业务的施工单位，承担防水工程施工任务(尚未签订正式合同)，并书面通知总监理工程师和承包商，已确定分包单位进场时间，要求配合施工。

案例问题

1. 你认为以上哪些做法不妥?

2. 总监理工程师接到业主通知后应如何处理?

第 2 章　监理工程师与工程监理企业

【学习要点及目标】

- ◆　了解注册监理工程师的执业特点。
- ◆　熟悉注册监理工程师的素质，FIDIC 倡导的职业道德准则。
- ◆　熟悉注册监理工程师的管理规定，继续教育的有关规定。
- ◆　掌握注册监理工程师的概念、职业道德、法律地位和责任。
- ◆　掌握注册监理工程师的注册程序。
- ◆　了解中外合资经营监理企业与中外合作经营监理企业，我国工程监理企业管理体制和经营机制的改革。
- ◆　了解工程监理企业规章制度。
- ◆　熟悉公司制监理企业的特征。
- ◆　熟悉工程监理企业的市场开发。
- ◆　掌握工程监理企业资质管理规定。
- ◆　掌握工程监理企业经营活动基本准则。

2.1　监理工程师概述

随着人类社会的不断进步，社会分工更趋向于专业化。在工程建设领域诞生工程监理制度，正是社会分工发展的必然结果。而这一制度的核心是监理工程师。

2.1.1　监理工程师的概念

我国的监理工程师是指经过考试，取得国务院建设行政主管部门与人事行政主管部门共同颁发的中华人民共和国监理工程师执业资格证书，并经监理工程师注册机关注册，取得中华人民共和国监理工程师注册执业证书和执业印章，从事工程监理及相关业务活动的专业人员。

它包含 3 层含义：第一，他是从事建设工程监理工作的人员；第二，已取得全国确认的《监理工程师执业资格证书》；第三，经省、自治区、直辖市住建委(住建厅)或由国务院工业、交通等部门的建设主管单位核准、注册，取得《监理工程师注册证书》。

监理工程师是一种岗位职务，如果监理工程师转入其他工作岗位，则不再称为监理工程师。从事建设工程管理工作，但尚未取得《监理工程师注册证书》的人员统称为监理员。在工作中，监理员与监理工程师的区别主要在于监理工程师具有相应岗位责任的签字权，监理员没有相应岗位责任的签字权。

2.1.2　监理工程师的执业特点

在国际上流行的各种工程合同条件中，几乎无一例外地含有关于监理工程师的条款。在国际上多数国家的工程项目建设程序中，每一个阶段都有监理工程师的工作内容。如在国际工程招标和投标过程中，凡是有关审查投标人工程经验和业绩的内容，都要提供这些工程的监理工程师的名称。

由于建设监理业务是为工程管理服务，是涉及多学科、多专业的技术、经济、管理等知识的系统工程，执业资格条件要求较高。国际咨询工程师联合会(FIDIC)对从事工程咨询业务人员的职业地位和业务特点所作的说明是："咨询工程师从事的是一份令人尊敬的职业，他仅按照委托人的最佳利益尽责，他在技术领域的地位等同于法律领域的律师和医疗领域的医生。他保持其行为相对于承包商和供应商的绝对独立性，他必须不得从他们那里接受任何形式的好处，而使他的决定的公正性受到影响或不利于他行使委托人赋予的职责。"这个说明同样适合我国的监理工程师。

我国的监理工程师执业特点主要表现在以下几个方面。

1．执业范围广泛

建设工程监理，就其监理的工程类别来看，包括土木工程、建筑工程、线路管道与设

备安装工程和装修工程等类别，而各类工程所包含的专业累计达 200 余项；就其监理的过程来看，可以包括工程项目前期决策、招标投标、勘察设计、施工、项目运行等各阶段。因此，监理工程师的执业范围十分广泛。

2．执业内容复杂

监理工程师执业内容的基础是合同管理，主要工作内容是建设工程目标控制和协调管理，执业方式包括监督管理和咨询服务。执业内容主要包括：在工程项目建设前期阶段，为业主提供投资决策咨询，协助业主进行工程项目可行性研究，提出项目评估；在设计阶段，审查、评选设计方案，选择勘察、设计单位，协助业主签订勘察、设计合同，监督管理合同的实施，审核设计概算；在施工阶段，监督、管理工程承包合同的履行，协调业主与工程建设有关各方的工作关系，控制工程质量、进度和造价，组织工程竣工预验收，参与工程竣工验收，审核工程结算；在工程保修期内，检查工程质量状况，鉴定质量问题责任，督促责任单位维修。此外，监理工程师在执业过程中，还要受环境、气候、市场等多种因素的干扰。所以，监理工程师的执业内容十分复杂。

3．执业技能全面

工程监理业务是高智能的工程管理服务，涉及多学科、多专业，监理方法需要运用技术、经济、法律、管理等多方面的知识。监理工作需要一专多能的复合型人才来承担，监理工程师应具有复合型的知识结构，不仅要有专业基础理论知识，还要熟悉设计、施工、管理，要有组织协调能力，能够综合应用各种知识解决工程建设中的各种问题。因此，工程监理业务对执业者的执业技能要求比较全面，资格条件要求较高。

4．执业责任重大

监理工程师在执业过程中担负着重要的经济和管理等方面涉及生命、财产安全的法律责任，统称为监理责任。监理工程师所承担的责任主要包括以下两方面。

(1) 国家法律法规赋予的行政责任。我国的法律法规对监理工程师从业有明确具体的要求，不仅赋予监理工程师一定的权力，同时也赋予监理工程师相应的责任，如《建设工程质量管理条例》所赋予的质量管理责任、《建设工程安全生产管理条例》所赋予的安全生产管理责任等。

(2) 委托监理合同约定的监理人义务，体现为监理工程师的合同民事责任。

建设工程监理的实践证明，没有专业技能的人不能从事监理工作；有一定专业技能，从事多年工程建设工作，如果没有学习过工程监理知识，也难以开展监理工作。

2.1.3　监理工程师的素质

具体从事监理工作的监理人员，不仅要有一定的工程技术或工程经济方面的专业知识、较强的专业技术能力，能够对工程建设进行监督管理，提出指导性的意见，而且要有一定的组织协调能力，能够组织、协调工程建设有关各方共同完成工程建设任务。因此，监理

工程师应具备以下素质。

1．较高的专业学历和复合型的知识结构

工程建设涉及的学科很多，其中主要学科就有几十种。作为一名监理工程师，当然不可能掌握这么多的专业理论知识，但至少应掌握一种专业理论知识。没有专业理论知识的人员无法承担监理工程师岗位工作。所以，要成为一名监理工程师，至少应具有工程类大专以上学历，并应了解或掌握一定的工程建设经济、法律和组织管理等方面的理论知识，不断了解新技术、新设备、新材料、新工艺，熟悉与工程建设相关的现行法律法规、政策规定，成为一专多能的复合型人才，持续保持较高的知识水准。

2．丰富的工程建设实践经验

监理工程师的业务内容体现的是工程技术理论与工程管理理论的应用，具有很强的实践性特点。因此，实践经验是监理工程师的重要素质之一。据有关资料统计分析，工程建设中出现的失误，少数原因是责任心不强，多数原因是缺乏实践经验。实践经验丰富则可以避免或减少工作失误。工程建设中的实践经验主要包括立项评估、地质勘测、规划设计、工程招标投标、工程设计及设计管理、工程施工及施工管理、工程监理、设备制造等方面的工作实践经验。

3．良好的品德

监理工程师的良好品德主要体现在以下几个方面。

(1) 热爱本职工作。

(2) 具有科学的工作态度。

(3) 具有廉洁奉公、为人正直、办事公道的高尚情操。

(4) 能够听取不同方面的意见，冷静分析问题。

4．健康的体魄和充沛的精力

尽管建设工程监理是一种高智能的管理服务，以脑力劳动为主，但是也必须具有健康的身体和充沛的精力，才能胜任繁忙、严谨的监理工作。尤其在建设工程施工阶段，由于露天作业，工作条件艰苦，工期往往紧迫，业务繁忙，更需要有健康的身体；否则，难以胜任工作。我国对年满65周岁的监理工程师不再进行注册，主要就是从考虑监理从业人员身体健康状况的适应能力而设定的条件。

2.1.4 监理工程师的职业道德

工程监理工作的特点之一是要体现公正原则。监理工程师在执业过程中不能损害工程建设任何一方的利益，因此，为了确保建设监理事业的健康发展，对监理工程师的职业道德和工作纪律都有严格的要求，在有关法规里也作了具体的规定。在监理行业中，监理工程师应严格遵守以下通用职业道德守则。

(1) 维护国家的荣誉和利益，按照"守法、诚信、公正、科学"的准则执业。

（2）执行有关工程建设的法律、法规、标准、规范、规程和制度，履行监理合同规定的义务和职责。

（3）努力学习专业技术和建设监理知识，不断提高业务能力和监理水平。

（4）不以个人名义承揽监理业务。

（5）不同时在两个或两个以上监理单位注册和从事监理活动，不在政府部门和施工、材料设备的生产供应等单位兼职。

（6）不为所监理项目指定承包商、建筑构配件、设备、材料生产厂家和施工方法。

（7）不收受被监理单位的任何礼金。

（8）不泄露所监理工程各方认为需要保密的事项。

（9）坚持独立自主地开展工作。

监理工程师违背职业道德，由政府部门没收非法所得，收缴《监理工程师注册证书》，并处以罚款。监理企业还要根据企业内部的规章制度给予处罚。

2.1.5　FIDIC 道德准则

在国外，监理工程师的职业道德准则，由其协会组织制订并监督实施。国际咨询工程师联合会(FIDIC)于 1991 年在慕尼黑召开的全体成员大会上，讨论批准了 FIDIC 通用道德准则。该准则分别从对社会和职业的责任、能力、正直性、公正性、对他人的公正 5 个问题计 14 个方面规定了监理工程师的道德行为准则。目前，国际咨询工程师协会的会员国家都认真地执行这一准则。

FIDIC 认识到工程师的工作对于取得社会及其环境的持续发展是十分关键的，为使工程师的工作充分、有效，不仅要求工程师必须不断增长他们的知识和技能，而且要求社会尊重他们的道德公正性，信赖他们中的人员作出的评审，同时给予公正的报酬。

FIDIC 的全体会员协会同意并且相信，如果要想使社会对其专业顾问具有必要的信赖，下述准则是其成员行为的基本准则。

1. 对社会和职业的责任

（1）接受对社会的职业责任。

（2）寻求与确认的发展原则相适应的解决办法。

（3）在任何时候，维护职业的尊严、名誉和荣誉。

2. 能力

（1）保持其知识和技能与技术、法规、管理的发展相一致的水平，对于委托人要求的服务采用相应的技能，并尽心尽力。

（2）仅在有能力从事服务时方能进行。

3. 正直性

（1）在提供职业咨询、评审或决策时不偏不倚。

(2) 通知委托人在行使其委托权时可能引起的任何潜在的利益冲突。

(3) 不接受可能导致判断不公的报酬。

4. 对他人的公正

(1) 加强"按照能力进行选择"的概念。

(2) 不得故意或无意地做出损害他人名誉或事务的事情。

(3) 不得直接或间接取代某一特定工作中已经任命的其他咨询工程师的位置。

(4) 通知该咨询工程师并且接到委托人终止其先前任命的建议前不得取代该咨询工程师的工作。

(5) 在被要求对其他咨询工程师的工作进行审查的情况下,要以适当的职业行为和礼节进行。

2.1.6　监理工程师的法律地位

监理工程师的主要业务是受聘于工程监理企业从事监理工作,受建设单位委托,代表工程监理企业完成委托监理合同约定的委托事项。因此,监理工程师的法律地位主要表现为受托人的权利和义务。监理工程师一般享有下列权利。

(1) 使用注册监理工程师称谓。

(2) 在规定范围内从事执业活动。

(3) 依据本人能力从事相应的执业活动。

(4) 保管和使用本人的注册证书和执业印章。

(5) 对本人执业活动进行解释和辩护。

(6) 接受继续教育。

(7) 获得相应的劳动报酬。

(8) 对侵犯本人权利的行为进行申诉。

同时,监理工程师还应当履行下列义务。

(1) 遵守法律、法规和有关管理规定。

(2) 履行管理职责,执行技术标准、规范和规程。

(3) 保证执业活动成果的质量,并承担相应责任。

(4) 接受继续教育,努力提高执业水准。

(5) 在本人执业活动所形成的工程监理文件上签字、加盖执业印章。

(6) 保守在执业中知悉的国家秘密和他人的商业、技术秘密。

(7) 不得涂改、倒卖、出租、出借或者以其他形式非法转让注册证书或者执业。

(8) 不得同时在两个或者两个以上单位受聘或者执业。

(9) 在规定的执业范围和聘用单位业务范围内从事执业活动。

(10) 协助注册管理机构完成相关工作。

2.1.7　监理工程师的法律责任

监理工程师的法律责任主要来源于法律法规的规定和委托监理合同的约定。《建筑法》第 35 条规定："工程监理单位不按照委托监理合同的约定履行监理义务，对应当监督检查的项目不检查或者不按照规定检查，给建设单位造成损失的，应当承担相应的赔偿责任。"《建设工程质量管理条例》第 36 条规定："工程监理单位应当依照法律、法规以及有关技术标准、设计文件和建设工程承包合同，代表建设单位对施工质量实施监理并对施工质量承担监理责任。"《建设工程安全生产管理条例》第 14 条规定："工程监理单位和监理工程师应当按照法律、法规和工程建设强制性标准实施监理，并对建设工程安全生产承担监理责任。"

工程监理企业是订立委托监理合同的当事人。监理工程师一般主要受聘于工程监理企业，代表监理企业从事工程监理业务。监理企业在履行委托监理合同时，是由具体的监理工程师来实现的，因此，如果监理工程师出现工作过错，其行为将被视为监理企业违约，应承担相应的违约责任。监理企业在承担违约赔偿责任后，有权在企业内部向有过错行为的监理工程师追偿损失。所以，由监理工程师个人过失引发的合同违约行为，监理工程师必然要与监理企业承担一定的连带责任。

《中华人民共和国刑法》第 137 条规定："建设单位、设计单位、施工单位、工程监理单位违反国家规定，降低工程质量标准，造成重大安全事故的，对直接责任人员，处 5 年以下有期徒刑或者拘役，并处罚金；后果特别严重的，处 5 年以上 10 年以下有期徒刑，并处罚金。"导致安全事故或问题的原因很多，有自然灾害、不可抗力等客观原因，也有建设单位、设计单位、施工企业、材料供应单位等主观原因。

如果监理工程师有下列行为之一，则要承担一定的监理责任。

(1) 未对施工组织设计中的安全技术措施或者专项施工方案进行审查。

(2) 发现安全事故隐患未及时要求施工单位整改或者暂时停止施工。

(3) 施工单位拒不整改或者不停止施工，未及时向有关主管部门报告。

(4) 未依照法律、法规和工程建设强制性标准实施监理。

如果监理工程师有下列行为之一，则应当与质量、安全事故责任主体承担连带责任。

(1) 违章指挥或者发出错误指令，引起安全事故的。

(2) 将不合格的建设工程、建筑材料、建筑构配件和设备按照合格签字，造成工程质量事故，由此引发安全事故的。

(3) 与建设单位或施工企业串通，弄虚作假，降低工程质量，从而引发安全事故的。

2.1.8　监理工程师违规行为的处罚

监理工程师在执业过程中必须严格遵纪守法。政府建设行政主管部门对于监理工程师的违法违规行为，将追究其责任，并根据不同情节给予必要的行政处罚。监理工程师的违规行为及相应的处罚办法，一般包括以下几个方面。

（1）对于未取得《监理工程师执业资格证书》、《监理工程师注册证书》和执业印章，以监理工程师名义执行业务的人员，政府建设行政主管部门将予以取缔，并处以罚款；有违法所得的，予以没收。

（2）对于以欺骗手段取得《监理工程师执业资格证书》、《监理工程师注册证书》和执业印章的人员，政府建设行政主管部门将吊销其证书，收回执业印章，并处以罚款；情节严重的，3年之内不允许考试及注册。

（3）如果监理工程师出借《监理工程师执业资格证书》、《监理工程师注册证书》和执业印章，情节严重的，将被吊销证书，收回执业印章，3年之内不允许参加考试和注册。

（4）监理工程师注册内容发生变更，未按照规定办理变更手续的，将被责令改正并可能受到罚款的处罚。

（5）同时受聘于两个及以上单位执业的，将被注销其《监理工程师注册证书》，收回执业印章，并将受到罚款处理；有违法所得的，将被没收。

（6）对于监理工程师在执业中出现的行为过失，产生不良后果的，《建设工程质量管理条例》有明确规定：监理工程师因过错造成质量事故的，责令停止执业1年；造成重大质量事故的，吊销执业资格证书，5年以内不予注册；情节特别恶劣的，终身不予注册。

对于监理工程师在安全生产监理工作中出现的行为过失，《建设工程安全生产管理条例》中明确规定：未执行法律、法规和工程建设强制性标准的，责令停止执业3个月以上1年以下；情节严重的，吊销执业资格证书，5年内不予注册；造成重大安全事故的，终身不予注册；构成犯罪的，依照刑法有关规定追究刑事责任。

2.2 监理工程师执业资格考试、注册和继续教育

2.2.1 监理工程师执业资格考试

1. 监理工程师执业资格考试制度

执业资格是政府对某些责任较大、社会通用性强、关系公共利益的专业技术工作实行的市场准入控制，是专业技术人员依法独立开展业务或独立从事某种专业技术工作所必备的学识、技术和能力标准。我国按照有利于国家经济发展、得到社会公认、具有国际可比性、事关社会公共利益等4项原则，在涉及国家、人民生命财产安全的专业技术工作领域，实行专业技术人员执业资格制度。执业资格一般要通过考试方式取得，这体现了执业资格制度公开、公平、公正的原则。只有当某一专业技术执业资格刚刚设立，为了确保该项专业技术工作启动实施，才有可能对首批专业技术人员的执业资格采用考核方式确认。监理工程师是新中国建立以来在工程建设领域第一个设立的执业资格。

实行监理工程师执业资格考试制度的意义在于：①促进监理人员努力钻研监理业务，

提高业务水平；②统一监理工程师的业务能力标准；③有利于公正地确定监理人员是否具备监理工程师的资格；④合理建立工程监理人才库；⑤便于同国际接轨，开拓国际工程监理市场。因此，我国要建立监理工程师执业资格考试制度。

2．报考监理工程师的条件

国际上多数国家在设立执业资格时，通常比较注重执业人员的专业学历和工作经验。他们认为这是执业人员的基本素质，是保证执业工作有效实施的主要条件。我国根据对监理工程师业务素质和能力的要求，对参加监理工程师执业资格考试的报名条件也从两方面做了限制：一是要具有一定的专业学历；二是要具有一定年限的工程建设实践经验。

3．考试内容

由于监理工程师的业务主要是控制建设工程的质量、投资、进度，监督管理建设工程合同，协调工程建设各方的关系，所以，监理工程师执业资格考试的内容主要是工程建设监理基本理论、工程质量控制、工程进度控制、工程投资控制、建设工程合同管理和涉及工程监理的相关法律法规等方面的理论知识和实务技能。

4．考试方式和管理

监理工程师执业资格考试是一种水平考试，是对考生掌握监理理论和监理实务技能的抽检。为了体现公开、公平、公正原则，考试实行全国统一考试大纲、统一命题、统一组织、统一时间、闭卷考试、分科记分、统一录取标准的办法，一般每年举行一次。考试所用语言为汉语。

对考试合格人员，由省、自治区、直辖市人民政府人事行政主管部门颁发由国务院人事行政主管部门统一印制，国务院人事行政主管部门和建设行政主管部门共同用印的《监理工程师执业资格证书》。取得执业资格证书并经注册后，即成为监理工程师。

我国对监理工程师执业资格考试工作实行政府统一管理。国务院建设行政主管部门负责编制监理工程师执业资格考试大纲、编写考试教材和组织命题工作，统一规划、组织或授权组织监理工程师执业资格考试的考前培训等有关工作。

国务院人事行政主管部门负责审定监理工程师执业资格考试科目、考试大纲和考试试题，组织实施考务工作，会同国务院建设行政主管部门对监理工程师执业资格考试进行检查、监督、指导和确定合格标准。

中国建设监理协会负责组织有关专业的专家拟定考试大纲、组织命题和编写培训教材工作。

2.2.2　监理工程师注册

监理工程师注册制度是政府对监理从业人员实行市场准入控制的有效手段。监理工程师一经注册，即表明获得了政府对其以监理工程师名义从业的行政许可，因而具有相应工作岗位的责任和权力。仅取得《监理工程师执业资格证书》，没有取得《监理工程师注册证书》的人员，则不具备这些权力，也不承担相应的责任。

监理工程师的注册，根据注册内容的不同分为 3 种形式，即初始注册、延续注册和变更注册。按照我国有关法规的规定，监理工程师依据其所学专业、工作经历、工程业绩，按专业注册，每人最多可以申请两个专业注册，并且只能在一家建设工程勘察、设计、施工、监理、招标代理、造价咨询等企业注册。

1．初始注册

经考试合格，取得《监理工程师执业资格证书》的，可以申请监理工程师初始注册。

(1) 申请初始注册，应当具备以下条件。

① 经全国注册监理工程师执业资格统一考试合格，取得资格证书。

② 受聘于一个相关单位。

③ 达到继续教育要求。

(2) 申请监理工程师初始注册，一般要提供下列材料。

① 监理工程师注册申请表。

② 申请人的资格证书和身份证复印件。

③ 申请人与聘用单位签订的聘用劳动合同复印件及社会保险机构出具的参加社会保险的清单复印件。

④ 学历或学位证书、职称证书复印件，与申请注册相关的工程技术、工程管理工作经历和工程业绩证明。

⑤ 逾期初始注册的，应提交达到继续教育要求的证明材料。

(3) 申请初始注册的程序如下。

① 申请人向聘用单位提出申请。

② 聘用单位同意后，连同上述材料由聘用企业向所在省、自治区、直辖市人民政府建设行政主管部门提出申请。

③ 省、自治区、直辖市人民政府建设行政主管部门初审合格后，报国务院建设行政主管部门。

④ 国务院建设行政主管部门对初审意见进行审核，对符合条件者准予注册，并颁发由国务院建设行政主管部门统一印制的《监理工程师注册证书》和执业印章。执业印章由监理工程师本人保管。

国务院建设行政主管部门对监理工程师初始注册随时受理审批，并实行公示、公告制度，对符合注册条件的进行网上公示，经公示未提出异议的予以批准确认。

2．延续注册

监理工程师初始注册有效期为 3 年，注册有效期满要求继续执业的，需要办理延续注册。延续注册应提交下列材料。

(1) 申请人延续注册申请表。

(2) 申请人与聘用单位签订的聘用劳动合同复印件及社会保险机构出具的参加社会保险的清单复印件。

(3) 申请人注册有效期内达到继续教育要求的证明材料。

延续注册的有效期同样为 3 年，从准予延续注册之日起计算。国务院建设行政主管部门定期向社会公告准予延续注册的人员名单。

3. 变更注册

监理工程师注册后，如果注册内容发生变更，如变更执业单位、注册专业等，应当向原注册管理机构办理变更注册。

变更注册需要提交下列材料。

(1) 申请人变更注册申请表。

(2) 申请人与新聘用单位签订的聘用劳动合同复印件及社会保险机构出具的参加社会保险的清单复印件。

(3) 申请人的工作调动证明(与原聘用单位解除聘用劳动合同或者聘用劳动合同到期的证明文件、退休人员的退休证明)。

(4) 在注册有效期内或有效期届满，变更注册专业的，应提供与申请注册专业相关的工程技术、工程管理工作经历和工程业绩证明，以及满足相应专业继续教育要求的证明材料。

(5) 在注册有效期内，因所在聘用单位名称发生变更的，应提供聘用单位新名称的营业执照复印件。

4. 不予初始注册、延续注册或者变更注册的特殊情况

如果注册申请人有下列情形之一的，将不予初始注册、延续注册或者变更注册。

(1) 不具有完全民事行为能力。

(2) 刑事处罚尚未执行完毕或者因从事工程监理或者相关业务受到刑事处罚，自刑事处罚执行完毕之日起至申请注册之日止不满 2 年。

(3) 未达到监理工程师继续教育要求。

(4) 在两个或者两个以上单位申请注册。

(5) 以虚假的职称证书参加考试并取得资格证书。

(6) 年龄超过 65 周岁。

(7) 法律、法规规定不予注册的其他情形。

注册监理工程师如果有下列情形之一的，其注册证书和执业印章将自动失效。

(1) 聘用单位破产。

(2) 聘用单位被吊销营业执照。

(3) 聘用单位被吊销相应资质证书。

(4) 已与聘用单位解除劳动关系。

(5) 注册有效期满且未延续注册。

(6) 年龄超过 65 周岁。

(7) 死亡或者丧失行为能力。

(8) 其他导致注册失效的情形。

5. 注销注册

注册监理工程师如果有下列情形之一的，应当办理注销注册，交回注册证书和执业印章，注册管理机构将公告其注册证书和执业印章作废。

(1) 不具有完全民事行为能力。

(2) 申请注销注册。

(3) 注册证书和执业印章已失效。

(4) 依法被撤销注册。

(5) 依法被吊销注册证书。

(6) 受到刑事处罚。

(7) 法律、法规规定应当注销注册的其他情形。

2.2.3　注册监理工程师的继续教育

1. 继续教育的目的

随着现代科学技术日新月异地发展，注册后的监理工程师不能一劳永逸地停留在原有知识水平上，而要随着时代的进步不断更新知识、扩大其知识面，通过继续教育使注册监理工程师及时掌握与工程监理有关的政策、法律法规和标准规范，熟悉工程监理与工程项目管理的新理论、新方法，了解工程建设新技术、新材料、新设备及新工艺，适时更新业务知识，不断提高注册监理工程师业务素质和执业水平，以适应开展工程监理业务和工程监理事业发展的需要。因此，注册监理工程师每年都要接受一定学时的继续教育。国外一些国家，如美国、英国等，对执业人员的年度考核也有类似的要求。

2. 继续教育的学时

注册监理工程师在每一注册有效期(3 年)内应接受 96 学时的继续教育，其中必修课和选修课各为 48 学时。必修课 48 学时每年可安排 16 学时。选修课 48 学时按注册专业安排学时，只注册 1 个专业的，每年接受该注册专业选修课 16 学时的继续教育；注册 2 个专业的，每年接受相应 2 个注册专业选修课各 8 学时的继续教育。

注册监理工程师申请变更注册专业时，在提出申请之前，应接受申请变更注册专业 24 学时选修课的继续教育。注册监理工程师申请跨省级行政区域变更执业单位时，在提出申请之前，还应接受新聘用单位所在地 8 学时选修课的继续教育。

注册监理工程师在公开发行的期刊上发表有关工程监理的学术论文，字数在 3000 字以上的，每篇可充抵选修课 4 学时；从事注册监理工程师继续教育授课工作和考试命题工作，每年每次可充抵选修课 8 学时。

3. 继续教育方式和内容

继续教育的方式有两种，即集中面授和网络教学。继续教育的内容主要有以下几个：

(1) 必修课。国家近期颁布的与工程监理有关的法律法规、标准规范和政策；工程监理与工程项目管理的新理论、新方法；工程监理案例分析；注册监理工程师职业道德。

(2) 选修课。地方及行业近期颁布的与工程监理有关的法规、标准规范和政策；工程建设新技术、新材料、新设备及新工艺；专业工程监理案例分析；需要补充的其他与工程监理业务有关的知识。

2.3　工程监理企业的组织形式

工程监理企业是指从事工程监理业务并取得工程监理企业资质证书的经济组织。它是监理工程师的执业机构。

按照我国现行法律法规的规定，我国企业的组织形式分为 5 种，即公司、合伙企业、个人独资企业、中外合资经营企业和中外合作经营企业。因此，我国的工程监理企业有可能存在的企业组织形式包括公司制监理企业、合伙监理企业、个人独资监理企业、中外合资经营监理企业和中外合作经营监理企业。以下简要介绍公司制监理企业、中外合资经营监理企业和中外合作经营监理企业的特点。

2.3.1　公司制监理企业

监理公司是以盈利为目的，依照法定程序设立的企业法人。我国公司制监理企业有以下特征。

(1) 必须是依照《中华人民共和国公司法》的规定设立的社会经济组织。

(2) 必须是以盈利为目的的独立企业法人。

(3) 自负盈亏，独立承担民事责任。

(4) 是完整纳税的经济实体。

(5) 采用规范的成本会计和财务会计制度。

我国目前监理公司的种类有两种，即监理有限责任公司和监理股份有限公司。

1. 监理有限责任公司

监理有限责任公司是指由 50 人以下的股东共同出资，股东以其所认缴的出资额对公司行为承担有限责任，公司以其全部资产对其债务承担责任的企业法人。

监理有限责任公司有以下特征。

(1) 公司不对外发行股票，股东的出资额由股东协商确定。

(2) 股东交付股金后，公司出具股权证书，作为股东在公司中拥有的权益凭证，这种凭证不同于股票，不能自由流通，必须在其他股东同意的条件下才能转让，且要优先转让给公司原有股东。

(3) 公司股东所负责任仅以其出资额为限，即把股东投入公司的财产与其个人的其他财产脱钩，公司破产或解散时，只以公司所有的资产偿还债务。

(4) 公司具有法人地位。

(5) 在公司名称中必须注明有限责任公司字样。

(6) 公司股东可以作为雇员参与公司经营管理，通常公司管理者也是公司的所有者。

(7) 公司账目可以不公开，尤其是公司的资产负债表一般不公开。

2. 监理股份有限公司

监理股份有限公司是指全部资本由等额股份构成，并通过发行股票筹集资本，股东以其所认购股份对公司承担责任，公司以其全部资产对公司债务承担责任的企业法人。

设立监理股份有限公司可以采取发起设立或者募集设立方式。发起设立是指由发起人认购公司应发行的全部股份而设立公司。募集设立是指由发起人认购公司应发行股份的一部分，其余部分向社会公开募集而设立公司。

监理股份有限公司的主要特征如下。

(1) 公司资本总额分为金额相等的股份。股东以其所认购的股份对公司承担有限责任。

(2) 公司以其全部资产对公司债务承担责任。公司作为独立的法人，有自己独立的财产，公司在对外经营业务时，以其独立的财产承担公司债务。

(3) 公司可以公开向社会发行股票。

(4) 公司股东的数量有最低限制，应当有 5 个以上发起人，其中必须有过半数的发起人在中国境内有住所。

(5) 股东以其所持有的股份享受权利和承担义务。

(6) 在公司名称中必须标明"股份有限公司"字样。

(7) 公司账目必须公开，便于股东全面掌握公司情况。

(8) 公司管理实行两权分离。董事会接受股东大会委托，监督公司财产的保值增值，行使公司财产所有者职权；经理由董事会聘任，掌握公司经营权。

2.3.2 中外合资经营监理企业与中外合作经营监理企业

1. 基本概念

中外合资经营监理企业是指以中国的企业或其他经济组织为一方，以外国的公司、企业、其他经济组织或个人为另一方，在平等互利的基础上，根据《中华人民共和国中外合资经营企业法》，签订合同、制订章程，经中国政府批准，在中国境内共同投资、共同经营、共同管理、共同分享利润、共同承担风险，主要从事工程监理业务的监理企业。其组织形式为有限责任公司。在合营企业的注册资本中，外国合营者的投资比例一般不得低于25%。

中外合作经营监理企业是指中国的企业或其他经济组织同外国的企业、其他经济组织或者个人，按照平等互利的原则和我国法律的规定，用合同约定双方的权利和义务，在中国境内共同举办的、主要从事工程监理业务的经济实体。

2．中外合资经营监理企业与中外合作经营监理企业的区别

(1) 组织形式不同。

合营企业的组织形式为有限责任公司，具有法人资格。合作企业可以是法人型企业，也可以是不具有法人资格的合伙企业，法人型企业独立对外承担责任，合作企业由合作各方对外承担连带责任。

(2) 组织机构不同。

合营企业是合营双方共同经营管理，实行单一的董事会领导下的总经理负责制。合作企业可以采取董事会负责制，也可以采取联合管理制，既可由双方组织联合管理机构管理，也可以由一方管理，还可以委托第三方管理。

(3) 出资方式不同。

合营企业一般以货币形式计算各方的投资比例。合作企业是以合同规定投资或者提供合作条件，以非现金投资作为合作条件，可不以货币形式作价，不计算投资比例。

(4) 分配利润和分担风险的依据不同。

合营企业按各方注册资本比例分配利润和分担风险。合作企业按合同约定分配收益或产品和分担风险。

(5) 回收投资的期限不同。

合营企业各方在合营期内不得减少其注册资本。合作企业则允许外国合作者在合作期限内先行收回投资，合作期满时，企业的全部固定资产归中国合作者所有。

2.3.3　我国工程监理企业管理体制和经营机制的改革

1．工程监理企业的管理体制和经营机制改革

一些由国有企业集团或教学、科研、勘察设计单位按照传统的国有企业模式设立的工程监理企业，由于具有国有企业的特点，普遍存在着产权关系不清晰、管理体制不健全、经营机制不灵活、分配制度不合理、职工积极性不高及市场竞争力不强等现象，企业缺乏自主经营、自负盈亏、自我约束、自我发展的能力，这必将阻碍监理企业和监理行业的发展。

党的十五届四中全会《关于国有企业改革和发展若干重大问题的决定》指出：国有企业的改革是整个经济体制改革的中心环节。建立和完善社会主义市场经济体制，实现公有制与市场经济的有效结合，最重要的是使国有企业形成适应市场经济要求的管理制度和经营机制。建立现代企业制度，实现产权清晰、权责明确、政企分开、管理科学，健全决策、执行和监督体系，使企业成为自主经营、自负盈亏的法人实体和市场主体，是发展社会化大生产和市场经济的必然要求，是公有制与市场经济相结合的有效途径，是国有企业改革的方向。

因此，国有工程监理企业管理体制和经营机制改革是必然发展趋势。监理企业改制的目的：一是有利于转换企业经营机制，不少国有监理企业经营困难，主要原因是体制、机制问题，改革的关键在于转换监理企业经营机制，使监理企业真正成为"四自"主体；二

是有利于强化企业经营管理，国有监理企业经营困难除了体制和机制外，管理不善也是重要原因之一；三是有利于提高监理人员的积极性。国有企业固有的产权不清晰、责任不明确、分配不合理所形成的大锅饭模式，难以调动员工的积极性。

2. 国有工程监理企业改制为有限责任公司的基本步骤

我国《公司法》第 7 条规定：国有企业改建为公司，必须依照法律、行政法规规定的条件和要求，转换经营机制，有步骤地进行清产核资，评估资产，界定产权，清理债权债务，建立规范的企业内部管理机构。根据这一规定，企业改制的一般程序如下。

(1) 确定发起人并成立筹备委员会。

发起人确定后，成立企业改制筹备委员会，负责改制过程中的各项工作。

(2) 形成公司文件。

公司文件主要包括改制申请书、改制的可行性研究报告、公司章程等。

(3) 提出改制申请。

筹备委员会向政府主管部门提出改制申请时，应提交以下基本文件：改制协议书；改制申请书；改制的可行性研究报告；公司章程；行业主管部门的审查意见。

(4) 资产评估。

资产评估是指对资产价值的重估，它是在财产清查的基础上，对账面价值与实际价值背离较大的资产的价值进行重新评估，以保证资产价值与实际相符，促进实现资产价值的足额补偿。资产评估按照申请立项、资产清查、评定估算、验证确认等程序进行。

(5) 产权界定。

产权界定是指对财产权进行鉴别和确认，即在财产清查和资产评估的基础上，鉴别企业各所有者和债权人对企业全部资产拥有的权益。对国有产权，一般应指国有企业的净资产，即用评估后的总资产价值减去国有企业的负债。

(6) 股权设置。

股权是指股份制企业投资者的法定所有权，以及由此而产生的投资者对企业拥有的各项权利。股权设置是指在产权界定的基础上，根据股份制改造的要求，按投资主体所设置的国家股、法人股、自然人股和外资股。从经济学的角度看，股权是产权的一部分，即财产的所有权，而不包括法人财产权。从会计学角度看，二者本质是相同的，都体现财产的所有权；但从量的角度看可能不同，产权指所有者的权益，股权则指资本金或实收资本。因此，股权设置过程中的一个重要环节是净资产折股。

(7) 认缴出资额。

各股东按照共同订立的公司章程中规定的各自所认缴的出资额出资。

(8) 申请设立登记。

申请设立登记时，一般应提交公司登记申请书、公司章程、验资报告、法律、行政法规规定的其他文件等。

(9) 签发出资证明书。

公司登记注册后，应签发证明股东已经缴纳出资额的出资证明书。有限责任公司成立后，原有企业即自行终止，其债权、债务由改组后的公司承担。

3. 产权制度改革的方式

国有工程监理企业的改制可采用以下几种方式。

(1) 股份制改革方式。减持国有股，扩大民营股。

(2) 股份合作制方式。将原国有监理企业改为由本单位的全体职工和经营者按股份共同拥有。具体的操作方式是，对企业经过资产评估后，折成股份，转让给本企业职工和经营者。

(3) 经营者持大股份方式。

4. 完善分配制度

改制的监理企业应建立与现代企业制度相适应的劳动、人事管理和收入分配制度，在坚持按劳分配原则的基础上，应适当实行按生产要素分配。生产要素包括资本、技术、管理等。技术参与要素分配可采取技术入股法，先做技术评估、定价折股，进入企业股本，最多可占企业总股本的 35%。管理参与要素分配可采用期权制入股，根据经营管理的业绩按一定比例提取股权。

2.4　工程监理企业的资质管理制度

2.4.1　工程监理企业的资质等级标准和业务范围

1. 工程监理企业资质

工程监理企业资质是企业技术能力、管理水平、业务经验、经营规模、社会信誉等综合性实力指标。对工程监理企业进行资质管理的制度是我国政府实行市场准入控制的有效手段。

工程监理企业应当按照所拥有的注册资本、专业技术人员数量和工程监理业绩等资质条件申请资质，经审查合格，取得相应等级的资质证书后，才能在其资质等级许可的范围内从事工程监理活动。

工程监理企业的注册资本不仅是企业从事经营活动的基本条件，也是企业清偿债务的保证。工程监理企业所拥有的专业技术人员数量主要体现在注册监理工程师的数量上，这反映企业从事监理工作的工程范围和业务能力。工程监理业绩则反映工程监理企业开展监理业务的经历和成效。

工程监理企业的资质按照等级分为综合资质、专业资质和事务所资质。其中，专业资质按照工程性质和技术特点划分为若干工程类别；综合资质、事务所资质不分级别。专业资质分为甲级、乙级，其中，房屋建筑、水利水电、公路和市政公用专业资质可设立丙级。

甲级、乙级和丙级，按照工程性质和技术特点分为 14 个专业工程类别，每个专业工

类别按照工程规模或技术复杂程度又分为 3 个等级。

2．工程监理企业的资质等级标准

1) 综合资质标准

(1) 具有独立法人资格且注册资本不少于 600 万元。

(2) 具有 5 个以上工程类别的专业甲级工程监理资质。

(3) 注册监理工程师不少于 60 人，注册造价工程师不少于 5 人，一级注册建造师、一级注册建筑师、一级注册结构工程师及其他勘察设计注册工程师累计不少于 15 人次。

(4) 企业具有完善的组织结构和质量管理体系，有健全的技术、档案等管理制度。

(5) 企业具有必要的工程试验检测设备。

(6) 申请工程监理资质之日前 1 年内没有规定禁止的行为。

(7) 申请工程监理资质之日前 1 年内没有因本企业监理责任造成质量事故。

(8) 申请工程监理资质之日前 1 年内没有因本企业监理责任发生三级以上工程建设重大安全事故或者发生 2 起以上四级工程建设安全事故。

2) 专业资质标准

(1) 甲级。

① 具有独立法人资格且注册资本不少于 300 万元。

② 企业技术负责人应为注册监理工程师，并具有 15 年以上从事工程建设工作的经历或者具有工程类高级职称。

③ 注册监理工程师、注册造价工程师、一级注册建造师、一级注册建筑师、一级注册结构工程师及其他勘察设计注册工程师累计不少于 25 人次；其中，相应专业注册监理工程师不少于《专业资质注册监理工程师人数配备表》(见表 2.1)中要求配备的人数，注册造价工程师不少于 2 人。

④ 企业近 2 年内独立监理过 3 个以上相应专业的二级工程项目。

⑤ 企业具有完善的组织结构和质量管理体系，有健全的技术、档案等管理制度。

⑥ 企业具有必要的工程试验检测设备。

⑦ 申请工程监理资质之日前 1 年内没有规定禁止的行为。

⑧ 申请工程监理资质之日前 1 年内没有因本企业监理责任造成质量事故。

⑨ 申请工程监理资质之日前 1 年内没有因本企业监理责任发生三级以上工程建设重大安全事故或者发生 2 起以上四级工程建设安全事故。

(2) 乙级。

① 具有独立法人资格且注册资本不少于 100 万元。

② 企业技术负责人应为注册监理工程师，并具有 10 年以上从事工程建设工作的经历。

③ 注册监理工程师、注册造价工程师、一级注册建造师、一级注册建筑师、一级注册结构工程师及其他勘察设计注册工程师累计不少于 15 人次。其中，相应专业注册监理工程师不少于表 2.1 中要求配备的人数，注册造价工程师不少于 1 人。

④ 有较完善的组织结构和质量管理体系，有技术、档案等管理制度。

⑤ 有必要的工程试验检测设备。

⑥ 申请工程监理资质之日前 1 年内没有规定禁止的行为。

⑦ 申请工程监理资质之日前 1 年内没有因本企业监理责任造成质量事故。

⑧ 申请工程监理资质之日前 1 年内没有因本企业监理责任发生三级以上工程建设重大安全事故或者发生两起以上四级工程建设安全事故。

(3) 丙级。

① 具有独立法人资格且注册资本不少于 50 万元。

② 企业技术负责人应为注册监理工程师，并具有 8 年以上从事工程建设工作的经历。

③ 相应专业的注册监理工程师不少于表 2.1 中要求配备的人数。

④ 有必要的质量管理体系和规章制度。

⑤ 有必要的工程试验检测设备。

表 2.1　专业资质注册监理工程师人数配备表　　　　　　　　单位：人

序　号	工程类别	甲　级	乙　级	丙　级
1	房屋建筑工程	15	10	5
2	冶炼工程	15	10	
3	矿山工程	20	12	
4	化工石油工程	15	10	
5	水利水电工程	20	12	5
6	电力工程	15	10	
7	农林工程	15	10	
8	铁路工程	23	14	
9	公路工程	20	12	5
10	港口与航道工程	20	12	
11	航天航空工程	20	12	
12	通信工程	20	12	
13	市政公用工程	15	10	5
14	机械电子工程	15	10	

注：表 2.1 中各专业资质注册监理工程师人数配备是指企业取得本专业工程类别注册的注册监理工程师人数。

3) 事务所资质标准

(1) 取得合伙企业营业执照，具有书面合作协议书。

(2) 合伙人中有 3 名以上注册监理工程师，合伙人均有 5 年以上从事建设工程监理的工作经历。

(3) 有固定的工作场所。

(4) 有必要的质量管理体系和规章制度。

(5) 有必要的工程试验检测设备。

3．业务范围

1) 综合资质

可以承担所有专业工程类别建设工程项目的工程监理业务。

2) 专业资质

(1) 专业甲级资质。可承担相应专业工程类别建设工程项目的工程监理业务。

(2) 专业乙级资质。可承担相应专业工程类别二级以下(含二级)建设工程项目的工程监理业务。

(3) 专业丙级资质。可承担相应专业工程类别三级建设工程项目的工程监理业务。

3) 事务所资质

可承担三级建设工程项目的工程监理业务，但是，国家规定必须实行监理的工程除外。

此外，工程监理企业都可以开展相应类别建设工程的项目管理、技术咨询等业务。

2.4.2　工程监理企业的资质申请

工程监理企业申请资质，一般要到企业注册所在地的县级以上地方人民政府建设行政主管部门办理相关手续。新设立的工程监理企业申请资质，应当先到工商行政管理部门登记注册并取得企业法人营业执照后，才能到建设行政主管部门办理资质申请手续。

申请工程监理企业资质，需要提交以下材料。

(1) 工程监理企业资质申请表(一式 3 份)及相应电子文档。

(2) 企业法人、合伙企业营业执照。

(3) 企业章程或合伙人协议。

(4) 企业法定代表人、企业负责人和技术负责人的身份证明、工作简历及任命(聘用)文件。

(5) 工程监理企业资质申请表中所列注册监理工程师及其他注册执业人员的注册执业证书。

(6) 有关企业质量管理体系、技术和档案等管理制度的证明材料。

(7) 有关工程试验检测设备的证明材料。

2.4.3　工程监理企业资质审批程序

工程监理企业申请综合资质、专业甲级资质的，要向企业工商注册所在地的省、自治区、直辖市人民政府建设主管部门提出申请。省、自治区、直辖市人民政府建设主管部门自受理申请之日起 20 日内审查完毕，将审查意见和全部申请材料报国务院建设主管部门，国务院建设主管部门自受理申请材料之日起 20 日内作出决定，其中涉及铁道、交通、水利、信息产业、民航等专业工程监理资质的，由国务院有关部门初审，国务院建设主管部门根据初审意见审批。

工程监理企业申请专业乙级、丙级资质和事务所资质的，由企业所在地省、自治区、直辖市人民政府建设主管部门审批。

工程监理企业合并的，合并后存续或者新设立的工程监理企业可以承继合并前各方中较高的资质等级，但应当符合相应的资质等级条件。工程监理企业分立的，分立后企业的资质等级，根据实际达到的资质条件，按照本规定的审批程序核定。

2.4.4　工程监理企业的资质管理

为了加强对工程监理企业的资质管理，保障其依法经营业务，促进建设工程监理事业的健康发展，国家建设行政主管部门对工程监理企业资质管理工作制定了相应的管理规定。

1．工程监理企业资质管理机构及其职责

根据我国现阶段管理体制，我国工程监理企业的资质管理确定的原则是"分级管理，统分结合"，按中央和地方两个层次进行管理。

国务院建设行政主管部门负责全国工程监理企业资质的统一管理工作。涉及铁道、交通、水利、信息产业、民航等专业工程监理资质的，由国务院铁道、交通、水利、信息产业、民航等有关部门配合国务院建设行政主管部门实施资质管理工作。

省、自治区、直辖市人民政府建设行政主管部门负责本行政区域内工程监理企业资质的统一管理工作，省、自治区、直辖市人民政府交通、水利、通信等有关部门配合同级建设行政主管部门实施相关资质类别工程监理企业资质的管理工作。

2．资质审批实行公示公告制度

资质初审工作完成后，初审结果先在中国工程建设信息网上公示。经公示后，对于工程监理企业符合资质标准的，予以审批，并将审批结果在中国工程建设信息网上公告。实行这一制度的目的是提高资质审批工作的透明度，便于社会监督，从而增强其公正性。

3．违规处理

工程监理企业必须依法开展监理业务，全面履行委托监理合同约定的责任和义务。但在出现违规现象时，建设行政主管部门将根据情节给予必要的处罚。违规现象主要有以下几个方面。

(1) 以欺骗手段取得《工程监理企业资质证书》。

(2) 超越本企业资质等级承揽监理业务。

(3) 未取得《工程监理企业资质证书》而承揽监理业务。

(4) 转让监理业务。转让监理业务是指监理企业不履行委托监理合同约定的责任和义务，将所承担的监理业务全部转给其他监理企业，或者将其肢解以后分别转给其他监理企业的行为。国家有关法律法规明令禁止转让监理业务的行为。

(5) 挂靠监理业务。挂靠监理业务是指监理企业允许其他单位或者个人以本企业名义承揽监理业务。这种行为也是国家有关法律法规明令禁止的。

(6) 与建设单位或者施工单位串通，弄虚作假，降低工程质量。

(7) 将不合格的建设工程、建筑材料、建筑构配件和设备按照合格签字。

(8) 工程监理企业与被监理工程的施工承包单位以及建筑材料、建筑构配件和设备供应单位有隶属关系或者其他利害关系，并承担该项建设工程的监理业务。

2.5　工程监理企业经营管理

2.5.1　工程监理企业经营活动基本准则

工程监理企业从事建设工程监理活动，应当遵循"守法、诚信、公正、科学"的准则。

1．守法

守法即遵守国家的法律法规。对于工程监理企业来说，守法即是要依法经营，主要体现在以下几个方面。

(1) 工程监理企业只能在核定的业务范围内开展经营活动。

工程监理企业的业务范围，是指填写在资质证书中、经工程监理资质管理部门审查确认的主项资质和增项资质。核定的业务范围包括两方面：一是监理业务的工程类别；二是承接监理工程的等级。

(2) 工程监理企业不得伪造、涂改、出租、出借、转让、出卖《监理资质等级证书》。

(3) 建设工程监理合同一经双方签订，即具有法律约束力，工程监理企业应按照合同的约定认真履行，不得无故或故意违背自己的承诺。

(4) 工程监理企业离开原住所地承接监理业务，要自觉遵守当地人民政府颁发的监理法规和有关规定，主动向监理工程所在地的省、自治区、直辖市建设行政主管部门备案登记，接受其指导和监督管理。

(5) 遵守国家关于企业法人的其他法律、法规的规定。

2．诚信

诚信即诚实守信用。这是道德规范在市场经济中的体现。它要求一切市场参加者在不损害他人利益和社会公共利益的前提下，追求自己的利益，目的是在当事人之间的利益关系和当事人与社会之间的利益关系中实现平衡，并维护市场道德秩序。诚信原则的主要作用在于指导当事人以善意的心态、诚信的态度行使民事权利，承担民事义务，正确地从事民事活动。

加强企业信用管理，提高企业信用水平，是完善我国工程监理制度的重要保证。企业信用的实质是解决经济活动中经济主体之间的利益关系。它是企业经营理念、经营责任和经营文化的集中体现。信用是企业的一种无形资产，良好的信用能为企业带来巨大效益。我国是世界贸易组织的成员，信用将成为我国企业走出去，进入国际市场的身份证。它是能给企业带来长期经济效益的特殊资本。监理企业应当树立良好的信用意识，使企业成为讲道德、讲信用的市场主体。

　　工程监理企业应当建立健全企业的信用管理制度。信用管理制度主要有：①建立健全合同管理制度；②建立健全与业主的合作制度，及时进行信息沟通，增强相互间的信任感；③建立健全监理服务需求调查制度，这也是企业进行有效竞争和防范经营风险的重要手段之一；④建立企业内部信用管理责任制度，及时检查和评估企业信用的实施情况，不断提高企业信用管理水平。

3．公正

　　公正是指工程监理企业在监理活动中既要维护业主的利益，又不能损害承包商的合法利益，并依据合同公平、合理地处理业主与承包商之间的争议。

　　工程监理企业要做到公正，必须具备以下几点。

（1）要具有良好的职业道德。

（2）要坚持实事求是。

（3）要熟悉有关建设工程合同条款。

（4）要提高专业技术能力。

（5）要提高综合分析判断问题的能力。

4．科学

　　科学是指工程监理企业要依据科学的方案，运用科学的手段，采取科学的方法开展监理工作。工程监理工作结束后，还要进行科学的总结。实施科学化管理主要体现在以下几方面。

（1）科学的方案。

　　工程监理的方案主要是指监理规划。其内容包括：工程监理的组织计划；监理工作的程序；各专业、各阶段监理工作内容；工程的关键部位或可能出现的重大问题的监理措施等。在实施监理前，要尽可能准确地预测出各种可能的问题，有针对性地拟定解决办法，制定出切实可行、行之有效的监理实施细则，使各项监理活动都纳入计划管理的轨道。

（2）科学的手段。

　　实施工程监理必须借助于先进的科学仪器才能做好监理工作，如各种检测、试验、化验仪器、摄录像设备及计算机等。

（3）科学的方法。

　　监理工作的科学方法主要体现在监理人员在掌握大量的、确凿的有关监理对象及其外部环境实际情况的基础上，适时、妥帖、高效地处理有关问题，解决问题要用事实说话、用书面文字说话、用数据说话；要开发、利用计算机软件辅助工程监理。

2.5.2　加强企业管理

　　强化企业管理，提高科学管理水平，是建立现代企业制度的要求，也是监理企业提高市场竞争能力的重要途径。监理企业管理应抓好成本管理、资金管理、质量管理，增强法制意识，依法经营管理，并重点做好以下几方面工作。

（1）市场定位。要加强自身发展战略研究，适应市场，根据本企业实际情况，合理确定企业的市场地位，制定和实施明确的发展战略、技术创新战略，并根据市场变化适时调整。

（2）完善服务功能，拓展服务范围，着力开拓咨询服务市场。监理企业应注重企业经营结构的调整，不断开拓市场对工程咨询业的相关需求，不断提高和完善监理企业的服务功能，拓展服务范围，形成监理企业服务产品多样化、多元化的产品结构，化解企业在市场经济中的风险。

（3）培养企业核心竞争力。要广泛采用现代管理技术、方法和手段，推广先进企业的管理经验，借鉴国外企业现代管理方法，以企业核心竞争力和品牌效应取得竞争优势。

（4）建立市场信息系统。要加强现代信息技术的运用，建立灵敏、准确的市场信息系统，掌握市场动态。

（5）开展贯标活动。要积极实行 ISO 9000 质量管理体系贯标认证工作，严格按照质量手册和程序文件的要求开展各项工作，防止贯标认证工作流于形式。贯标的作用：一是能够提高企业市场竞争能力；二是能够提高企业人员素质；三是能够规范企业各项工作；四是能够避免或减少工作失误。

（6）要严格贯彻实施《建设工程监理规范》，结合企业实际情况，制定相应的实施细则，组织全员学习，在签订委托监理合同、实施监理工作、检查考核监理业绩、制定企业规章制度等各个环节，都应当以《建设工程监理规范》为主要依据。

（7）要高度重视监理人才培养。企业应建立长期的人才培养规划，针对不同层次的监理人员制定相应的培训计划，系统地组织开展监理人员培训工作，建立和完善多渠道、多层次、多形式、多目标的人才培养体系，实施人才战略发展措施。

（8）加强企业文化建设。要提高企业本身在同行业中的社会影响力，注重品牌效应，加强企业文化建设，争创名牌监理企业，从而加强企业的凝聚力、提高企业的市场竞争力、获得社会公信力和强化企业执行力。企业文化是一个企业在发展过程中形成的以企业精神和经营管理理念为核心，凝聚、激励企业各级经营管理者和员工归属感、积极性、创造性的人本管理理论，是企业的灵魂和精神支柱。企业文化建设的主要目的是提高企业的整体素质，树立企业的良好形象，增强企业的凝聚力，提高企业的竞争力。因此，企业文化既要体现行业共性，更要突出企业个性，才能使企业融入市场，发挥其独具特色的市场竞争优势。建设先进的企业文化是企业提高管理水平、增强凝聚力和打造核心竞争力的战略举措。

（9）建立健全各项内部管理规章制度。监理企业规章制度一般包括以下几方面。

① 组织管理制度。合理设置企业内部机构和各机构职能，建立严格的岗位责任制度，加强考核和督促检查，有效配置企业资源，提高企业工作效率，健全企业内部监督体系，完善制约机制。

② 人事管理制度。健全工资分配、奖励制度，完善激励机制，加强对员工的业务素质培养和职业道德教育。

③ 劳动合同管理制度。推行职工全员竞争上岗，严格劳动纪律，严明奖惩，充分调动和发挥职工的积极性、创造性。

④ 财务管理制度。加强资产管理、财务计划管理、投资管理、资金管理、财务审计管理等。要及时编制资产负债表、损益表和现金流量表，真实地反映企业经营状况，改进和加强经济核算。

⑤ 经营管理制度。制定企业的经营规划、市场开发计划。

⑥ 项目监理机构管理制度。制定项目监理机构的运行办法、各项监理工作的标准及检查评定办法等。

⑦ 设备管理制度。制定设备的购置办法、设备的使用、保养规定等。

⑧ 科技管理制度。制定科技开发规划、科技成果评审办法、科技成果应用推广办法等。

⑨ 档案文书管理制度。制定档案的整理和保管制度，文件和资料的使用、归档管理办法等。

有条件的监理企业，还要注重风险管理，实行监理责任保险制度，适当转移责任风险。

2.5.3　市场开发

1. 取得监理业务的基本方式

工程监理企业承揽监理业务的表现形式有两种：一是通过投标竞争取得监理业务；二是由业主直接委托取得监理业务。通过投标取得监理业务，是市场经济体制下比较普遍的形式。《中华人民共和国招标投标法》明确规定，关系公共利益安全、政府投资、外资工程等实行监理必须招标。在不宜公开招标的机密工程或没有投标竞争对手的情况下，或者是工程规模比较小、比较单一的监理业务，或者是对原工程监理企业的续用等情况下，业主也可以直接委托工程监理企业。

2. 工程监理企业投标书的核心

工程监理企业向业主提供的是管理服务，所以，工程监理企业投标书的核心问题主要是反映所提供的管理服务水平高低的监理大纲，尤其是主要的监理对策。业主在监理招标时应以监理大纲的水平作为评定投标书优劣的重要内容，而不应把监理费的高低当作选择工程监理企业的主要评定标准。作为工程监理企业，不应该以降低监理费作为竞争的主要手段去承揽监理业务。

一般情况下，监理大纲中主要的监理对策是指：根据监理招标文件的要求，针对业主委托监理工程的特点，初步拟订的该工程的监理工作指导思想，主要的管理措施、技术措施，拟投入的监理力量以及为搞好该项工程建设而向业主提出的原则性的建议等。

3. 工程监理费的计算方法

1) 工程监理费的构成

建设工程监理费是指业主依据委托监理合同支付给监理企业的监理酬金。它是构成工程概(预)算的一部分，在工程概(预)算中单独列支。建设工程监理费由直接成本、间接成本、税金和利润 4 部分构成。

(1) 直接成本。直接成本是指监理企业履行委托监理合同时所发生的成本。其主要包括以下内容。

① 监理人员和监理辅助人员的工资、奖金、津贴、补助、附加工资等。

② 用于监理工作的常规检测工器具、计算机等办公设施的购置费和其他仪器、机械的租赁费。

③ 用于监理人员和辅助人员的其他专项开支，包括办公费、通信费、差旅费、书报费、文印费、会议费、医疗费、劳保费、保险费、休假探亲费等。

④ 其他费用。

(2) 间接成本。间接成本是指全部业务经营开支及非工程监理的特定开支，具体内容包括以下几方面。

① 管理人员、行政人员以及后勤人员的工资、奖金、补助和津贴。

② 经营性业务开支，包括为招揽监理业务而发生的广告费、宣传费、有关合同的公证费等。

③ 办公费，包括办公用品、报刊、会议、文印、上下班交通费等。

④ 公用设施使用费，包括办公使用的水、电、气、环卫、保安等费用。

⑤ 业务培训费、图书、资料购置费。

⑥ 附加费，包括劳动统筹、医疗统筹、福利基金、工会经费、人身保险、住房公积金、特殊补助等。

⑦ 其他费用。

(3) 税金。税金是指按照国家规定，工程监理企业应交纳的各种税金总额，如营业税、所得税、印花税等。

(4) 利润。利润是指工程监理企业的监理活动收入扣除直接成本、间接成本和各种税金之后的余额。

2) 监理费的计算方法

监理费的计算方法，一般由业主与工程监理企业协商确定。监理费的计算方法主要有以下方法。

(1) 按建设工程投资的百分比计算法。

这种方法是按照工程规模的大小和所委托的监理工作的繁简，以建设工程投资的一定百分比来计算。这种方法比较简便，业主和工程监理企业均容易接受，也是国家制定监理取费标准的主要形式。采用这种方法的关键是确定计算监理费的基数。新建、改建、扩建工程以及较大型的技术改造工程所编制的工程的概(预)算就是初始计算监理费的基数。工程结算时，再按实际工程投资进行调整。当然，作为计算监理费基数的工程概(预)算仅限于委托监理的工程部分。

(2) 工资加一定比例的其他费用计算法。

这种方法是以项目监理机构监理人员的实际工资为基数乘上一个系数而计算出来的。这个系数包括了应有的间接成本、税金和利润等。除了监理人员的工资外，其他各项直接费用等均由业主另行支付。一般情况下较少采用这种方法，因为在核定监理人员数量和监理人员的实际工资方面，业主与工程监理企业之间难以取得完全一致的意见。

(3) 按时计算法。

这种方法是根据委托监理合同约定的服务时间(计算时间的单位可以是小时，也可以是工作日或月)，按照单位时间监理服务费来计算监理费的总额。单位时间的监理服务费一般是以工程监理企业员工的基本工资为基础，加上一定的管理费和利润(税前利润)。采用这种方法时，监理人员的差旅费、工作函电费、资料费以及试验和检验费、交通费等均由业主另行支付。

这种计算方法主要适用于临时性的、短期的监理业务，或者不宜按工程概(预)算的百分比等其他方法计算监理费的监理业务。由于这种方法在一定程度上限制了工程监理企业潜在效益的增加，因而，单位时间内监理费的标准比工程监理企业内部实际的标准要高得多。

(4) 固定价格计算法。

这种方法是指在明确监理工作内容的基础上，业主与监理企业协商一致确定的固定监理费，或监理企业在投标中以固定价格报价并中标而形成的监理合同价格。当工作量有所增减时，一般也不调整监理费。这种方法适用于监理内容比较明确的中小型工程监理费的计算，业主和工程监理企业都不会承担较大的风险。如住宅工程的监理费，可以按单位建筑面积的监理费乘以建筑面积确定监理总价。

4. 工程监理企业在竞争承揽监理业务中应注意的事项

(1) 严格遵守国家的法律、法规及有关规定，遵守监理行业职业道德，不参与恶性压价竞争活动，严格履行委托监理合同。

(2) 严格按照批准的经营范围承接监理业务，特殊情况下，承接经营范围以外的监理业务时，需向资质管理部门申请批准。

(3) 承揽监理业务的总量要视本单位的力量而定，不得在与业主签订监理合同后，把监理业务转包给其他工程监理企业，或允许其他企业、个人以本监理企业的名义挂靠承揽监理业务。

(4) 对于监理风险较大的建设工程，可以联合几家工程监理企业组成联合体共同承担监理业务，以分担风险。

2.6　案 例 分 析

案例背景

某业主进行某建设项目施工监理招标，由招标文件获悉，该工程由 A、B、C、D、E、F 6 栋楼组成，A、B、C 3 栋为砖混住宅楼，D、E、F 3 栋为现浇钢筋混凝土框架写字楼，6 栋楼位于同一地块，每栋楼的层数、造价、工程等级如表 2.2 所示。施工招标将由业主与监理方共同参与，业主决定选择 3 家施工企业，由甲承建 A、B、C 3 栋楼，乙承建 D、E 两栋楼，丙承建 F 楼。

表 2.2　工程等级

工程名称	层　数	造价/万元	工程等级
A	6	750	三
B	6	750	三
C	6	750	三
D	16	1850	二
E	16	1850	二
F	28	4050	一

案例问题

1．你认为监理单位应建立几个监理机构？为什么？

2．如果监理单位按工程建设监理收费标准表(见表 2.3)计算监理费，则监理费为多少？

表 2.3　工程建设监理收费标准

序号	工程概(预)算 M/万元	设计阶段(含设计招标) 监理取费 a/%	施工(含施工招标)及保修阶段 监理取费 b/%
1	$M<500$	$0.20<a$	$2.50<b$
2	$500\leqslant M<1000$	$0.15<a\leqslant0.20$	$2.00<b\leqslant2.50$
3	$1000\leqslant M<5000$	$0.10<a\leqslant0.15$	$1.40<b\leqslant2.00$
4	$5000\leqslant M<10000$	$0.08<a\leqslant0.10$	$1.20<b\leqslant1.40$
5	$10000\leqslant M<50000$	$0.05<a\leqslant0.08$	$0.08<b\leqslant1.20$
6	$50000\leqslant M<100000$	$0.03<a\leqslant0.05$	$0.60<b\leqslant0.80$
7	$100000\leqslant M$	$a\leqslant0.03$	$b\leqslant0.60$

3．若某监理单位技术力量雄厚，有取得监理工程师注册证书的工程技术与管理人员 30 人，且专业配套，注册资金 80 万元，资质等级为乙级。该监理单位能否参加本工程的投标？为什么？

案例分析

1．本工程业主是将 6 栋楼作为一个项目发包的，监理单位也就成立一个监理机构。如果是多个监理机构，将有多个组织，也就有多个总监理工程师，这显然不是一个工程项目。

2．工程建设监理费，根据委托监理业务的范围、深度和工作的性质、规模、难易程度以及工作条件等情况，通常按照下列方法之一计收。

(1) 按所监理工程概(预)算的百分比计收(见表 2.3)。

(2) 按照参与监理工作的年度平均人数计算：3.5～5 万元/(人·年)。

(3) 不宜按(1)、(2)两项办法计收的，由建设单位和监理单位按商定的其他方法计收。

以上(1)、(2)两项规定的工程建设监理收费标准为指导价格，具体收费标准由建设单位和监理单位在规定的幅度内协商确定。

中外合资、合作、外商独资的建设工程，工程建设监理费由双方参照国际标准协商确定。

3．监理单位的资质等级分甲、乙、丙 3 级。无论是甲级、乙级还是丙级资质监理单位，其资质等级的审定都是从以下 4 个方面考虑。

(1) 监理单位负责人及技术负责人的专业技术素质。

(2) 监理单位的群体专业技术素质及专业配套能力。

(3) 注册资金的数额。

(4) 监理工程的等级和竣工的工程数量及监理成效。

4．监理单位必须在核定的监理范围内从事监理活动，不得擅自越级承接建设监理业务。

甲级监理单位可以监理经核定的工程类别中的一、二、三等工程。

乙级监理单位只能监理经核定的工程类别中的二、三等工程。

丙级监理单位只能监理经核定的工程类别中的三等工程。

参考答案

1．应建立一个监理机构。因为监理机构是指监理单位派驻工程项目负责履行委托监理合同的组织机构，本工程虽由不同等级的 6 栋楼所组成，但业主将它作为一个项目来进行监理招投标，故监理单位只应建立一个监理机构。

2．由表 2.2 算得本工程的总造价为：

750+750+750+1850+18500+4050=10000(万元)。

对照工程建设监理收费标准表，造价为 10000 万元的工程，其施工(含施工招标)及保修阶段监理取费费率为 1.20%，则本工程的监理费为：10000×1.20%=120(万元)。

3．该监理单位不能参加本工程的投标。因为根据《工程监理企业资质管理规定》的规定：乙级监理单位只能监理二、三等的工程。本工程有一栋楼为一等工程，所以具有乙级监理资质的该监理单位不能监理本工程。

本 章 练 习

一、单项选择

1．我国监理单位的资质分为(　　)。

    A．甲、乙、丙、丁四级　　　　　　B．综合、甲、乙、丙四级

    C．综合、专业、事务所三级　　　　D．甲 A、甲 B 和乙三级

2．工程建设监理的行为主体是具有相应资质的(　　)。

    A．施工单位　　　　　　　　　　　B．监理企业

    C．总监理工程师　　　　　　　　　D．监理工程师

3．职业道德要求监理工程师不为所监理的项目(　　)。

    A．检查材料和设备　　　　　　　　B．进行隐蔽工程检查

C. 指定施工方法　　　　　　　　D. 检查工序质量

4. 甲、乙、丙三级监理单位注册资金分别不得少于(　　)万元。

A. 100　50　10　　　　　　　　B. 100　50　20

C. 300　200　100　　　　　　　D. 300　100　50

5. 根据《关于发布工程建设监理费有关规定的通知》的要求，工程预算在 1000 万元与 5000 万元之间的建设工程，施工及保修阶段监理取费费率为 1.40%～2.00%。若某建设工程的工程预算为 4000 万元，则根据收费标准，该工程的施工及保修阶段监理费应为(　　)。

A. 62 万元　　　B. 64 万元　　　C. 8 万元　　　D. 74 万元

6. 委托监理合同中所称的"监理人"是指(　　)。

A. 项目监理机构　　　　　　　　B. 监理企业

C. 总监理工程师　　　　　　　　D. 监理单位的法定代表人

二、多项选择

1. 工程监理企业的经营活动基本准则包括(　　)。

A. 正直　　　　　　　　B. 守信　　　　　　　　C. 守法

D. 公正　　　　　　　　E. 科学

2. 下列内容中，属于监理有限责任公司特征的是(　　)。

A. 公司不对外发行股票　　　　　B. 公司的管理者通常是公司的所有者

C. 公司管理实行两权分离　　　　D. 公司账目必须公开

E. 公司账目可以不公开

3. 下列内容中，属于监理股份有限公司特征的是(　　)。

A. 公司不对外发行股票　　　　　B. 公司对外发行股票

C. 公司管理实行两权分离　　　　D. 公司账目必须公开

E. 公司账目可以不公开

三、案例分析

案例背景

某丙级监理公司，现有注册监理工程师 3 人。该监理单位承接了一幢 16 层的高层建筑施工监理业务，并与业主签订了合同。该工程建筑安装预算造价 4000 万元，监理费为 15 万元。监理过程中，接纳 1 名业主人员参加监理机构，并核减监理费 5 万元。另外，由于监理过程中接受承包商补贴 3 万元，因而对承包商不严格控制，并与材料供应商合伙经营建筑材料。

案例问题

1. 该监理单位有哪些不符合规定之处？为什么？

2. 以上行为监理单位可受何种性质的行政处罚？

第3章　建设工程目标控制

【学习要点及目标】

◆ 熟练掌握目标控制的类型和控制措施。
◆ 熟练掌握工程投资控制、质量控制、进度控制的内容、程序和方法。
◆ 掌握目标控制流程和基本环节。
◆ 掌握投资控制的作用。
◆ 掌握影响工程进度控制和质量的主要因素。
◆ 了解项目目标之间的关系、建设工程投资、质量、进度的含义。

3.1　目标控制概述

3.1.1　控制流程及其基本环节

1．控制流程

监理目标控制的程序如图 3.1 所示。在工程实施过程中，通过收集实际状况、编写工程状况报告，将工程实际状况与目标和计划比较。如偏离，采取纠正措施，或改变工程投入，或修改计划(纠偏)，使工程能在新的计划状态下进行；如正常，则继续监控工程投入、工程实施计划及输出。该控制程序是一个不断循环的过程，直至工程建成交付使用，因而是一个有限的动态循环过程，即周期性、定期进行、有限循环。

2．控制流程的基本环节

将图 3.1 所示的控制程序进一步抽象，可以分为 5 个基本环节：投入—转换—反馈—对比—纠正—投入。对于每个控制循环来说，如果缺少某一环节或某一环节出现问题，就会导致循环障碍，就会降低控制的有效性，就不能发挥循环控制的整体作用。因此，必须明确控制流程各个基本环节的有关内容，并做好相应的控制工作。

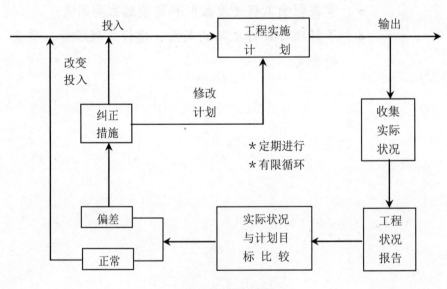

图 3.1　控制流程

(1) 投入。

投入首先涉及的是人力(管理人员、技术人员和工人)、建筑材料、工程设备、施工机具、资金等传统的生产要素，还包括施工方法、信息等。要使计划能够正常实施并达到预定的目标，就应当保证将质量、数量符合计划要求的资源按规定的时间和地点投入到建设工程实施过程中去。

(2) 转换。

转换是指由投入到产出的转换过程，如建设工程的建造过程、设备购置等活动。转换过程，通常表现为劳动力(管理人员、技术人员、工人)运用劳动资料(如施工机具)将劳动对象(如建筑材料、工程设备等)转变为预定的产出品，如设计图纸、分项工程、分部工程、单位工程、单项工程，最终输出完整的建设工程。在转换过程中，计划的运行往往受到来自外部环境和内部系统的多种因素干扰，从而造成实际状况偏离预定的目标和计划。同时，由于计划本身不可避免地存在一定问题，如计划没有经过科学的资源、技术、经济和财务可行性分析，从而造成实际输出与计划输出之间发生偏差。

转换过程中的控制工作是实现有效控制的重要工作。在建设工程实施过程中，监理工程师应当跟踪了解工程进展情况，掌握第一手资料，为分析偏差原因、确定纠偏措施提供可靠依据。同时，对于可以及时解决的问题，应及时采取纠偏措施，避免"积重难返"。

(3) 反馈。

控制部门和控制人员需要全面、及时、准确地了解计划执行情况及其结果，这就要依靠反馈信息实现。控制部门需要什么信息，取决于监理工作的需要以及工程的具体情况。为了使整个控制过程流畅地进行，需要设计信息反馈系统，预先确定反馈信息的内容、形式、来源、传递等，使每个控制部门和人员都能及时获得所需要的信息。

信息反馈方式分为正式和非正式两种。正式信息反馈是指书面的工程状况报告，它是控制过程中的主要反馈方式；非正式信息反馈主要指口头方式，口头反映的是工程实际情况，应当予以足够重视。非正式信息反馈应当适时转化为正式信息反馈，才能更好地发挥其对控制的作用。

(4) 对比。

对比是将目标的实际值与计划值进行比较，以确定是否发生偏离。目标的实际值来源于反馈信息。在对比工作中，要注意以下几点。

① 明确目标实际值与计划值的内涵。目标的实际值与计划值是两个相对的概念。没有目标计划值，就没有目标实际值。以投资目标为例，有投资估算、设计概算、施工图预算、标底、合同价、结算价等表现形式，其中，投资估算相对于其他的投资值都是目标值；施工图预算相对于投资估算、设计概算为实际值，而相对于标底、合同价、结算价则为计划值；结算价则相对于其他的投资值均为实际值。请注意投资的实际值可以认为是一个相对的概念，主要看某个投资是针对具体哪个阶段的造价来说的；而实际投资就是指最后的实际投入的价值，这个是一个绝对的说法。

② 合理选择比较的对象。在实际工作中，最为常见的是相邻两种目标值之间的比较。在许多建设工程中，我国业主往往以批准的设计概算作为投资控制的总目标，这时，合同价与设计概算、结算价与设计概算的比较也是必要的。另外，结算价以外各种投资值之间的比较都是一次性的，而结算价与合同价(或设计概算)的比较则是经常性的，一般是定期(如每月)比较。

③ 建立目标实际值与计划值之间的对应关系。建设工程的各项目标都要进行适当的分解，通常，目标的计划值分解较粗，目标的实际值分解较细。例如，建设工程初期制定的

总进度计划中的工作可能只达到单位工程，而施工进度计划中的工作却达到分项工程；投资目标的分解也有类似问题。因此，为了保证能够切实地进行目标实际值与计划值的比较，并通过比较发现问题，必须建立目标实际值与计划值之间的对应关系。这就要求目标的分解深度、细度可以不同，但分解的原则、方法必须相同，从而可以在较粗的层次上进行目标实际值与计划值的比较。

④ 确定衡量目标偏离的标准。要正确判断某一目标是否发生偏差，就要预先确定衡量目标偏离的标准。例如，某建设工程的某项工作的实际进度比计划要求拖延了一段时间，如果这项工作是关键工作，或者虽然不是关键工作，但该项工作拖延的时间超过了它的总时差，则应当判断为发生偏差，即实际进度偏离计划进度；反之，如果该项工作不是关键工作，且其拖延的时间未超过总时差，则虽然该项工作本身偏离计划进度，但从整个工程的角度来看，则实际进度并未偏离计划进度。又如，某建设工程在实施过程中发生了较为严重的超投资现象，为了使总投资额控制在预定的计划值(如设计概算)内，决定删除其中的某单项工程。在这种情况下，虽然整个建设工程投资的实际值未偏离计划值，但是，对于保留的各单项工程来说，投资的实际值可能均不同程度地偏离了计划值。

(5) 纠正。

对于建设工程目标控制来说，纠偏一般是针对正偏差(实际值大于计划值)而言的，如投资增加、工期拖延。

对于目标值偏离计划值的情况要采取措施加以纠正，具体分为以下 3 种情况。

① 直接纠偏。轻度偏离的情况下，不改变原定目标的计划值，基本不改变原定的实施计划，在下一个控制周期内，使目标的实际值控制在计划的范围内。

② 不改变总目标的计划值，调整后期实施计划。在中度偏离的情况下采取的对策。

③ 重新制定目标的计划值，并据此制定实施计划。在重度偏离的情况下采取的对策。

3.1.2 控制类型

根据划分依据的不同，可将控制分为不同的类型，如表 3.1 所示。

表 3.1 控制类型分类

序号	划分依据	分类	备注
1	作用于控制对象的时间	事前控制	在投入阶段对被控系统进行控制
		事中控制	在转化过程中对被控系统进行控制
		事后控制	在产出阶段对被控系统进行控制
2	控制信息来源	前馈控制	根据测得的干扰信息预测可能出现的偏差，采取预防措施
		反馈控制	按照计划所确定的标准来衡量计划的完成情况，并纠正执行计划过程中所出现的偏差，最终确保计划目标的实施
3	控制过程是否形成闭合回路	开环控制	受控对象不对施控主体产生反作用的控制系统
		闭环控制	受控对象能够反作用于施控主体的控制系统

序号	划分依据	分　类	备　注
4	控制措施的出发点	主动控制	事前控制(起到防患于未然的作用)、前馈控制(起到避免重蹈覆辙的作用)、开环控制
		被动控制	事中和事后控制、反馈控制(控制效果在很大程度上取决于反馈信息的全面性、及时性和可靠性)、闭环控制

控制类型的划分是人为的(主观的),是根据不同的分析目的而选择的,而控制措施本身是客观的。因此,同一控制措施可以表述为不同的控制类型。

1. 主动控制与被动控制

主动控制是在预先分析各种风险因素及其导致目标偏离的可能性和程度的基础上,拟订和采取有针对性的预防措施进行控制,从而减少乃至避免目标的偏离,以保证计划目标得以实现的控制方式。是一种前馈控制,又是一种事前控制。

常见的主动措施有以下几个。

(1) 通过详细的调查研究、详细设计和计划,科学地安排实施过程。

(2) 在材料采购前进行样品认可和入库前检查。

(3) 对供应商、承(分)包商进行严格的资格审查。

(4) 进行严格的库存控制。

(5) 收听天气预报以调整下期计划,特别在雨季和冬季施工中。

(6) 加强项目前期的各种开发和研究性工作。

(7) 对风险进行预警等。

被动控制是在项目实施过程中发现偏差,通过对产生偏差原因的分析,研究制定纠偏措施,及时纠正偏差的控制方式。被动控制是事中控制、事后控制、反馈控制和闭环控制,是一种面对现实的控制,虽然目标偏离已成为客观事实,但是通过采取被动控制措施,仍然可能使工程实施恢复到计划状态,减少偏差的严重程度,是一种反馈控制。

2. 主动控制与被动控制的关系

工程监理主要是对承包商的建设行为进行监控的专业化服务。一个好的监理工程师应该能够充分运用主动控制与被动控制的基本原理,充分为业主把好关,使目标得以实现。主动控制和被动控制对监理工程师来说缺一不可,两者应紧密结合起来(见图 3.2),都是实现项目目标控制所必须采取的控制方式。

要做到主动控制与被动控制相结合,关键在于处理好以下两方面问题:一是要扩大信息来源,即不仅要从本工程获得实施情况的信息,而且要从外部环境获得有关信息,包括已建同类工程的有关信息,这样才能对风险因素进行定量分析,使纠偏措施有针对性;二是要把握好输入这个环节,即要输入两类纠偏措施,不仅有纠正已经发生的偏差的措施,而且有预防和纠正可能发生偏差的措施,这样才能取得较好的控制效果。

需要说明的是,虽然在建设工程实施过程中仅仅采取主动控制是不可能的,有时是不经济的，但不能因此而否定主动控制的重要性。实际上，牢固确立主动控制的思想，认真研究并制定多种主动控制措施，尤其要重视那些基本上不需要耗费资金和时间的主动控制措施，如组织、经济、合同方面的措施，并力求加大主动控制在控制过程中的比例，对于提高建设工程目标控制的效果，具有十分重要而现实的意义。

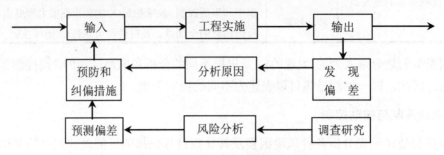

图 3.2　主动控制与被动控制相结合

3.1.3　目标控制的前提工作

目标控制必须做好两项前提工作：一是目标规划和计划；二是目标控制的组织。

1．目标规划和计划

目标规划和计划主要做好合理确定并分解目标、制定可行且优化的计划等两方面的工作。

目标规划和计划越明确、越具体、越全面，目标控制的效果就越好。目标规划和计划与目标控制之间表现出一种交替出现的循环关系，每一次循环都有新的内容，新的发展。

目标控制的效果直接取决于目标控制措施是否得力，是否将主动控制与被动控制有机结合起来，以及采取控制措施的时间是否及时等。目标控制的效果是客观的，对目标控制效果的评价是主观的。但是，如果目标规划和计划制定得不合理，甚至根本不可能实现，这样会严重降低目标控制的效果，因此目标控制的效果在很大程度上又取决于目标规划和计划的质量。

为了提高目标规划和计划的质量，应做好以下两方面工作。

(1) 合理确定并分解目标(具体内容见 3.2 节)。

(2) 制定可行且优化的计划。计划是对实现总目标的方法、措施和过程的组织和安排，是建设工程实施的依据和指南。计划不仅是对目标的实施，也是对目标的进一步论证。制定计划首先应保证计划的技术、资源、经济和财务的可行性，保证建设工程的实施能够有足够的时间、空间、人力、物力和财力。

2．目标控制的组织

由于建设工程目标控制的所有活动以及计划的实施都是由目标控制人员来实现的，因此，如果没有明确的控制机构和人员，目标控制就无法进行；或者虽然有了明确的控制机构和人员，但其任务和职能分工不明确，目标控制就不能有效地进行。这表明，合理而有效的组织是目标控制的重要保障。目标控制的组织机构和任务分工越明确、越完善，目标控制的效果就越好。

如果没有目标，就无所谓控制；而如果没有计划，就无法实施控制。因此，要进行目标控制，首先必须对目标进行合理的规划并制定相应的计划。目标规划和计划越明确、越具体、越全面，目标控制的效果就越好。为了有效地进行目标控制，需要做好以下几方面的组织工作。

(1) 设置目标控制机构。

(2) 配备合适的目标控制人员。

(3) 落实目标控制机构和人员的任务和职能分工。

(4) 合理组织目标控制的工作流程和信息流程。

3.2　建设工程目标系统

任何建设工程都有投资、进度、质量三大目标，这三大目标构成了建设工程的目标系统。为了有效地进行目标控制，必须正确认识和处理投资、进度、质量三大目标之间的关系，并且合理地确定和分解这三大目标。

3.2.1　建设工程三大目标之间的关系

建设工程投资、进度(或工期)、质量三大目标两两之间存在既对立又统一的关系。对此，首先要弄清在什么情况下表现为对立的关系，在什么情况下表现为统一的关系。从建设工程业主的角度出发，往往希望该工程的投资少、工期短(或进度快)、质量好。如果采取某种措施可以同时实现其中两个要求(如既投资少又工期短)，则该两个目标之间就是统一的关系；反之，如果只能实现其中一个要求(如工期短)，而另一个要求不能实现(如质量差)，则这两个目标(即工期和质量)之间就是对立的关系。以下就具体分析建设工程三大目标之间的关系。

1. 工程质量、工程成本、工程进度三者的关系是辩证的，既对立又统一

首先它们之间有矛盾和对立的一面。通常情况下，如果业主对工程质量有较高要求，那么就得投入较多的资金和用较长的建设时间，即要强调质量目标，就不得不需要降低投资目标和进度目标；如果抢时间、争速度地完成工程项目，那么投资就得相应提高，或把质量要求适当降低，即强调进度目标，就需要把投资目标要求或质量目标要求降低；如果要减少成本、节约费用，那么项目的功能要求和质量标准均有所降低，即强调投资目标，势必影响进度目标和质量目标。其次是统一方面，如果适当增加投资，为加快进度提供必要的经济条件，就可以加快项目建设速度，缩短工期，从而可使项目提前竣工，投资也就可尽早收回，工程项目经济效益就得到了提高，也就是进度目标在一定条件下能促进投资

的回收；如果适当地提高工程项目功能要求和质量标准，虽然会造成一次性投资增加和工期的延长，但能够节约项目投产后的经费和维修费，降低产品成本，从而获得更好的投资经济效益；如果工程项目进度计划制定得既可行又优化，使工程进展具有连续性、均衡性，则不但可以使工期得以缩短，而且有可能获得较好的质量和较低的费用。

2．质量和成本之间的关系

质量要求越高成本也越高，在实际的工程中，建设者并不是无限的要求质量的，而是有个范围，在这个范围内，质量和成本之间的关系基本上成正比。业主在规范和合同范围内对工程质量的要求基本上在合格和优质之间，而不是无限扩散的范围。

对于企业来讲，最紧迫的问题就是尽快开展质量成本管理，保证质量是企业信誉的关键。但产品质量并非越高越好，超过合理水平时，属于质量过剩。质量管理的目标是满足规范要求和适用性，满足双方一致意见，无论质量不足还是过剩都会造成质量成本的增加，都要通过质量成本管理加以调整。质量与成本的关系如图 3.3 所示。

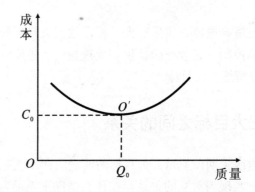

图 3.3　质量和成本之间的关系

要处理和平衡质量成本中几个方面的相互关系，并不是一件容易的事情，只有通过采用科学合理、先进实用的技术措施，在确保施工质量达到设计要求水平的前提下，来尽可能降低工程成本。绝不能为了提高企业信誉和市场竞争力而使工程全面出现质量过剩现象，导致完成工程量不少，但经济效益低下的被动局面。

3．进度和质量的关系

质量和进度之间的关系基本上也成正比例关系，即质量要求高那么相对的工期就要长，同时如果工期过长，那么设备、租赁材料、人员等耗时增长则成本就相对增加。如果工程由于某些原因被返工，往往对工程质量要求会放松些，因此工期稍微就会宽裕些。

在实际的工程中，很多工程为了最快的投入使用，尽早地产生经济效益或政治效益，业主或管理者会将进度列入主线，一味追求速度，要求某年某月某日前交付使用，而因此诱发的一味"大好快上"的形势势必过多地忽略了工程质量，同理，监理或监督单位的"严把质量关"必然是影响工期的，也会造成某些领导政绩或"形象"下滑，往往管理者是不愿去碰这个"钉子"的，这就会产生一种现象，那就是"质量给进度"让路。怎样有效地控制好质量同时加快施工进度成了管理者日益关注的问题。于是怎样在施工工艺与新科技、新工艺的应用上下功夫，抓质量保进度、树形象的同时规避风险就成了管理者工作中最多探讨的问题，这样的形势中集成管理显现的尤为突出了。

4．进度和成本之间的关系

工期过短或过长都会形成成本的大幅度增加，在单位工程量不变的情况下要加快进度只有增加投入的人、机械、设备等，那么单位工程量的人工、机械费用相对上升，成本大幅度上升；同理，进度慢会使固定机械、材料租赁增长，人工使用周期增长，固定成本增加，施工成本增加，即进度和施工成本之间形成凹形的关系。从图 3.4 中可以看出，工期缩短施工成本增加；工期延长，工程施工的固定费用会增加，也会导致施工成本增加。合理工期下可以保证施工成本有效的控制。进度与成本关系图如图 3.4 所示。

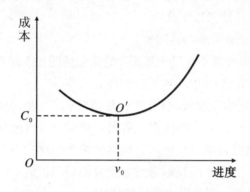

图 3.4　进度和成本之间的关系

在目前建筑业日益激烈的竞争环境下，建筑企业施工现场的项目管理者往往比较注重施工项目的工期、进度，按时乃至提前完工是工程投标时业主衡量的一个关键因素。根据以往的施工经验来看，一些政府投资项目，业主会随心所欲压缩工期，而项目施工管理者为了市场需要，往往会迎合这种需要，从而忽略了在非正常合理的工期背后往往是工程成本的大幅度增加。在工程项目的实施过程中，项目成本和工期是一一对应的、紧密相关的要素；因为工期的提前或拖后会给项目带来完全不同的后果。对于项目管理而言，不考虑工期对成本影响的项目管理方法和不计成本代价的工期管理方法都是不科学的，因此应该开展项目工期与成本的综合管理运用。这要求在制定和执行项目工期计划时不能单一地考虑项目的工期和进度，必须同时考虑项目的成本因素。

在衡量一个工程项目的工期与成本的关系时，必须根据项目的实际情况做出选择。如何处理好工期与成本的关系，这是施工项目成本管理工作中的一个重要课题，即如何从工期成本控制上要效益。对施工企业和施工项目经理部来说，工期成本的管理与控制，需要通过对工期的合理调整来寻求最佳工期点成本，把工期成本控制在最低点，并不是通常认为的越短越好。国内的市场竞争中，施工企业一般会根据业主的工期需求来制订自己的工期目标，而针对此目标产生的工程成本增加往往会被忽视，在进行施工索赔时也不容易成功，这就要求我们必须从整体利益出发，在工程成本与工期的平衡中寻找总价值最高的工

期成本方案。进度与成本、质量关系如图3.5所示。

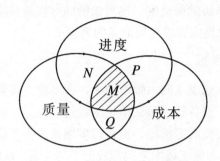

图3.5 进度与成本、质量的关系

在确定建设工程目标时，应当对投资、进度、质量三大目标之间的统一关系进行客观的且尽可能定量的分析，应注意以下几点。

(1) 掌握客观规律，充分考虑制约因素。

(2) 对未来的、可能的收益不宜过于乐观。通常当前的投入是现实的，其数额也是较为确定的，而未来的收益却是预期的、不很确定的。

(3) 将目标规划和计划结合起来，优化的计划是投资、进度、质量三大目标统一的计划。

在确定建设工程目标时，不能将投资、进度、质量三大目标割裂开来，而分别孤立地分析、论证，更不能片面强调某一目标而忽略其他两个目标的不利影响，而必须将投资、进度、质量三大目标作为一个系统统筹考虑，反复协调和平衡，力求实现整个目标系统最优，也就是实现投资、进度、质量三大目标的统一。

3.2.2 建设工程目标的确定

1．建设工程目标确定的依据

建设工程目标根据建设工程不同阶段所具备的条件不同，目标确定的依据也不同。建立建设工程数据库，可提高目标确定的准确性和合理性。

建立和完善建设工程数据库需要经历较长的时间，在确定建设工程数据库的结构之后，数据的积累和分析就成为主要任务，也可能在应用过程中对已确定的数据库结构和内容还要做适当的调整、修正和补充。

建立建设工程数据库，应做好以下工作。

(1) 按照一定的标准对建设工程进行分类，通常按使用功能分类较为直观，也易于被人接受和记忆。

(2) 对各类建设工程可能采用的结构体可进行统一分类。

(3) 数据既要有一定的综合性，又要能足以反映建设工程的基本情况和特征。

2．建设工程数据库的应用

建设工程数据库中的数据表面上是静止的，实际上是动态的；表面上是孤立的，实际上内部有着非常密切的联系。

　　建设工程数据库的应用并不是一项简单的复制工作。要用好、用活建设工程数据库，关键在于客观分析拟建工程的特点和具体条件，并采取适当的方式加以调整，这样才能充分发挥建设工程数据库对合理确定拟建工程目标的作用。

3.2.3　建设工程目标的分解

　　为了在建设工程实施过程中有效地进行目标控制，仅有总目标还不够，还需要将总目标进行适当的分解。

1．目标分解的原则

　　建设工程目标分解应遵循以下几个原则。

　　(1) 能分能合。这要求建设工程的总目标能够自上而下逐层分解，也能够根据需要自下而上逐层综合。这一原则实际上是要求目标分解要有明确的依据并采用适当的方式，避免目标分解的随意性。

　　(2) 按工程部位分解，而不按工种分解。这是因为建设工程的建造过程也是工程实体的形成过程，这样分解比较直观，而且可以将投资、进度、质量三大目标联系起来，也便于对偏差原因进行分析。

　　(3) 区别对待，有粗有细。根据建设工程目标的具体内容、作用和所具备的数据，目标分解的粗细程度应当有所区别。例如，在建设工程的总投资构成中，有些费用数额大，占总投资的比例大，而有些费用则相反。从投资控制工作的要求来看，重点在于前一类费用。因此，对前一类费用应当尽可能分解得细一些、深一些；而对后一类费用则分解得粗一些、浅一些。另外，有些工程内容的组成非常明确、具体(如建筑工程、设备等)，所需要的投资和时间也较为明确，可以分解得很细；而有些工程内容则比较笼统，难以详细分解。因此，对不同工程内容目标分解的层次或深度，不必强求一律，要根据目标控制的实际需要和可能来确定。

　　(4) 有可靠的数据来源。目标分解本身不是目的而是手段，是为目标控制服务的。目标分解的结果是形成不同层次的分目标，这些分目标就成为各级目标控制组织机构和人员进行目标控制的依据。如果数据来源不可靠，分目标就不可靠，就不能作为目标控制的依据。因此，目标分解所达到的深度应当以能够取得可靠的数据为原则，并非越深越好。

　　(5) 目标分解结构与组织分解结构相对应。如前所述，目标控制必须要有组织加以保障，要落实到具体的机构和人员，因而就存在一定的目标控制组织分解结构。只有使目标分解结构与组织分解结构相对应，才能进行有效的目标控制。当然，一般而言，目标分解结构较细、层次较多，而组织分解结构较粗、层次较少，目标分解结构在较粗的层次上应当与组织分解结构一致。

2．目标分解的方式

　　建设工程的总目标可以按照不同的方式进行分解。对于建设工程投资、进度、质量三大目标来说，目标分解的方式并不完全相同，其中，进度目标和质量目标的分解方式较为单一，而投资目标的分解方式较多。

按工程内容分解是建设工程目标分解最基本的方式，适用于投资、进度、质量 3 个目标的分解，但是，3 个目标分解的深度不一定完全一致。一般来说，将投资、进度、质量 3 个目标分解到单项工程和单位工程是比较容易办到的，其结果也是比较合理和可靠的。在施工图设计完成之前，目标分解至少都应当达到这个层次。至于是否分解到分部工程和分项工程，一方面取决于工程进度所处的阶段、资料的详细程度、设计所达到的深度等；另一方面还取决于目标控制工作的需要。

建设工程的投资目标还可以按总投资构成内容和资金使用时间(即进度)分解，详细内容见《建设工程投资控制》一书。

3.3　建设工程目标控制的含义

建设工程投资、进度、质量控制的含义既有区别，又有内在联系和共性。本节将从目标、系统控制、全过程控制和全方位控制 4 个方面来分别阐述建设工程目标控制含义的具体内容。

3.3.1　建设工程投资控制的含义

1. 建设工程投资控制的目标

建设工程投资控制的目标，就是通过有效的投资控制工作和具体的投资控制措施，在满足进度和质量要求的前提下，力求使工程实际投资不超过计划投资。这一目标可用图 3.6 来表示。

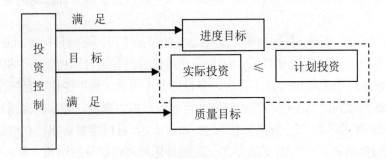

图 3.6　投资控制的含义

"实际投资不超过计划投资"可能表现为以下几种情况。

(1) 在投资目标分解的各个层次上，实际投资均不超过计划投资。这是最理想的情况，是投资控制追求的最高目标。

(2) 在投资目标分解的较低层次上，实际投资在有些情况下超过计划投资，在大多数情况下不超过计划投资，因而在投资目标分解的较高层次上，实际投资不超过计划投资。

(3) 实际总投资未超过计划总投资，在投资目标分解的各个层次上，都出现实际投资超过计划投资的情况，但在大多数情况下实际投资未超过计划投资。

后两种情况虽然存在局部的超投资现象，但建设工程的实际总投资未超过计划总投资，因而仍然是令人满意的结果。何况，出现这种现象，除了投资控制工作和措施存在一定的问题、有待改进和完善之外，还可能是由于投资目标分解不尽合理所造成的，而投资目标分解绝对合理又是很难做到的。

2．系统控制

在投资控制的过程中，要协调好与进度控制和质量控制的关系，做到三大目标控制的有机配合和相互平衡，而不能片面强调投资控制。

3．全过程控制

全过程控制是指要求从设计阶段就开始进行投资控制，并将投资控制工作贯穿于建设工程实施的全过程，直至整个工程建成且延续到保修期结束。在明确全过程控制的前提下，还要特别强调早期控制的重要性。越早进行控制，投资控制的效果越好，节约投资的可能性越大。

4．全方位控制

对投资目标进行全方位控制，包括以下两种含义。

(1) 对按工程内容分解的各项投资进行控制，即对单项工程、单位工程，乃至分部分项工程的投资进行控制。

(2) 对按总投资构成内容分解的各项费用进行控制，即对建筑安装工程费用、设备和工器具购置费用以及工程建设其他费用等都要进行控制。

对投资目标进行全方位控制时，应当注意以下几个问题。

(1) 要认真分析建设工程及其投资构成的特点，了解各项费用的变化趋势和影响因素。

(2) 要抓住主要矛盾、有所侧重。

(3) 要根据各项费用的特点选择适当的控制方式。

3.3.2　建设工程进度控制的含义

1．建设工程进度控制的目标

它是指通过有效的进度控制工作和具体的进度控制措施，在满足投资和质量要求的前提下，力求使工程实际工期不超过计划工期。进度控制的目标能否实现，主要取决于处于关键线路上的工程内容能否按预定的时间完成。同时要不发生非关键线路上的工作延误而成为关键线路的情况。

2. 系统控制

采取进度控制措施时，要尽可能采取可对投资目标和质量产生有利影响的进度控制措施。

3. 全过程控制

对进度目标进行全过程控制要注意以下几个方面问题。

(1) 在工程建设的早期就应当编制进度计划。

(2) 在编制进度计划时要充分考虑各阶段工作之间的合理搭接。

(3) 抓好关键线路的进度控制。

4. 全方位控制

对进度目标进行全方位控制要从以下几个方面考虑。

(1) 对整个建设工程所有工程内容的进度都要进行控制。

(2) 对整个建设工程所有工作内容都要进行控制。

(3) 对影响进度的各种因素都要进行控制。

(4) 注意各方面工作进度对施工进度的影响。

5. 进度控制的特殊问题

在建设工程的三大目标控制中，组织协调对进度控制的作用最为突出且最为直接，有时甚至能取得常规控制措施难以达到的效果。

3.3.3 建设工程质量控制的含义

1. 建设工程质量控制的目标

它是指通过有效的质量控制工作和具体的质量控制措施，在满足投资和进度要求的前提下实现工程预定的质量目标。

建设工程质量控制的目标含义包括两个方面：首先，符合国家现行的关于工程质量的法律法规、技术标准和规范等的有关规定，尤其是强制性标准的规定；其次，通过合同加以约定的，范围更广、内容更具体。建设工程质量目标相对于业主的需要而言，具有个性，并无固定和统一的标准，往往通过合同约定。对于合同约定的质量目标，必须保证其不低于国家强制性质量标准的要求。

2. 系统控制

质量控制的系统应从以下几个方面考虑。

(1) 避免不断提高质量目标的倾向。

(2) 确保基本质量目标的实现。

(3) 尽可能发挥质量控制对投资目标和进度目标的积极作用。

3．全过程控制

对质量目标进行全过程控制要从以下几个方面考虑。

(1) 应根据建设工程各阶段质量控制的特点和重点，确定各阶段质量控制的目标和任务，以便实现全过程质量控制。

(2) 要将设计质量的控制落实到设计工作的过程中。

(3) 要将施工质量的控制落实到施工各个阶段的过程中。

4．全方位控制

对建设工程质量进行全方位控制应从以下几方面着手。

(1) 对建设工程所有工程内容的质量进行控制。

(2) 对建设工程质量目标的所有内容进行控制。

(3) 对影响建设工程质量目标的所有因素进行控制。

5．质量控制的特殊问题

(1) 建设工程质量实行三重控制。

① 从产品生产者角度进行的质量控制——实施者自身的质量控制。

② 从社会公众角度进行的质量控制——政府对工程质量的监督。

③ 从业主角度或者从产品需求者角度进行的质量控制——监理单位的质量控制。

(2) 工程质量事故处理。

由于工程质量事故具有多发性特点，应当对工程质量事故予以高度重视，从设计、施工以及材料和设备供应等多方面入手，进行全过程、全方位的质量控制，特别要尽可能做到主动控制、事前控制。

3.4　建设工程目标控制的任务和措施

3.4.1　建设工程设计阶段和施工阶段的特点

在建设工程实施的各个阶段中，设计阶段和施工阶段目标控制任务的内容最多，目标控制工作持续的时间最长。可以认为，设计阶段和施工阶段是建设工程目标全过程控制中的两个主要阶段。正确认识设计阶段和施工阶段的特点，对于正确确定设计阶段和施工阶段目标控制的任务和措施，具有十分重要的意义。

1．设计阶段的特点

设计阶段的特点主要表现在以下几个方面。

(1) 设计工作表现为创造性的脑力劳动。

设计的创造性主要体现在因时、因地根据实际情况解决具体的技术问题。在设计阶段，所消耗的主要是设计人员的活劳动，而且主要是脑力劳动。随着计算机辅助设计(CAD 及其衍生产品)技术的不断发展，设计人员将主要从事设计工作中创造性劳动的部分。脑力劳动的时间是外在的、可以量度的，但脑力劳动的强度却是内在的、难以量度的。设计劳动投入量与设计产品的质量之间并没有必然的联系。何况，建筑设计往往需要灵感，冥思苦想未必能创造出优秀的设计产品，而优秀的设计产品也未必消耗了大量的设计劳动量。因此，不能简单地以设计工作的时间消耗量作为衡量设计产品价值量的尺度，也不能以此作为判断设计产品质量的依据。

(2) 设计阶段是决定建设工程价值和使用价值的主要阶段。

在设计阶段，通过设计工作使建设工程的规模、标准、组成、结构、构造等各方面都确定下来，从而也就基本确定了建设工程的价值。例如，主要的物化劳动价值通过材料和设备的确定而确定下来；设计工作的活劳动价值在此阶段已经形成，而施工安装的活劳动价值的大小也由于设计的完成而能够估算出来。因此，在设计阶段已经可以基本确定整个建设工程的价值，其精度取决于设计所达到的深度和设计文件的完善程度。

另外，任何建设工程都有预定的基本功能，这些基本功能只有通过设计才能具体化、细化。例如，对于宾馆来说，除了要确定房间数、床位数外，还要设有各种规格、大小的会议室、餐厅、娱乐设施、健身设施和场所、商务用房、车库或停车场地等。正是这些具体功能的不同组合，形成了一个个与其他同类工程不同的建设工程，而正是这些不同功能建设工程的不同组合，形成了人类生存和发展的基本空间。这不仅体现了设计工作决定建设工程使用价值的重要作用，也是设计工作的魅力之所在。

(3) 设计阶段是影响建设工程投资的关键阶段。

建设工程实施各个阶段影响投资的程度是不同的。总的趋势是，随着各阶段设计工作的进展，建设工程的范围、组成、功能、标准、结构形式等内容一步步明确，可以优化的内容越来越少，优化的限制条件却越来越多，各阶段设计工作对投资的影响程度逐步下降。其中，方案设计阶段影响最大，初步设计阶段次之，施工图设计阶段影响已明显降低，到了施工开始时，影响投资的程度只有 10%左右。由此可见，与施工阶段相比，设计阶段是影响建设工程投资的关键阶段；与施工图设计阶段相比，方案设计阶段和初步设计阶段是影响建设工程投资的关键阶段。

如前所述，这里所说的"影响投资的程度"是一个中性的表达，如果投资控制效果好，就表现为节约投资的可能性；反之，则表现为浪费投资的可能性。需要强调的是，这里所说的"节约投资"不能仅从投资的绝对数额上理解，不能由此得出投资额越少，设计效果越好的结论。节约投资是相对于建设工程通过设计所实现的具体功能和使用价值而言，应从价值工程和全寿命费用的角度来理解。

(4) 设计工作需要反复协调。

建设工程的设计工作需要进行多方面的反复协调。

① 建设工程的设计涉及许多不同的专业领域。例如，对房屋建筑工程来说，涉及建筑、结构、给水排水、采暖通风、强电弱电、声学光学等专业，需要进行专业化分工和协作，同时又要求高度的综合性和系统性，因而需要在同一设计阶段各专业设计之间进行反复协调，以避免和减少设计上的矛盾。一个局部看来优秀的专业设计，如果与其他专业设计不

协调，就必须做适当的修改。因此，在设计阶段要正确处理个体劳动与集体劳动之间的关系，每一个专业设计都要考虑来自其他专业的制约条件，也要考虑对其他专业设计的影响，这往往表现为一个反复协调的过程。

② 建设工程的设计是由方案设计到施工图设计不断深化的过程。各阶段设计的内容和深度要求都有明确的规定。下一阶段设计要符合上一阶段设计的基本要求，而随着设计内容的进一步深入，可能会发现上一阶段设计中存在某些问题，需要进行必要的修改。因此，在设计过程中，还要在不同设计阶段之间进行纵向的反复协调。从设计内容上看，这种纵向协调可能是同一专业之间的协调，也可能是不同专业之间的协调。

③ 建设工程的设计还需要与外部环境因素进行反复协调，在这方面主要涉及与业主需求和政府有关部门审批工作的协调。在设计工作开始之前，业主对建设工程的需求通常是比较笼统、比较抽象的。随着设计工作的不断深入，已完成的阶段性设计成果可能使业主的需求逐渐清晰化、具体化，而其清晰、具体的需求可能与已完成的设计内容发生矛盾，从而需要在设计与业主需求之间进行反复协调。虽然从为业主服务的角度，应当尽可能通过修改设计满足和实现业主变化了的需求，但是，从建设工程目标控制的角度，对业主不合理的需求不能一味迁就，应当通过充分的分析和论证说服业主。要做到这一点往往很困难，需要与业主反复协调。另外，与政府有关部门审批工作的协调相对比较简单，因为在这方面都有明确的规定，比较好把握。但是也可能存在对审批内容或规定理解产生分歧、对审批程序执行不规范、审批工作效率不高等问题，从而也需要进行反复协调。

(5) 设计质量对建设工程总体质量有决定性影响。

在设计阶段，通过设计工作将建设工程的总体质量目标进行具体落实，工程实体的质量要求、功能和使用价值质量要求等都已确定下来，工程内容和建设方案也都十分明确。从这个角度讲，设计质量在相当程度上决定了整个建设工程的总体质量。一个设计质量不佳的工程，无论其施工质量如何出色，都不可能成为总体质量优秀的工程；而一个总体质量优秀的工程，必然是设计质量上佳的工程。

实践表明，在已建成的建设工程中，质量问题突出且造成巨大损失的主要表现当属功能不齐全、使用价值不高，不能满足业主和使用者对建设工程功能和使用价值的要求。其中，有的工程的实际生产能力长期达不到设计的水平；有的工程严重污染周围环境，影响公众正常的生产和生活；有的工程设计与建设条件脱节，造成投资大幅度增加，工期也大幅度延长；而有的工程空间和平面布置不合理，既不便于生产又不便于生活等。

另外，建设工程实体质量的安全性、可靠性在很大程度上取决于设计的质量。在那些发生严重工程质量事故的建设工程中，由于设计不当或错误所引起的事故占有相当大的比例。对于普通的工程质量问题，也存在类似情况。

2. 施工阶段的特点

在此主要从与前述设计阶段特点相对应的角度来分析施工阶段的特点。

(1) 施工阶段是以执行计划为主的阶段。

进入施工阶段，建设工程目标规划和计划的制定工作基本完成，余下的主要工作是伴随着控制而进行的计划调整和完善。因此，施工阶段是以执行计划为主的阶段。就具体的施工工作来说，基本要求是"按图施工"，这也可以理解为是执行计划的一种表现，因为施工图纸是设计阶段完成的，是用于指导施工的主要技术文件。这表明，在施工阶段，创造性劳动较少。但是对于大型、复杂的建设工程来说，其施工组织设计(包括施工方案)对创造性劳动的要求相当高，某些特殊的工程构造也需要创造性的施工劳动才能完成。

(2) 施工阶段是实现建设工程价值和使用价值的主要阶段。

设计过程也创造价值，但在建设工程总价值中所占的比例很小，建设工程的价值主要是在施工过程中形成的。在施工过程中，各种建筑材料、构配件的价值，固定资产的折旧价值随着其自身的消耗而不断转移到建设工程中去，构成其总价值中的转移价值；另外，劳动者通过活劳动为自己和社会创造出新的价值，构成建设工程总价值中的活劳动价值或新增价值。

施工是形成建设工程实体、实现建设工程使用价值的过程。设计所完成的建设工程只是阶段产品，而且只是"纸上产品"，而不是实物产品，只是为施工提供了施工图纸并确定了施工的具体对象。施工就是根据设计图纸和有关设计文件的规定，将施工对象由设想变为现实，由"纸上产品"变为实际的、可供使用的建设工程的物质生产活动。虽然建设工程的使用价值从根本上说是由设计决定的，但是如果没有正确的施工，就不能完全按设计要求实现其使用价值。对于某些特殊的建设工程来说，能否解决施工中的特殊技术问题，能否科学地组织施工，往往成为其设计所预期的使用价值能否实现的关键。

(3) 施工阶段是资金投入量最大的阶段。

显然，建设工程价值的形成过程，也是其资金不断投入的过程。既然施工阶段是实现建设工程价值的主要阶段，自然也是资金投入量最大的阶段。

由于建设工程的投资主要是在施工阶段"花"出去的，因而要合理确定资金筹措的方式、渠道、数额、时间等问题，在满足工程资金需要的前提下，尽可能减少资金占用的数量和时间，从而降低资金成本。另外，在施工阶段，业主经常面对大量资金的支出，往往特别关心甚至直接参与投资控制工作，对投资控制的效果也有直接、深切的感受。因此，在实践中往往把施工阶段作为投资控制的重要阶段。

需要指出的是，虽然施工阶段影响投资的程度只有 10%左右，但其绝对数额还是相当可观的。而且，这时对投资的影响基本上是从投资数额上理解，而较少考虑价值工程和全寿命费用，因而是非常现实和直接的。应当看到，在施工阶段，在保证施工质量、保证实现设计所规定的功能和使用价值的前提下，仍然存在通过优化的施工方案来降低物化劳动和活劳动消耗，从而降低建设工程投资的可能性。何况，10%是平均数，对具体的建设工程来说，在施工阶段降低投资的幅度有可能大大超过这一比例。

(4) 施工阶段需要协调的内容多。

在施工阶段，既涉及直接参与工程建设的单位，而且还涉及不直接参与工程建设的单位，需要协调的内容很多。例如，设计与施工的协调，材料和设备供应与施工的协调，结构施工与安装和装修施工的协调，总包商与分包商的协调等；还可能需要协调与政府有关管理部门、工程毗邻单位之间的关系。实践中常常由于这些单位和工作之间的关系不协调一致而使建设工程的施工不能顺利进行，不仅直接影响施工进度，而且影响投资目标和质量目标的实现。因此，在施工阶段与这些不同单位之间的协调显得特别重要。

(5) 施工质量对建设工程总体质量起保证作用。

虽然设计质量对建设工程的总体质量有决定性影响，但是，建设工程毕竟是通过施工将其"做出来"的。毫无疑问，设计质量能否真正实现，或其实现程度如何，取决于施工质量的好坏。而且，设计质量在许多方面是内在的、较为抽象的，其中的设计思想和理念需要用户细心去品味；而施工质量大多是外在的(包括隐蔽工程在被隐蔽之前)、具体的，给用户以最直接的感受。施工质量低劣，不仅不能真正实现设计所规定的功能，有些应有的具体功能可能完全没有实现，而且可能增加使用阶段的维修难度和费用，缩短建设工程的使用寿命，直接影响建设工程的投资效益和社会效益。由此可见，施工质量不仅对设计质量的实现起到保证作用，也对整个建设工程的总体质量起到保证作用。

此外，施工阶段还有一些其他特点，其中较为主要的表现在以下两方面。

① 持续时间长、风险因素多。施工阶段是建设工程实施各阶段中持续时间最长的阶段，在此期间出现的风险因素也最多。

② 合同关系复杂、合同争议多。施工阶段涉及的合同种类多、数量大，从业主的角度来看，合同关系相当复杂，极易导致合同争议。其中，施工合同与其他合同联系最为密切，其履行时间最长、本身涉及的问题最多，最易产生合同争议和索赔。

3.4.2　建设工程目标控制的任务

在建设工程实施的各阶段中，设计阶段、施工招标阶段、施工阶段的持续时间长且涉及的工作内容多，所以，在以下内容仅对涉及这 3 个阶段目标控制的具体任务做讲解，详细内容如表 3.2 所示。

表 3.2　建设工程目标任务

序号	建设阶段	投资控制任务	进度控制任务	质量控制任务
1	设计阶段	协助业主制定工程投资目标规划；协调和配合设计单位力求使设计投资合理化；审核概预算，提出改进意见；优化设计	协助业主确定合理设计工期要求；制定建设工程总计划；协调各设计单位一体化开展设计工作，力求使设计能按进度要求进行；按合同及时提供设计所需的基础资料和数据	协助业主制定工程质量目标规划；根据合同提供设计所需的基础数据和资料；配合设计单位优化设计
2	施工招标阶段	协助业主编制施工招标文件；协助业主编制标底；做好投标资格预审工作；组织开标、评标、定标工作		

续表

序号	建设阶段	投资控制任务	进度控制任务	质量控制任务
3	施工阶段	制定本阶段资金使用计划；付款控制；工程变更费用控制；预防并处理好费用索赔；努力实现实际发生的费用不超过计划投资	工程控制性进度计划；审查施工单位施工进度计划；做好各项动态控制工作；协调各单位关系；预防并处理好工期索赔，以求实际施工进度达到计划施工进度的要求	通过对施工投入、施工和安装过程、产出品进行全过程控制，以及对参加施工的单位和人员的资质、材料和设备、施工机械和机具、施工方案和方法、施工环境实施全面控制，以期按标准达到预定的施工质量目标

3.4.3 建设工程目标控制的措施

建设工程目标控制的措施包括组织措施、技术措施、经济措施和合同措施，详细内容如表 3.3 所示。

表 3.3　建设工程目标控制措施

序号	控制措施	备　注
1	组织措施	是其他各类措施的前提和保障，而且一般不需要增加费用，运用恰当可以收到良好的效果。尤其是对于业主原因造成的目标偏差，该措施可能成为首选措施，应予以重视。包括：①落实目标控制的机构与人员，明确各级目标控制人员的任务和职能分工、权利与责任；②改善目标控制的工作流程等
2	技术措施	能提出多个不同的技术方案，并对各方案进行技术经济分析。在实践中，要避免仅从技术角度选定技术方案而忽略对其经济效果的分析论证
3	经济措施	最易为人接受和采用的措施，如审核工程量及相应的付款和结算报告
4	合同措施	对建设项目目标控制具有全局性的影响，作用很大。包括：拟定合同条款，参加合同谈判，处理合同执行中的问题、防止和处理索赔，协助业主确定有利于目标控制的建设工程组织管理模式和合同结构

3.5　案 例 分 析

3.5.1　案例 1

案例背景

某工程项目分为 3 个相对独立的标段，业主组织了招标并分别和 3 家施工单位签订了施工承包合同。总监理根据本项目合同结构的特点，组建了监理组织机构，编制了监理规划。监理规划的内容中提出了监理控制措施，要求监理工程师应将主动控制和被动控制紧密结合，按图 3.7 所示的控制流程进行控制。

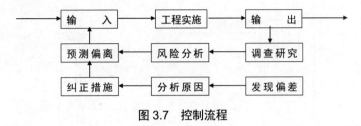

图 3.7　控制流程

案例问题

1. 控制流程的内容有哪些不妥之处？为什么？如何改正？
2. 请绘出目标控制(被动)流程图。

案例分析

本题主要是考核对建设工程目标控制中主动控制与被动控制的概念和二者的关系，涉及本教材第三章第一节的主动控制、被动控制、主动控制与被动控制的关系。本题的背景材料及问题均与控制流程图有关，其中：

1. 要求指出背景材料中给出的控制流程图不妥之处，并加以改正，指出理由。只要理解了主动控制是在计划实施前，预先分析各种因素导致发生目标偏离的可能性，并有针对性地拟定有效措施，以减小或避免目标偏离，而被动控制则是在实施计划过程中发现目标的偏离，再采取措施纠正，分清二者的区别，就不难知道题图中的不妥之处，并加以改正。

2. 在充分了解被动控制的循环过程闭合回路流程图的基础上进一步细化，即可绘出目标控制流程框图。细化时主要是将实施的实际结果与计划目标相比较，比较结果可能出现两种情况：一种是未发生偏离；另一种是发生了偏离。前者属于正常情况，可继续按原计划执行；后者是不正常情况，应采取措施纠正。而纠正的措施又有两种途径：一是调整计划；二是改变投入的资源。

参考答案

1. 主动控制与被动控制的工作流程关系不妥，因为主动控制与被动控制的工作流程关系颠倒，应改为如图 3.8 所示。

图 3.8　主动控制与被动控制

2. 目标控制流程框图如图 3.9 所示。

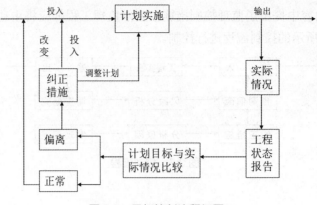

图 3.9　目标控制流程框图

3.5.2　案例 2

案例背景

某钢结构公路桥项目，业主将桥梁下部结构工程发包给甲施工单位，将钢梁制造、架设工程发包给乙施工单位。业主通过招标选择了某监理单位承担施工阶段监理任务。

监理合同签订后，总监理工程师组建了直线制监理组织机构，并重点提出了项目目标控制措施如下。

(1) 熟悉质量控制依据。

(2) 确定质量控制要点，落实质量控制手段。

(3) 完善职责分工及有关质量监督制度，落实质量控制责任。

(4) 对不符合合同规定质量要求的，拒签付款凭证。

案例问题

1．监理工程师在进行目标控制时应采取哪方面的措施？上述总监理工程师提出的质量目标控制措施各属于哪一种措施？

2．上述总监理工程师提出的质量目标控制措施哪些是主动控制措施？哪些是被动控制措施？

参考答案

1．监理工程师在进行目标控制时应采取组织方面措施、技术方面措施、经济方面措施、合同方面措施。

总监理工程师提出的质量目标控制措施中第(1)条措施属于技术措施；第(2)条亦属于措施技术措施；第(3)条措施属于组织措施；第(4)条措施属于经济措施(或合同措施)。

2．在总监理工程师提出的质量目标控制措施中，第(1)、(2)、(3)条属于主动控制措施，第(4)条属于被动控制措施。

本章练习

一、单项选择题

1. 监理工程师在每个控制循环过程中，首先应当作(　　)。
   A. 投入控制　　　B. 转换控制　　　C. 信息反馈控制　　　D. 评价对比工作

2. 建立项目监理机构的前提是(　　)。
   A. 明确监理任务　　　　　　　　　B. 明确监理工作
   C. 明确监理目标　　　　　　　　　D. 明确总监理工程师

3. 对于目标实际值偏离计划值的情况要采取措施加以纠正。根据偏差的具体情况不改变总目标的计划值，调整后期实施计划，属(　　)情况。
   A. 轻度偏离　　　B. 中度偏离　　　C. 重度偏离　　　D. B 和 C

4. "明确各级目标控制人员的任务和职能分工、权力和责任，改善目标控制的工作流程"是建设工程目标控制的(　　)措施。
   A. 组织　　　　B. 技术　　　　C. 合同　　　　D. 经济

5. 把目标控制类型分为主动控制和被动控制，是按照(　　)来划分控制类型的。
   A. 控制措施作用于控制对象的时间　B. 控制信息的来源
   C. 控制过程是否形成闭合回路　　　D. 控制措施制定的出发点

二、多项选择题

1. 下列关于控制流程"反馈"环节的表述中，正确的是(　　)。
   A. 反馈信息仅限于工程的投资、进度、质量信息
   B. 控制部门需要什么信息，取决于监理工作的需要以及工程的具体情况
   C. 反馈环节是投入与转换之间的环节
   D. 为了使整个控制过程流畅地进行，需要设计信息反馈系统
   E. 非正式信息反馈应当适时转化为正式信息反馈

2. 根据对建设工程质量进行全方位控制的要求，应对建设工程(　　)进行控制。
   A. 设计质量和施工质量　　　　　　B. 所有工程内容的质量
   C. 质量目标的所有内容　　　　　　D. 质量目标的所有影响因素
   E. 参与各方

3. 在建设工程目标控制过程中，对进度目标进行全方位控制要从(　　)等方面考虑。
   A. 对整个建设工程所有工程内容的进度都要进行控制
   B. 对整个建设工程所有工作内容都要进行控制
   C. 对影响进度的各因素都要进行控制
   D. 抓好关键线路的进度控制
   E. 注意各方面工作进度对施工进度的影响

4. 在建设工程投资控制中，"实际投资不超过计划投资"可能表现为(　　)等几种情况。

    A. 实际总投资未超过计划总投资，但在投资目标分解的层次上，有实际投资超过计划投资的情况

    B. 在投资目标分解的各个层次上，实际投资均不超过计划投资

    C. 实际总投资超过计划总投资

    D. 设计概算不超过投资估算

    E. 工程结算价不超过合同价

5. (　　)为建设工程施工阶段的主要特点。

    A. 施工阶段是资金投入量最大的阶段

    B. 施工阶段需要协调的内容多

    C. 施工工作表现为创造性的脑力劳动

    D. 施工质量对建设工程总体质量有决定性影响

    E. 施工阶段是实现建设工程价值和使用价值的主要阶段

三、案例分析

案例背景

某工程，建设单位委托监理单位承担施工阶段的监理任务，总承包单位按照施工合同约定选择了设备安装分包单位。在合同履行过程中发生以下事件。

事件1：工程开工前，总承包单位在编制施工组织设计时认为修改部分施工图设计可以使施工更方便、质量和安全更易保证，遂向项目监理机构提出了设计变更的要求。

事件2：专业监理工程师检查主体结构施工时，发现总承包单位在未向项目监理机构报审危险性较大的预制构件起重吊装专项方案的情况下已自行施工，且现场没有管理人员。于是，总监理工程师下达了《监理工程师通知单》。

事件3：专业监理工程师在现场巡视时，发现设备安装分包单位违章作业，有可能导致发生重大质量事故。总监理工程师口头要求总承包单位暂停分包单位施工，但总承包单位未予执行。总监理工程师随即向总承包单位下达了《工程暂停令》，总承包单位在向设备安装分包单位转发《工程暂停令》前，发生了设备安装质量事故。

案例问题

1. 针对事件1中总承包单位提出的设计变更要求，写出项目监理机构的处理程序。

2. 指出事件2中总监理工程师的做法是否妥当？并说明理由。

3. 事件3中总监理工程师是否可以口头要求暂停施工？为什么？

4. 就事件3中所发生的质量事故，指出建设单位、监理单位、总承包单位和设备安装分包单位各自应承担的责任，并说明理由。

第4章 建设工程风险管理

【学习要点及目标】

◆ 掌握风险的概念。

◆ 了解风险的分类。

◆ 熟悉建设工程风险及风险管理步骤。

◆ 掌握风险识别、评价、对策的概念及方法。

4.1 风险管理概述

4.1.1 风险的定义与相关概念

建设工程活动存在风险是毋庸置疑的，要进行风险管理，首先要了解风险的定义。

1. 风险的定义

关于风险的定义很多，基本上都是围绕风险的不确定性、风险带来损失的不确定性。目前为学术界和实务界较为普遍接受的有以下两种定义。

其一，风险就是与出现损失有关的不确定性。

其二，风险就是在给定情况下和特定时间内，可能发生的结果之间的差异。

从上述定义可知，风险要具备两方面条件：一是发生的不确定性；二是产生损失后果。否则就不能称为风险。

2. 与风险相关概念

与风险相关的概念有风险因素、风险事件、损失。

(1) 风险因素。

风险因素(Hazard)：是指能产生或增加损失概率和损失程度的条件或因素，是风险发生的潜在原因，是造成损失的内在或间接原因。通常风险因素分为有形风险因素和无形风险因素。

有形风险因素：指能直接影响事物物理功能的因素，即某一标的本身所具有的足以引起或增加损失机会和损失幅度的客观原因和条件，如地震、火山喷发、恶劣的气候、疾病传染、环境污染等。

无形风险因素：是指由于人的不注意、不关心、侥幸或存在依赖保险的心理，以致增加风险事故发生的概率和损失幅度的因素，如驾驶有故障车辆、企业或个人投保财产保险后放松对财物的保护措施、投保人身保险后忽视自己的身体健康等。另外，个人不诚实、不正直或有不轨企图促使风险事故发生，以致引起社会财富损毁或人身伤亡的原因和条件，如欺诈、纵火、贪污、盗窃等。

(2) 风险事件。

风险事件是指造成生命、财产损害的偶发事件，是造成损害的外在的和直接的原因，损失都是由风险事故所造成的。风险事故使风险的可能性转化为现实，即风险的发生。如刹车系统失灵酿成车祸而导致人员伤亡，其中，刹车系统失灵是风险因素，车祸是风险事故，人员伤亡是损失，如果仅有刹车系统失灵，而未导致车祸，则不会导致人员伤亡。

要注意风险事件与风险因素的区别。对于某一事件，在一定条件下，可能是造成损失的直接原因，则它成为风险事故，而在其他条件下，可能是造成损失的间接原因，则它便成为风险因素。如某建设工程在施工阶段遭遇连续几天的大雨造成山体滑坡并造成已完工程部分损失、施工现场人员伤亡，这时大雨就是风险因素，山体滑坡就是风险事故；若大雨直接冲毁现场施工道路，则暴雨就是风险事故。

(3) 损失。

损失是指非故意的、非预期的和非计划的经济价值的减少，通常以货币单位来衡量。损失一般分为直接损失和间接损失，前者是直接的、实质的损失；后者包括额外费用损失、收入损失和责任损失。

其实对损失的后果进行分析时，一定要找出已经和可能发生的损失，特别是对间接损失进行深入分析，其中有些损失在未来很长一段时间起作用，即使是做不了定量分析，也要进行定性分析，以便对损失后果作出一个全面的、客观的估计。

3. 风险因素、风险事件、损失与风险之间的关系

风险是由风险因素、风险事件和损失三者构成的统一体，它们之间存在着一种因果关系，简单表述如图 4.1 所示。

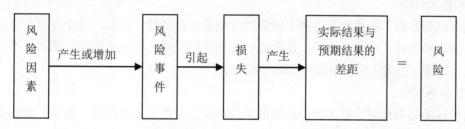

图 4.1　风险因素、风险事件、损失与风险之间的关系

从图 4.1 中描述的关系可看出风险因素引起风险事件，风险事件导致损失，而损失所形成的结果就是风险。因此风险因素是风险源，要预防风险，降低风险损失，就要从源头抓起，消除或减少风险因素，同时确保风险事件少发生或者不发生，以实现损失最小。

4.1.2　风险的分类

1. 按风险产生的原因划分

(1) 政治风险。

政治风险是指由于政治原因，如政局的变化、政权的更替、政府法令和决定的颁布实施，以及种族和宗教冲突、叛乱、战争等引起社会动荡而造成损害的风险。

政治风险通常表现为政局的不稳定性，战争状态、动乱、政变的可能性，国家的对外关系，政府信用、政府廉洁程度，政策及政策的稳定性，经济的开放程度或排外性，国内民族矛盾、保护主义倾向等。

(2) 经济风险。

经济风险是指因经济前景的不确定性，各经济实体在从事正常的经济活动时，蒙受经济损失的可能性。

经济风险的主要构成因素：国家经济政策变化，产业结构调整，金融风险、外汇汇率通货膨胀、工资提高、物价上涨，社会各种摊派和征费的变化等。

(3) 社会风险。

社会风险是指由于个人行为反常或不可预测的团体的过失、疏忽、侥幸、恶意等不当行为所致的损害风险。如盗窃、抢劫、罢工、暴动等。

(4) 法律风险。

法律风险是指由于颁布新的法律和对原有法律进行修改等原因而导致经济损失的风险。但是在工程项目实施过程中，也存在法律不健全，经济各方有法不依、执法不严，对相关法律未能全面、正确理解等，都有可能触犯法律行为。

(5) 自然风险。

自然风险是指因自然力的不规则变化产生的现象所导致危害经济活动，物质生产或生命安全的风险。如地震、水灾、火灾、风灾、雹灾、冻灾、旱灾、虫灾以及各种瘟疫等自然现象。

(6) 技术风险。

技术风险是指一些技术条件的不确定性可能带来的风险。例如，设计内容不全，缺陷设计、错误和遗漏、规范不恰当，地勘资料未能正确反映工程地质情况；施工中不合理的施工技术、施工方案、应用新技术和新方案的失误等。

(7) 商务风险。

商务风险是指合同中有关经济方面的条款和规定可能带来的风险。例如，合同条款遗漏、表达有误、合同类型选择不当、工程变更、违约责任等。

(8) 信用风险。

信用风险是指合同一方交易因种种原因，不愿或无力履行合同条件而构成违约，致使交易对方遭受损失的可能性。

2. 按风险涉及的当事人划分

1) 监理方的风险

(1) 企业内部风险。监理单位内部风险主要表现在以下方面：首先来自工程监理合同缺陷方面的风险；其次来自监理人员，如监理工程师不尽职、不作为，导致重大责任事故；最后来自监理企业内部制度不健全，监理企业不断发展新领域，但自身能力与水平不适应。

(2) 企业外部风险。首先是来自业主方风险，监理单位与业主方是缔约关系，也就是雇佣关系，业主方从自身利益出发，前期研究不到位，估算不足，盲目干预项目；其次来自施工单位的风险，施工单位层层分包、联合体内部关系处理不当、施工单位低价中标、出于自身利益做出种种不轨行为，势必给监理单位工作上带来许多困难，甚至导致监理人员蒙受重大风险；最后来自监理市场的风险，监理法规、政策不完全、不协调，国外势力较强监理企业进驻中国等。

2) 业主的风险

业主遇到的风险通常可以归纳为 3 类，即人为风险、经济风险和自然风险。

(1) 人为风险。它是指因人的主观因素导致的种种风险。比如说政府或主管部门的专制行为，承包商缺乏合作诚意导致履约不利或者违约，设计人员疏忽造成设计有错误等。

(2) 经济风险。这类风险的主要产生原因有宏观形势不利、投资环境恶劣、市场物价不正常上涨、投资回收期长、基础设施落后、资金筹措困难等。

(3) 自然风险。它是指工程项目所在地区宏观存在恶劣自然条件，工程实施期间可能碰到的恶劣气候。

3) 承包商的风险

(1) 决策错误风险。包括进入市场的决策风险、信息失真风险、中介风险、代理风险、联合投标风险、报价失误风险。

(2) 缔约和履约风险。缔约和履约是承包工程的关键环节。许多承包商因对缔约和履约过程的风险认识不足，致使本不该亏损的项目严重亏损，甚至破产倒闭。这类风险主要潜伏于：合同管理、工程管理、物资管理、财务管理等方面。

(3) 责任风险。工程承包是基于合同当事人的责任、权利和义务的法律行为。承包商对其承揽的工程设计和施工负有不可推卸的责任，而承担工程承包合同的责任是有一定风险的。这类风险主要发生在以下几个方面：一是职业责任风险，包括地质条件、气候条件、材料供应、设备供应、技术规范变化，提供设计图纸不及时，设计变更和工程量变更，运输问题；二是法律责任风险，包括起因于合同、行为或者疏忽、欺骗和错位等方面；三是替代责任风险，因为承包商必须对其名义活动或为其服务人员的行为承担责任。

4.1.3　建设工程风险与风险管理

1. 建设工程风险及其特征

建设工程风险是指在工程决策和实施过程中，造成实际结果与预期目标的差异性及其发生的概率。建设工程风险的差异性包括损失的不确定性和收益的不确定性。工程风险管理是工程管理的重要内容之一。

工程项目建设活动是一项复杂的系统工程。项目风险是在项目建设这一特定环境下发生的，与项目建设活动及内容紧密相关；项目建设风险及风险分析具有复杂系统的若干特征。研究项目风险及风险分析的系统特征，不仅能深入地认识项目风险的特殊性，而且也是大型工程项目建设风险分析与管理的基础。建设工程风险的特征主要如下。

(1) 建设工程风险的客观性和普遍性。作为损失发生的不确定性，风险是不以人的意志为转移并超越人们主观意识的客观存在，而且在项目的全寿命周期内，风险是无处不在、无时不有的。这些说明虽然人类一直希望认识和控制风险，但直到现在也只能在有限的空间和时间内改变风险存在和发生的条件，降低其发生的频率，减少损失程度，而不能也不可能完全消除风险。

(2) 某一风险发生的偶然性和大量风险发生的必然性。任何一种具体风险的发生都是诸多风险因素和其他因素共同作用的结果，是一种随机现象。个别风险事故的发生是偶然的、杂乱无章的，但对大量风险事故资料的观察和统计分析，发现其呈现出明显的运动规律，这就使人们有可能用概率统计方法及其他现代风险分析方法去计算风险发生的概率和损失程度，同时也导致风险管理的迅猛发展。

(3) 建设工程风险的可变性。在项目的整个过程中、各种风险在质和量上的变化，随着项目的进行，有些风险将得到控制，有些风险会发生并得到处理，同时在项目的每一阶段都可能产生新的风险。

(4) 建设工程风险的多样性和多层次性。建筑工程项目周期长、规模大、涉及范围广、风险因素数量多且种类繁杂，致使其在全寿命周期内面临的风险多种多样，而且大量风险因素之间的内在关系错综复杂、各风险因素之间、风险因素与外界交叉影响又使风险显示出多层次性，这是建设工程项目中风险的主要特点之一。

2. 风险管理

风险管理就是一个识别、确定和度量风险，并制定、选择和实施风险处理方案的过程。风险管理的基本程序为风险识别、风险评价、风险对策决策、实施决策、检查等环节，如图 4.2 所示。

(1) 风险识别。

风险识别是风险管理的第一步，它是指对建设项目面临的和潜在的风险加以判断、归类并对风险性质进行鉴定的过程。存在于建设项目自身及周围的风险多种多样、错综复杂，有潜在的，也有实际存在的；有内部的，也有外部的。所有这些风险在一定时期和某一特定条件下是否客观存在、存在的条件是什么以及损害发生的可能性等，都是风险识别阶段应予以解决的问题。

风险识别即是对尚未发生的、潜在的和客观的各种风险系统地、连续地进行识别和归类，并分析产生风险事故的原因。识别风险主要包括感知风险和分析风险两方面内容：一方面依靠感性认识，经验判断；另一方面，可利用流程分析法、实地调查法等进行分析和归类整理，从而发现各种风险的损害情况以及具有规律性的损害风险。在此基础上，鉴定风险的性质，从而为风险评价做准备。

(2) 风险评价。

风险评价是指在风险识别的基础上，对风险发生的概率、损失程度进行量化的过程。通过这一过程，确定风险发生的概率，同时得出风险损失的严重程度，比如造成投资增加多少、工期会被顺延几天等。另外，处理风险需要一定费用，费用和风险损失之间的比例关系直接影响风险管理的效益。通过对风险的定量分析和比较处理风险所支出的费用，来确定风险是否需要处理和处理对策，以判定为处理风险所支出的费用是否有效益。

(3) 风险对策决策。

风险对策决策是确定建设工程风险事件最佳组合的过程。一般来说，风险管理中所运用的对策有以下 4 种：风险回避、损失控制、风险自留和风险转移。具体采用哪种风险对策，需要根据风险评价的结论，不同的风险事件选择最适宜的风险对策，形成最佳的风险对策组合。

(4) 实施决策。

实施决策是对作出的风险应对对策的落实，把决策方案变成具体的行动计划，对决策方案进行具体解释、组织到执行的整个过程。例如，给工程买保险时，选择哪家保险公司、哪个险种、保险的范围等。

(5) 检查。

在建设工程实施过程中，对风险对策执行情况进行不断检查，并评价执行效果。在条件发生变化时，提出是否调整风险对策，另外还要检查是否有新的风险因素出现，并进行风险识别，开始新一轮的风险管理。

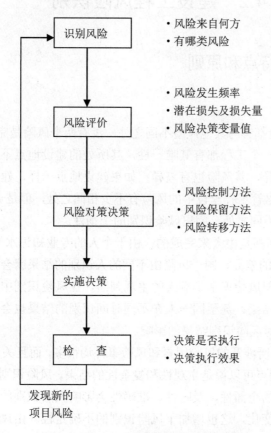

图 4.2　风险管理过程循环框图

3. 风险管理的目标

风险管理是一项有目的的管理活动，只有目标明确，才能起到有效的作用。风险管理的目标是以最小的风险管理成本获得最大的安全保障；在风险事件发生前，其首要目标是使潜在损失最小，在风险事件发生后，其首要目标是使实际损失减少到最低程度。

各环节具体风险管理目标如下。

(1) 风险事件发生前。

① 减少风险事件发生的机会。

② 以经济、合理的方法预防潜在风险。

③ 减轻企业及项目组人员对风险及潜在风险的烦恼和忧虑，为企业提供良好的经营环境，保证建设项目顺利实施。

(2) 风险事件发生后。

减少损失的危害程度，风险事件一旦发生，风险管理者要及时采取措施进行抢救，防止损失的扩大和蔓延，将已经出现的损失降至最低。及时提出经济补偿，使建设项目恢复正常生产秩序，实现良性循环。

4.2 建设工程风险识别

4.2.1 风险识别的特点和原则

1. 风险识别的特点

(1) 个别性。任何风险都有与其他风险不同之处，没有两个风险是完全一致的。例如，对于建设工程而言，任何一个工程都有其唯一性，其所处的建设地点不同，那么人文、地理、市场环境都有很大差异，其风险也有差异；如果建设地点一样，建设时间、承建单位不同，工程风险也不同。尽管工程建设中的风险有不少相同之处，但是一定存在不同之处，在风险识别时要特别注意不同之处，突出风险识别的个别性。

(2) 主观性。风险识别都是由人来完成的，由于个人的专业知识水平(包括风险管理方面知识)、实践经验等方面的差异，同一风险由不同的人识别的结果就会有较大的差异。

风险是客观存在的，但风险识别是靠人的主观判断，在风险识别中，识别人的经验、知识水平等直接影响识别结果，甚至同一人在不同时间识别的结果也会有差异，因此在识别中，应尽量减少主观性对风险识别结果的影响。

(3) 复杂性。建设工程所涉及的风险因素和风险事件均很多，而且关系复杂、相互影响。

(4) 不确定性。这一特点可以说是主观性和复杂性的结果。风险识别的基础工作之一是收集有关项目信息，信息的全面性、及时性、准确性会影响风险识别的质量，另外信息会随着建设工程的进展发生变化，这也增加了风险识别的不确定性。由风险的定义可知，风险识别本身也是风险，因而避免和减少风险识别的风险也是风险管理的内容。

2. 风险识别的原则

(1) 由粗及细，由细及粗。由粗及细是指对风险因素进行全面分析，并通过多种途径对工程风险进行分解，逐渐细化，以获得对工程风险的广泛认识，从而得到工程初始风险清单。而由细及粗是指从工程初始风险清单的众多风险中，根据同类建设工程的经验以及对拟建建设工程具体情况的分析和风险调查，确定那些对建设工程目标实现有较大影响的工程风险作为主要风险，即作为风险评价以及风险对策决策的主要对象。

(2) 严格界定风险内涵并考虑风险因素之间的相关性。对各种风险的内涵要严格加以界定，不要出现重复和交叉现象。另外，还要尽可能考虑各种风险因素之间的相关性。在风险识别阶段考虑风险因素之间的相关性有一定难度，但至少要做到严格界定风险内涵。

(3) 谨慎排除可能的风险。对于肯定可以排除和肯定可以确认的风险应尽早予以排除和确认；对于一时既不能排除又不能确认的风险再作进一步的分析，予以排除或确认；必要时，可进行实验论证，对于不能排除但又不能肯定予以确认的风险按确认考虑。

　　(4) 动态识别原则。风险识别伴随建设项目全寿命周期,项目不同阶段会有不同的风险。为了识别随时可能出现的新风险,必须预先制定一个连续的风险识别计划,满足风险动态识别的需要。

　　(5) 经济原则。经济原则是指依据建设项目风险影响的大小来确定投入风险识别的资源和精力。对项目整体目标有重大影响的风险,需要花费较大的精力、用多种方法进行识别,以期最大限度地掌握风险情况;但对于影响项目整体目标较小的风险因素,则没有必要花费大量时间和精力进行识别。如果风险识别的费用超过风险带来的损失就丧失了风险管理的意义。

4.2.2　风险识别的过程

　　风险识别应从建设项目管理目标出发,通过风险调查、数据整理、信息分析、专家咨询、试验论证等手段,对风险进行全方位的预测,从而全面认识风险,形成风险清单。

　　从图 4.3 可以看出,风险识别是在建设工程过程中不断进行的过程。风险识别的结果是形成风险清单,在建设工程风险识别的过程中,核心工作是"分解建设工程风险"、"识别风险因素、时间、后果"。

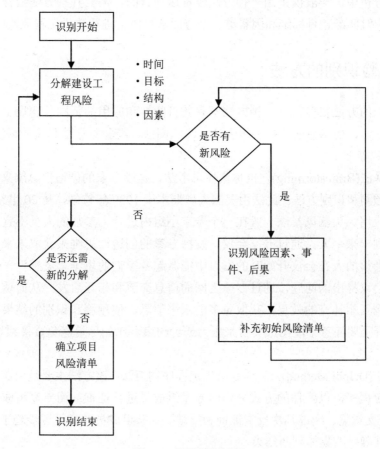

图 4.3　风险识别过程

4.2.3　建设工程风险的分解

建设工程风险的分解是根据工程风险相互关系将其分解成若干个子系统，其分解的程度要足以使人们较容易地识别出建设工程的风险，使风险识别具有较好的准确性、完整性、系统性。

根据建设工程的特点，建设工程风险的分解可按以下途径进行。

(1) 目标维。即按建设工程目标进行分解，也就是考虑影响建设工程投资、进度、质量和安全目标实现的各种风险。

(2) 时间维。即按建设工程实施的各个阶段进行分解，也就是考虑建设工程实施不同阶段的不同风险。

(3) 结构维。即按建设工程组成内容进行分解，也就是考虑不同单项工程、单位工程的不同风险。

(4) 因素维。即按建设工程风险因素的分类分解，如政治、社会、经济、自然、技术等方面的风险。

在风险分析中，一般仅采用一种方法较难达到目的，需要几种方法组合。常用的组合分解方式是由时间维、目标维和因素维 3 个方面从总体上进行建设工程风险的分解。

4.2.4　风险识别的方法

风险辨识的方法很多，每一种方法都有其目的性和应用的范围。建设工程风险识别方法有头脑风暴法、德尔菲法、财务报表法、流程图法、经验数据法和事故树法等。

1) 头脑风暴法

头脑风暴法(Brainstorming)，也称集体思考法，是以专家的创造性思维来索取未来信息的一种直观预测和识别方法。此法由美国人奥斯本于 1939 年首创，从 20 世纪 50 年代起就得到了广泛应用。头脑风暴法一般在一个专家小组内进行，参加的人员不宜过多，一般五六个人，多则十来个人。通过专家会议，发挥专家的创造性思维来获取未来信息。这就要求主持专家会议的人在会议开始时的发言中能激起专家们的思维"灵感"，促使专家们感到急需回答会议提出的问题，通过专家之间的信息交流和相互启发，从而诱发专家们产生共识，以达到互相补充的效果，获取更多的未来信息，使预测和识别的结果更准确。在参加成员的选择上要注意不能给成员带来压力或者约束，比如尽量避免直接领导人参加。

2) 德尔菲法

德尔菲法(Delphi Method)，又称专家规定程序调查法。该方法主要是由调查者拟定调查表，按照既定程序，以函件的方式分别向专家组成员进行征询；而专家组成员又以匿名的方式(函件)提交意见。经过几次反复征询和反馈，专家组成员的意见逐步趋于集中，最后获得具有很高准确率的集体判断结果。

采用德尔菲法时应注意以下几点。

(1) 专家人数不宜太少，一般以 10～50 人为宜。

(2) 对风险的分析往往受组织者、参加者的主观因素影响，因此有可能出现偏差。

(3) 预测分析的时间不宜过长，时间越长准确性越差。

3) 财务报表法

财务报表法就是根据企业或特定项目的财务资料来识别其每项财产和经营活动可能遭遇到的风险。即指直接使用经过审批的财务计划表、收支明细表、资产负债表、收益分配表等有关补充资料，可以识别企业当前的所有资产、责任及人身损失风险。将这些报表与财务预测、预算结合起来，可以发现企业或建设工程未来的风险。

采用该方法进行风险识别，要对财务报表中所列的各项会计科目作深入的分析研究，并提出分析研究报告，以确定可能产生的损失，还应通过一些实地调查以及其他信息资料来补充财务记录。由于工程财务报表与企业财务报表不尽相同，因而需要结合工程财务报表的特点来识别建设工程风险。

4) 流程图法

首先要建立一个工程项目生产活动步骤或者阶段顺序以模块的形式组成一个流程图，它们要展示建设项目实施的全部活动。流程图可用网络图来表示，也可利用工作分解结构(WBS)来表示。其次在每个模块中标出各种潜在的风险因素或风险事件，给决策者一个清晰的总体印象。

一般来说，流程图中的各步骤或者阶段容易划分，关键在于找出各步骤或各阶段的风险因素和风险事件。

5) 经验数据法

经验数据法也称为统计资料法，即根据已建各类建设工程与风险有关的统计资料来识别拟建建设工程的风险。不同的风险管理主体都应有自己关于建设工程风险的经验数据或统计资料。在工程建设领域，可能有工程风险经验数据或统计资料的风险管理主体，包括咨询公司(含设计单位)、承包商以及长期有工程项目的业主(如房地产开发商)。由于这些不同的风险管理主体的角度不同、数据或资料来源不同，其各自的初始风险清单一般多少有些差异。但是，建设工程风险本身是客观事实，有客观的规律性，当经验数据或统计资料足够多时，这种差异性就会大大减小。何况，风险识别只是对建设工程风险的初步认识，还是一种定性分析，因此，这种基于经验数据或统计资料的初始风险清单可以满足对建设工程风险识别的需要。

例如，根据建设工程的经验数据或统计资料可以得知，减少投资风险的关键在设计阶段，尤其是初步设计以前的阶段，因此，方案设计和初步设计阶段的投资风险应当作为重点进行详细的风险分析；设计阶段和施工阶段的质量风险最大，需要对这两个阶段的质量风险作进一步的分析；施工阶段存在较大的进度风险，需要作重点分析。由于施工活动是由一个个分部分项工程按一定的逻辑关系组织实施的，因此，进一步分析各分部分项工程对施工进度或工期的影响，更有利于风险管理人员识别建设工程进度风险，如图 4.4 所示。

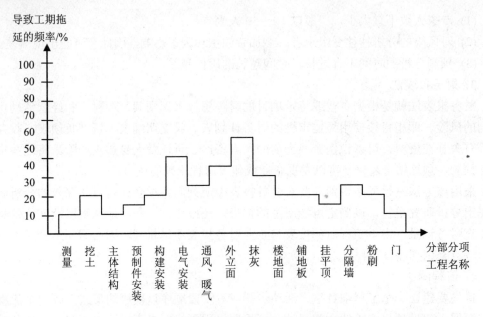

图 4.4　各主要分部分项工程对工期的影响

6) 事故树法

事故树法又称因果分析图法、鱼刺图法(见图 4.5),是风险识别的常用方法之一。事故树由节点和连接线组成,节点表示事件,连线表示事件间的关系,它是从风险事故着手,通过演绎推理查风险因素。这种方法可以对风险进行定性、定量分析,一般用于技术性强的项目,对使用者要求较高。例如,监理工程出现质量问题,可以通过因果分析图来进行风险识别。

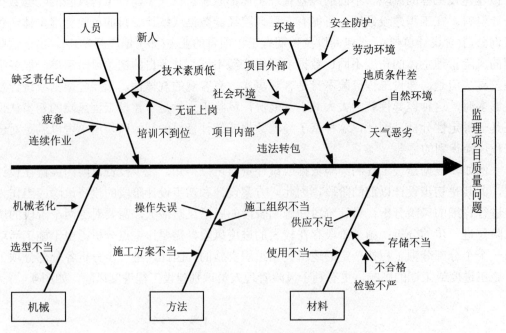

图 4.5　用鱼刺图法识别施工质量风险因素

4.3　建设工程风险评价

　　风险识别只是风险管理的第一步，对认识的风险作进一步的分析，也就是风险评价。风险评价一般有定量、定性两类方法。定性评价方法有专家打分法、层次分析法等，其作用在于区分不同风险相对严重程度以及根据预选确定的可接受的风险水平作出相应决策。由于专家打分法和层次分析法应用较为广泛，本节不做重点介绍。定量评价方法也较多，如敏感性分析法、盈亏平衡分析法、决策数法等，这些方法有较为确定的使用范围，比如敏感性分析与盈亏平衡分析多用于项目前期决策时财务评价，决策树多用于方案筛选，与本章风险管理联系不紧密，本节不作介绍。本节将以风险两函数理论为出发点，说明如何定量评价建设工程风险。

4.3.1　风险评价的内容及作用

1. 风险评价的内容

　　风险的定义包括不希望事件发生的概率及其发生后的损失，从建设项目管理角度来看，要真正判断一个项目是否有风险，应全面了解风险事件发生或不发生所包含的潜在影响。因此风险评价要涉及以下 3 个方面。

　　(1) 风险事件发生概率。

　　(2) 进行风险衡量。也就是，风险事件发生后具体的损失，投资增加、工期延误的时间，对建设工程影响程度。

　　(3) 确定风险量。也就是，建立风险概率与风险损失的关系，寻找一个较为客观的风险函数。

2. 风险评价的作用

　　通过定量方法进行风险评价的作用主要表现在以下几方面。

　　(1) 更准确地认识风险。通过定量方法进行风险评价，可以定量地确定建设工程各种风险因素和风险事件发生的概率大小或概率分布，及其发生后对建设工程目标影响的严重程度或损失严重程度。

　　(2) 保证目标规划的合理性和计划的可行性。建设工程数据库只能反映各种风险综合作用的后果，而不能反映各种风险各自作用的后果。由于建设工程风险的个别性，只有对特定建设工程的风险进行定量评价，才能正确反映各种风险对建设工程目标的不同影响，才能使目标规划的结果更合理、更可靠，使在此基础上制定的计划具有现实的可行性。

　　(3) 合理选择风险对策，形成最佳风险对策组合。不同的风险对策使用对象各不相同，风险对策的实用性需从效果和代价两个方面考虑。风险对策的效果表现在降低风险发生概率和(或)降低损失严重程度的幅度。风险对策一般都要付出一定的代价。在选择风险对策时，应将不同风险对策的适用性与不同风险的后果结合起来考虑，对不同的风险选择最适宜的风险对策，从而形成最佳的风险对策组合。

4.3.2　风险概率的衡量

衡量建设工程风险概率有两种方法：相对比较法和概率分布法。一般而言，相对比较法主要是依据主观概率，而概率分布法的结果则接近客观概率。

1. 相对比较法

相对比较法由美国风险管理专家 Richard Prouty 提出，表示如下。

(1) "几乎是零"。这种风险事件可认为不会发生。

(2) "很小的"。这种风险事件虽有可能发生，但现在没有发生并且将来发生的可能性也不大。

(3) "中等的"。这种风险事件偶尔会发生，并且能预期将来有时会发生。

(4) "一定的"。这种风险事件一直在有规律地发生，并且能够预期未来也是有规律地发生。在这种情况下，可以认为风险事件发生的概率较大。

在采用相对比较法时，建设工程风险导致的损失也将相应划分成重大损失、中等损失和轻度损失，从而在风险坐标上对建设工程风险定位，反映出风险量的大小。

2. 概率分布法

概率分布法可以较为全面地衡量建设工程风险。因为通过潜在损失的概率分布，有助于确定在一定情况下哪种风险对策或对策组合最佳。

概率分布法的常见表现形式是建立概率分布表。为此，需参考外界资料和本企业历史资料。概率分布表中的数字可能是因工程而异的。

理论概率分布也是风险衡量中常用的一种估计方法。即根据建设工程风险的性质分析大量的统计数据，当损失值符合一定的理论概率分布或与其近似吻合时，可由特定的几个参数来确定损失值的概率分布。

4.3.3　风险损失的衡量

建设工程中风险损失主要表现在两方面，即费用和工期。

风险损失的衡量就是定量确定风险损失值的大小。建设工程风险损失包括以下几方面。

1. 投资风险

投资风险导致的损失可以直接用货币形式来表现，即法规、价格、汇率和利率等的变化或资金使用安排不当等风险事件引起的实际投资超出计划投资的数额。

2. 进度风险

进度风险导致的损失由以下几个部分组成。

(1) 货币的时间价值。进度风险的发生可能会对现金流动造成影响，在利率的作用下，引起经济损失。

(2) 为赶上计划进度所需的额外费用。包括加班的人工费、机械使用费和管理费等一切因追赶进度所发生的非计划费用。

(3) 延期投入使用的收入损失。这方面损失的计算相当复杂，不仅仅是延误期间内的收入损失，还可能由于产品投入市场过迟而失去商机，从而大大降低市场份额，因而这方面的损失有时是相当巨大的。

3. 质量风险

质量风险导致的损失包括事故引起的直接经济损失，以及修复和补救等措施发生的费用和第三者责任损失等，可分为以下几个方面。

(1) 建筑物、构筑物或其他结构倒塌所造成的直接经济损失。

(2) 复位纠偏、加固补强等补救措施和返工的费用。

(3) 造成的工期延误的损失。

(4) 永久性缺陷对于建设工程使用造成的损失。

(5) 第三者责任的损失。

4. 安全风险

安全风险导致的损失包括以下内容。

(1) 受伤人员的医疗费用和补偿费。

(2) 财产损失，包括材料、设备等财产的损毁或被盗。

(3) 因引起工期延误带来的损失。

(4) 为恢复建设工程正常实施所发生的费用。

(5) 第三者责任损失。

在此，第三者责任损失为建设工程实施期间，因意外事故可能导致的第三者的人身伤亡和财产损失所作的经济赔偿以及必须承担的法律责任。

由以上 4 个方面风险的内容可知，投资增加可以直接用货币来衡量；进度的拖延则属于时间范畴，同时也会导致经济损失；而质量事故和安全事故既会产生经济影响又可能导致工期延误和第三者责任，显得更加复杂。而第三者责任除了法律责任外，一般都是以经济赔偿的形式来实现的。因此，这 4 个方面的风险最终都可以归纳为经济损失。

需要指出，在建设工程实施过程中，某一风险事件的发生往往会同时导致一系列损失。例如，地基的坍塌引起塔吊的倒塌，并进一步造成人员伤亡和建筑物的损坏，以及施工被迫停止等。这表明，这一地基坍塌事故影响了建设工程所有的目标——投资、进度、质量和安全，从而造成相当大的经济损失。

4.3.4　风险量函数

在对风险发生的概率及潜在的损失进行量化的基础上，得出风险量。

风险量是指各种风险量化的结果，其数量大小取决于风险发生的概率及潜在损失的大小。如果风险量用 R 表示，风险发生概率用 p 表示，风险潜在损失用 q 表示，则 R 是 p、q 的函数，即

$$R=f(p,\ q) \tag{4-1}$$

式(4-1)反映的是风险量的基本原理，但是要通过适当的方式建立 p、q 的连续性函数关系是很难做到的，在风险管理理论和方法中，在多数情况下是以离散形式来定量表示风险发生的概率及其损失，因而风险量计算相应的表示为

$$R=\sum p_i \times q_i \tag{4-2}$$

式中，$i=1, 2, \cdots, n$，表示风险事件的数量。

4.3.5　风险评价

在风险衡量过程中，建设工程风险被量化为关于风险发生概率和损失严重性的函数，但在选择对策之前，还需要对建设工程风险量作出相对比较，以确定建设工程风险的相对严重性。

通常通过等风险曲线来进行比较。风险量曲线，就是由风险量相同的风险事件所形成的曲线，如图 4.6 所示。

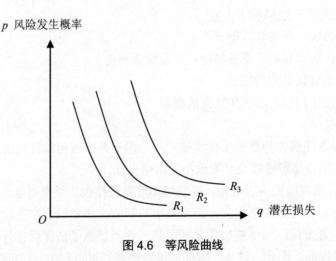

图 4.6　等风险曲线

在风险坐标图上，离原点位置越近则风险量越小。据此，可以将风险发生概率(P)和潜在损失(Q)分别分为 L(小)、M(中)、H(大)3 个区间，从而将等风险量图分为 LL、ML、HL、LM、MM、HM、LH、MH、HH 9 个区域，在这 9 个区域中，有些区域的风险量大致相等，如图 4.7 所示，可以将风险量的大小分成 5 个等级：①VL(很小)；②L(小)；③M(中等)；④H(大)；⑤VH(很大)。

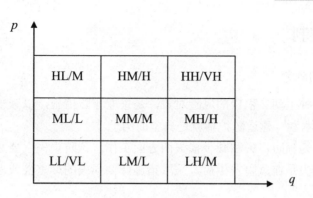

图 4.7　风险等级图

4.4　建设工程风险对策

建设工程风险对策主要有风险回避、损失控制、风险自留和风险转移。

4.4.1　风险回避

风险回避指考虑到风险存在和发生的可能性，主动放弃或拒绝实施可能导致风险损失的方案，从而使风险时间不再发生。风险回避具有简单易行、全面彻底的优点，能将风险的概率降低到零，使回避风险的同时也放弃了获得收益的机会。例如，某建设工程在前期决策阶段，经济测算显示，该项目净现值、内部收益率、投资回收期等指标均可行，但敏感性分析结论显示对投资额、经营成本、产品价格等均非常敏感，这就意味着项目建设中、投入运营后有较大的不确定性，也就是风险较大，因此投资者决定放弃该项目。

风险回避是一种消极的风险处置方法，因为再大的风险也都只是一种可能，可能发生，也可能不发生。采取回避，当然是能彻底消除风险，但同时也失去了实施项目可能带来的收益。

在某种情况下，风险回避是最佳对策，但在采用风险回避时需要注意以下问题。

(1) 回避一种风险可能产生另一种新的风险。在建设工程实施过程中，绝对没有风险的情况几乎不存在。

(2) 回避风险的同时也失去了从风险中获益的可能性。风险与"机会"并存，风险与"利润"并存。例如，某建设监理公司，在开辟业务方面，因为对某新领域缺乏技术、信息等，决策者决定放弃新领域，从而也就失去了新的市场以及新市场可能带来的收益。

(3) 回避风险可能不实际或不可能。建设工程中每个环节都存在大小不一的风险，过多的回避就会造成停止不前。

总之，在某种情况下，回避风险是最佳的风险对策，但应该承认这是一种消极的风险对策，如果事事回避，就会停止不前；因此应该采用积极的对策面对风险，挖掘风险背后的机遇。

4.4.2 损失控制

1. 损失控制的概念

损失控制是一种主动、积极的风险对策，是采取预防措施，以减小损失发生的可能性及损失程度。兴修水利、建造防护林就是典型的例子。

损失控制可分为预防损失和减少损失两方面工作。预防损失主要是降低或消除损失发生的概率；减少损失是在风险发生后，采取措施降低损失的严重性或遏制损失的进一步发展，使损失最小化。

2. 制定损失控制措施的依据和代价

制定损失控制措施必须以定量风险评价的结果为依据，才能确保损失控制措施具有针对性，取得预期的控制效果。风险评价时特别要注意间接损失和隐蔽损失。

制定损失控制措施还必须考虑其付出的代价，包括费用和时间两方面代价，而时间方面的代价往往还会引起费用方面的代价。损失控制措施的最终确定，需要综合考虑损失控制措施的效果及其相应的代价。由此可见，损失控制措施的选择也应当进行多方案的技术经济分析和比较。

3. 损失控制计划系统

就施工阶段而言，该计划系统一般应由预防计划(有文献称为安全计划)、灾难计划和应急计划 3 部分组成。

(1) 预防计划。

预防计划的目的在于有针对性地预防损失的发生，其主要作用是降低损失发生的概率，在许多情况下也能在一定程度上降低损失的严重性。在损失控制计划系统中，预防计划的内容最广泛，具体措施最多，包括组织措施、管理措施、合同措施、技术措施。

组织措施的首要任务是明确各部门和人员在损失控制方面的职责分工，以使各方人员都能为实施预防计划而有效地配合；还需要建立相应的工作制度和会议制度；必要时，还应对有关人员(尤其是现场工人)进行安全培训等。

采取管理措施，既可采取风险分隔措施，将不同的风险单位分离间隔开来，将风险限制在尽可能小的范围内，以避免某一风险发生时，产生连锁反应或互相牵连，如将木工加工场设在远离办公用房的位置；也可采取分散措施，通过增加风险单位以减轻总体风险的压力，达到共同分担总体风险的目的，如在涉外工程结算中采用多种货币组合的方式付款，分散汇率风险。

合同措施除了要保证整个建设工程总体合同结构合理、不同合同之间不出现矛盾外，还要注意合同具体条款的严密性，并作出与特定风险相应的规定，如要求承包商加强履约保证和预付款保证等。

技术措施是在建设工程施工过程中常用的预防损失措施，如地基加固、周围建筑物防护、材料检测等。与其他几方面措施相比，技术措施的显著特征是必须付出费用和时间两方面的代价，应当慎重比较后选择。

(2) 灾难计划。

灾难计划是一组事先编制好的、目的明确的工作程序和具体措施，为现场人员提供明确的行动指南，使其在各种严重的、恶性的紧急事件发生后，不至于惊慌失措，也不需要临时讨论研究应对措施，可以做到从容不迫、及时妥善地处理，从而减少人员伤亡以及财产和经济损失。

灾难计划是针对严重风险事件制定的，其内容应满足以下要求。

① 安全撤离现场人员。

② 援救及处理伤亡人员。

③ 控制事故的进一步发展，最大限度地减少资产和环境损害。

④ 保证受影响区域的安全尽快恢复正常。

灾难计划在严重风险事件发生或即将发生时付诸实施。

(3) 应急计划。

应急计划是在风险损失基本确定后的处理计划，其宗旨是使因严重风险事件而中断的工程实施过程尽快全面恢复，并减少进一步的损失，使其影响程度降至最小。应急计划不仅要制定所要采取的相应措施，而且要规定不同工作部门相应的职责。

应急计划应包括的内容：调整整个建设工程的施工进度计划，并要求各承包商相应调整各自的施工进度计划；调整材料、设备的采购计划，并及时与材料、设备供应商联系，必要时，可能要签订补充协议；准备保险索赔依据，确定保险索赔的额度，起草保险索赔报告；全面审查可使用的资金情况，必要时需调整筹资计划等。

4.4.3　风险自留

风险自留是指企业自己非理性或理性地主动承担风险，即指一个企业以其内部的资源来弥补损失。

1. 风险自留的类型

(1) 非计划性风险自留。

非计划性风险自留是风险管理人员没有意识到建设工程某些风险的存在，或者不曾有意识地采取有效措施，以至风险发生后只好由自己承担。这种风险自留是非计划性和被动的。

非计划性风险自留的主要原因有以下几个。

① 缺乏风险意识。由于建设项目管理人员缺乏风险意识，或者建设资金来源与业主没有直接利益关系，作为项目业主没有意识到要进行项目风险管理，造成风险事件发生时没有采取任何风险对策，不得不或者不自觉地采用非计划性风险自留。

② 风险识别失误。由于风险管理者经验不足或者风险识别方法选择不当，造成风险识别失误，没有及时发现风险因素，最后导致风险事件发生，引起损失。这类风险一旦发生

只能采取自留方式解决。

③ 风险评价失误。在风险评价中，评价方法不当，造成风险衡量的结果出现误差，原本较高的风险被评价得出较低的风险量，结果将不该忽略的风险忽略了。

④ 风险决策延误。在风险识别和风险评价均正确的情况下，可能由于迟迟没有做出相应的风险对策决策，而某些风险已经发生，使得原本不会自留的风险成为自留风险。

⑤ 风险决策实施延误。风险决策实施延误一般有两种情况：一种是主观原因，风险决策已制定，但是迟迟没有行动；另一种是客观原因，比如说采取保险或者担保形式转移风险，合同谈判需要时间，合同生效需要条件，在这些都尚未完成时，风险已经发生，成了事实上的风险自留。

事实上，对于大型、复杂建设工程项目，不可能识别所有的风险，从某种意义上来说，非计划性风险自留无可厚非，因而也是一种适用的风险处理对策。尽管如此，作为风险管理人员，应当尽量采用有效的风险识别、评价方法，及时发现风险并作出风险对策付诸实施，以避免被迫承担较大的工程风险。

(2) 计划性风险自留。

计划性风险自留是一种重要的风险管理手段，它是风险管理者经过正常的识别、评价意识到了风险的存在，估计到了该风险造成的期望损失，决定以其内部的资源(自有资金、借入资金等)，来对损失加以弥补的措施。因此这种自留是风险管理人员主动的、有意识的、有计划的自留。

2. 风险自留的条件

计划性风险自留，至少应当符合以下条件之一。

(1) 自留风险损失费用低于保险公司所收取的保险费用。

(2) 损失可以准确地预测，企业的期望损失低于保险人的估计；也就是说，企业认为保险公司将纯保费定得过高，不投保可以节省一部分纯保费。

(3) 企业的最大潜在或期望风险最小。

(4) 短期内企业有承受最大潜在或期望损失的经济能力。

(5) 投资机会较好。

(6) 内部服务或非保险人服务优良。

3. 损失支付方式

计划性风险自留应预先制定损失支付计划，常见的损失支付方式有以下几种。

(1) 设立风险准备金。

这是一项专门设立的基金，它的目的就是为了在损失发生之后，能够提供足够的流动性来抵补损失。风险准备基金的建立可以采取一次性转移一笔资金的方式，也可以采取定期注入资金长期积累的方式。

(2) 设立非基金储备。

这种方式是设立一定数量的备用金，但其用途并不是专门针对自留的风险，也应对其他原因引起的额外费用支出。

(3) 将损失摊入经营成本。

采用这种方式时，在财务上对风险自留并没有做出特别安排，损失发生后，公司只是简单地承受这种损失，将损失计入当期损益，摊入经营成本。这类风险发生会造成项目效益下降，一般适合于企业中发生频率高但损失程度小的风险。因为这种方法不能体现出"计划性"，一般非计划性风险自留采用该方法。

(4) 借入资金。

企业准备在发生损失后以借入资金来弥补损失。企业借入资金的渠道主要有母公司、公司其他子公司、银行等，这要求企业的财务能力比较雄厚、信用好，能在危机的情况下筹到借款。

4.4.4 风险转移

1. 风险转移概念

风险转移指建设工程中的一方有意识地将自己不能承担或者不愿意承担的全部或部分风险转移给他人所采取的各种措施的综合，是建设工程风险管理中非常重要而且广泛应用的一项对策。在一项建设工程中，特别是个性项目中，如果完全由业主承担所有风险(项目决策、设计、原材料购买、施工等)，那么他所承担的风险非常巨大，将来或难以承担，所以任何一种风险应由最合适承担该风险或最有能力进行损失控制的一方承担，比如项目决策风险应由业主方承担、设计风险应由设计单位承担，材料运输风险应由材料供应方承担，施工技术风险应由施工单位承担等。

2. 风险转移的类型

建设工程中常见的风险转移类型分非保险转移和保险转移两种。

(1) 非保险转移。

非保险转移又称合同转移，是建设工程的一方将工程风险通过合同的形式转嫁给另一方，其主要形式有总承包合同、分包合同、担保合同等。例如，业主与施工单位签订合同，双方可以根据合同规定进行索赔，转移风险；总包单位可以将专业性较强的工程通过分包合同的方式将工程部分风险转移给分包公司。

(2) 保险转移。

保险转移是指通过订立保险合同，将风险转移给保险公司。在面临风险的时候，可以向保险人交纳一定的保险费，将风险转移，一旦预期风险发生并且造成了损失，则保险人必须在合同规定的责任范围内进行经济赔偿。在建设工程中，常见的险种有"建筑工程一切险"、"安装工程一切险"等，通过购买保险，业主或承包商将作为投保人将本应该自己承担的风险(包括第三方)转移给保险公司，从而减少或者免于自己承担损失。保险转移是风险转移的重要方法之一，建设工程保险有以下特点：

① 工程保险承保的风险具有特殊性。首先，工程保险既承保被保险人财产损失的风险，同时还承保被保险人的责任风险。其次，承保的风险标的中大部分处于裸露于风险中，对

于抵御风险的能力大大低于普通财产保险的标的。最后，工程在施工工程中始终处于一种动态的过程，各种风险因素错综复杂，使风险程度加大。

② 工程保险的保障具有综合性。工程保险针对承保风险的特殊性提供的保障具有综合性，工程保险的主责任范围，一般由物质损失部分和第三者责任部分构成。同时，工程保险还可以针对工程项目风险的具体情况提供运输过程中、工地外储存过程中、保证期过程中等各类风险的专门保障。

③ 工程保险的被保险人具有广泛性。由于工程建设过程中的复杂性，可能涉及的当事人和关系方较多，包括业主、主承包商、分包商、设备供应商、设计商、技术顾问、工程监理等，他们均可能对工程项目拥有保险利益，成为被保险人。

④ 工程保险的保险期限具有不确定性。工程保险的保险期限一般是根据工期确定的，往往是几年，甚至十几年。与普通财产保险不同的是，工程保险保险期限的起止点也不是确定的具体日期，而是根据保险单的规定和工程的具体情况确定的。为此，工程保险采用的是工期费率，而不是年度费率。

⑤ 工程保险的保险金额具有变动性。工程保险的保险金额，在保险期限内是随着工程建设的程度不断增长的。所以，在保险期限内的任何一个时点，保险金额是不同的。

根据我国法律规定，监理单位不能将所承担的监理项目转包或者分包，所以监理单位可选择购买保险方式将风险转移给保险公司，但是作为监理单位不能因为工程参与的保险而放松风险管理，导致风险发生、损失扩大，因为保险有限额、限期、免责条款等诸多规定。

4.4.5 风险对策决策过程

风险管理人员在选择风险对策时，要根据建设工程的自身特点，从系统的观点出发，从整体上考虑风险管理的思路和步骤，从而制定一个与建设工程总体目标相一致的风险管理原则。这种原则需要指出风险管理各基本对策之间的联系，为风险管理人员进行风险对策决策提供参考。

4.5 典型案例分析

4.5.1 案例 1

案例背景

某联合体承建非洲公路项目

我国某工程联合体(某央企+某省公司)在承建非洲某公路项目时，由于风险管理不当，造成工程严重拖期，亏损严重，同时也影响了中国承包商的声誉。该项目业主是该非洲国政府工程和能源部，出资方为非洲开发银行和该国政府，项目监理是英国某监理公司。在项目实施的 4 年多时间里，中方遇到了极大的困难，尽管投入了大量的人力、物力，但由于种种原因，合同于 2005 年 7 月到期后，实物工程量只完成了 35%。2005 年 8 月，项目业主和监理工程师不顾中方的反对，单方面启动了延期罚款，金额每天高达 5000 美元。为了防止国有资产的进一步流失，维护国家和企业的利益，中方承包商在我国驻该国大使馆和经商处的指导和支持下，积极开展外交活动。2006 年 2 月，业主致函我方承包商同意延长 3 年工期，不再进行工期罚款，条件是中方必须出具由当地银行开具的约 1145 万美元的无条件履约保函。由于保函金额过大，又无任何合同依据，且业主未对涉及工程实施的重大问题做出回复，为了保证公司资金安全，维护我方利益，中方不同意出具该保函，而用中国银行出具的 400 万美元的保函来代替。但是，由于政府对该项目的干预往往得不到项目业主的认可，2006 年 3 月，业主在监理工程师和律师的怂恿下，不顾政府高层的调解，无视中方对继续实施本合同所做出的种种努力，以中方不能提供所要求的 1145 万美元履约保函的名义，致函终止了与中方公司的合同。针对这种情况，中方公司积极采取措施并委托律师，争取安全、妥善、有秩序地处理好善后事宜，力争把损失降至最低，但无论如何努力，这无疑已经是一个失败的工程了。

该项目的风险主要有：

外部风险：项目所在地土地全部为私有，土地征用程序及纠纷问题极其复杂，地主阻工的事件经常发生，当地工会组织活动活跃；当地天气条件恶劣，可施工日很少，一年只有 1/3 的可施工日；该国政府对环保有特殊规定，任何取土采沙场和采石场的使用都必须事先进行相关环保评估并最终获得批准方可使用，而政府机构办事效率极低，这些都给项目的实施带来了不小的困难。

承包商自身风险：在陌生的环境特别是当地恶劣的天气条件下，中方的施工、管理、人员和工程技术等不能适应该项目的实施。在项目实施之前，尽管中方公司从投标到中标的过程还算顺利，但是其间蕴藏了很大的风险。

业主委托一家对当地情况十分熟悉的英国监理公司起草该合同。该监理公司根据非常熟悉当地情况，将合同中几乎所有可能存在的对业主的风险全部转嫁给了承包商，包括雨季计算公式、料场情况、征地情况。中方公司在招投标前期做的工作不够充分，对招标文件的熟悉和研究不够深入，现场考察也未能做好，对项目风险的认识不足，低估了项目的难度和复杂性，对可能造成工期严重延误的风险并未做出有效的预测和预防，造成了投标失误，给项目的最终失败埋下了隐患。

随着项目的实施，该承包商也采取了一系列的措施，在一定程度上推动了项目的进展，但由于前期的风险识别和分析不足以及一些客观原因，这一系列措施并没有收到预期的效果。特别是由于合同条款先天就对中方承包商极其不利，造成了中方索赔工作成效甚微。

另外，在项目执行过程中，由于中方内部管理不善，野蛮使用设备，没有建立质量管理保证体系，现场人员素质不能满足项目的需要，现场的组织管理沿用国内模式，不适合该国的实际情况，对项目质量也产生了一定的影响。这一切都造成项目进度仍然严重滞后，成本大大超支，工程质量也不如人意。

该项目由某央企工程公司和省工程公司双方五五出资参与合作，项目组主要由该省公司人员组成。项目初期，设备、人员配置不到位，部分设备选型错误，中方人员低估了项目的复杂性和难度，当项目出现问题时又过于强调客观理由。现场人员素质不能满足项目的需要，现场的组织管理沿用国内模式。在一个以道路施工为主的工程项目中，道路工程师却严重不足甚至缺位，所造成的影响是可想而知的。在项目实施的 4 年间，中方竟 3 次调换办事处总经理和现场项目经理。在项目的后期，由于项目举步维艰，加上业主启动了惩罚程序，这对原本亏损巨大的该项目雪上加霜，项目组织也未采取积极措施稳定军心。由于看不到希望，现场中外职工情绪不稳定，人心涣散，许多职工纷纷要求回国，当地劳工纷纷辞职，这对项目也产生了不小的负面影响。

案例问题

分析国际工程项目的主要风险。

案例分析

国际工程项目的风险主要可以分为以下几种。

(1) 政治风险：政局的稳定性、与邻国的关系、民俗风情、宗教信仰。

(2) 经济风险：金融风险、外汇汇率通货膨胀、工资提高、物价上涨，社会各种摊派和征费。

(3) 法律风险：法律法规。

(4) 自然风险：地理环境、气候条件、地质风险、水源电源等。

另外，项目各参与方的基本情况也是风险分析的主要因素。

参考答案

尽管该项目有许多不利的客观因素：自然环境恶劣、法律法规差异较大、不熟悉项目参与方基本情况等，但是项目失败的主要原因还是在于承包商的失误，而这些失误主要还是源于前期工作做得不够充分，特别是风险识别、分析管理过程不够科学。尽管在国际工程承包中价格因素极为重要而且由市场决定，但是承包商风险管理的好坏直接关系到企业的盈亏。

4.5.2 案例 2

案例背景

"莲花河畔景苑"楼倒塌

2009 年 6 月 27 日 5 时 30 分，上海市闵行区莲花南路"莲花河畔景苑"7 号楼整体倒塌楼体倒覆事件，造成直接经济损失 1946 万余元，1 人死亡。

调查发现，导致本次事故的直接原因是紧贴 7 号楼北侧，在短期内堆土过高，最高处达 10m 左右；与此同时，紧邻大楼南侧的地下车库基坑正在开挖，开挖深度 4.6m，大楼两侧的压力差使土体产生水平位移，过大的水平力超过了桩基的抗侧能力，导致房屋倾倒。

在随后的调查中发现， 2006 年 8 月，上海梅都地产公司(项目开发商，以下简称梅都公司)与上海众欣建筑公司(以下简称众欣公司)签订《建设工程施工合同》，由众欣公司承建梅都"莲花河畔景苑"房地产项目。同年 9 月，梅都公司与上海市光启监理公司(以下简称光启公司)签订"莲花河畔景苑"《建设工程委托监理合同》，委托光启公司为工程监理单位。2006 年 10 月，梅都公司取得上述房地产项目的《建筑工程施工许可证》并开始施工。其间，梅都公司法定代表人张志琴指派秦永林任"莲花河畔景苑"项目负责人，管理现场施工事宜；众欣公司法人张耀杰指派夏建刚任"莲花河畔景苑"施工现场安全、防火工作负责人，指派陆卫英(挂靠项目经理)任"莲花河畔景苑"二标段项目经理；光启公司指派乔磊任"莲花河畔景苑"的工程总监理。

2008 年 11 月，"莲花河畔景苑"项目负责人秦永林接受张志琴指令，将"莲花河畔景苑"项目的地下车库分包给不具备开挖土方资质的张耀雄进行开挖。秦永林及张志琴为便于土方回填及绿化用土，指使张耀雄将其中的 12 号地下车库开挖出的土方堆放在 7 号楼北侧等处。2009 年 6 月，秦永林及张志琴为赶工程进度，在未进行天然地基承载力计算的情况下，仍指使张耀雄开挖该项目 0 号地下车库的土方，并将土方继续堆放在 7 号楼北侧等处，堆高最高达 10m。最终导致 7 号楼两侧压力差使土体发生水平位移，大楼整体倒塌楼体倒覆。

经审判，2010 年 2 月 11 日下午，上海市闵行区人民法院对"莲花河畔景苑"倒楼案 6 名被告人作出一审判决，分别以重大责任事故罪判处秦永林有期徒刑 5 年、张耀杰有期徒刑 5 年、夏建刚有期徒刑 4 年、陆卫英有期徒刑 3 年、张耀雄有期徒刑 4 年、乔磊有期徒刑 3 年。另外，对梅陇镇镇长助理阙敬德，梅都公司法定代表人张志琴另行立案调查。

案例问题

简述该工程存在的主要风险。

案例分析

该工程事故发生后，在全国范围内引起极大的反响，并引起社会广泛关注，从事故经过得出，该工程存在分包单位资质不够，施工单位管理不到位，施工方案不合理等风险因素。

参考答案

风险 1：违法分包。项目负责人秦永林，将"莲花河畔景苑"项目的地下车库分包给不具备开挖土方资质的张耀雄进行开挖。给工程施工带来很大的隐患，这也是土方开发施工方案不合理，直接导致事故发生的原因。

风险 2：违法挂靠。众欣公司法人张耀杰指派陆卫英(挂靠项目经理)任"莲花河畔景苑"二标段项目经理，但是该项目经理基本上没有对工程进行管理，这也使得项目实施中缺失一个经验丰富的项目经理，对项目实行统筹管理。

风险 3：业主干预，在项目实施中，业主直接指挥土方开挖，另据案件审理中监理工程师介绍，业主方对监理方发现的土方堆放存在的风险问题置之不理，造成工程事故。

本 章 练 习

一、单项选择题

1. 承包商要求业主提供履约担保，采用的是( )风险对策。
   A. 风险回避 　　B. 损失控制 　　C. 保险转移 　　D. 非保险转移

2. 建设工程风险识别是由若干工作构成的过程，最终形成的成果是( )。
   A. 建立建设工程风险清单 　　　　B. 识别建设工程风险因素
   C. 建设工程风险分解 　　　　　　D. 识别建设工程风险事件及后果

3. 风险指的是损失的( )。
   A. 不确定性 　　B. 可预测性 　　C. 确定性 　　D. 不可预测性

4. 不同等风险量曲线所表示的风险量大小与其风险坐标原点的距离( )。
   A. 成正比 　　B. 成反比 　　C. 无关 　　D. 没有规律可循

5. 下列可能造成第三者责任损失的是( )。
   A. 投资风险与进度风险 　　　　　B. 进度风险与质量风险
   C. 质量风险与安全风险 　　　　　D. 安全风险与投资风险

二、多项选择题

1. 导致非计划性风险自留的主要愿意有( )。
   A. 过度强化风险意识 　　　　　　B. 风险识别失误
   C. 风险评价失误 　　　　　　　　D. 风险决策延误
   E. 风险决策实施延误

2. 建设工程风险中，属于经济风险的典型事件是( )。
   A. 通货膨胀 　　　　　　　　　　B. 发生台风
   C. 工程所在国发生战乱 　　　　　D. 钢材价格上涨
   E. 发生合同纠纷

3. 建设工程风险评价的主要工作内容包括( )。
   A. 进行风险衡量 　　　　　　　　B. 确定风险量
   C. 制定风险管理方案 　　　　　　D. 分析存在风险因素
   E. 进行建设工程投保或担保

4. 在建设工程风险事件发生后，风险管理的目标有( )。
   A. 使实际损失最小 　　　　　　　B. 使潜在损失最小
   C. 减少忧虑 　　　　　　　　　　D. 恢复工程正常秩序
   E. 减少其他风险因素

5. 在建设工程风险损失中，质量风险所导致的损失有( )。
   A. 造成工期延误的损失

B. 为恢复建设工程正常实施所发生的费用

C. 永久性缺陷使建设工程使用造成的损失

D. 延期投入使用的收入损失

E. 复位纠偏、加固补强等补救措施和返工的费用

三、案例分析

1. 案例分析 1

案例背景

2009 年 2 月 9 日晚 21 时许，在建的央视新台址园区文化中心发生特大火灾事故，大火持续 6 小时。火灾造成救援消防队员张建勇牺牲，6 名消防队员和 2 名施工人员受伤，建筑物过火、过烟面积 21333m²，其中过火面积 8490m²，造成直接经济损失 16383 万元。

中央电视台新台址建设办公室自 2005 年向中国人保财险陆续投保了建工一切险、施工设备财产险、雇主责任险等险种。此次受灾的中央电视台新址附属文化中心大楼由中国人保财险下辖北京朝阳支公司出单独家承保，险种为建筑工程一切险，保险金额为 15.32 亿元，保险期限自 2005 年 4 月 30 日起至 2009 年 6 月 30 日止。

案例问题

(1) 该工程可能存在的风险有哪些？

(2) 工程采取的风险对策属于哪种？该种方法有何特点？

2. 案例分析 2

案例背景

2008 年 11 月 15 日 15 时 20 分，杭州市地铁 1 号线湘湖站基坑工程发生塌陷事故，基坑钢支撑崩坏，地下连续墙变形断裂，基坑内外土体滑裂。造成基坑西侧路面长约 100m、宽约 50m 的区域塌陷，下陷最大深度达 6m，自来水管、排污管断裂，大量污水涌出，同时东侧河水及淤泥向施工塌陷地点溃泻，导致施工塌陷区域逐渐被泥水淹没。事故造成在西侧路面行驶的 11 辆汽车下沉陷落(车上人员 2 人轻伤，其余人员安全脱险)，在基坑内进行挖土和底板钢筋作业的施工人员 17 人死亡、4 人失踪。

案例问题

近几年我国地铁施工安全事故多有发生，试分析地铁施工项目存在的主要风险？可以采取哪些措施应对风险？

第5章 建设工程监理组织

【学习要点及目标】

◆ 掌握监理模式；监理实施程序；建立项目监理机构的步骤；项目监理机构的组织形式、人员配备及职责分工。

◆ 熟悉组织机构活动基本原理；平行承发包模式；设计或施工总分包模式；组织协调的工作内容；组织协调的方法。

◆ 了解项目总承包管理模式；组织协调概念、原则、范围及层次。

建设工程监理组织是全书的重点。组织管理模式、委托模式是其中重要内容，对建设工程的规划、控制、协调起着重要的作用，项目监理机构是在实施建设工程监理之前，应根据委托监理合同规定的服务内容、服务期限、工程类别、规模、技术复杂程度、工程环境等因素建立项目监理机构；建设工程监理目标的实现不仅需要有效的监理机构，而且需要极强的组织协调能力。

5.1 组织的基本原理

组织是管理中的一项重要职能。建立精干、高效的项目监理机构，是实现建设工程监理目标的前提条件。因此，组织的基本原理是监理工程师必备的理论知识。

组织理论的内容包括：组织结构学和组织行为学。组织结构学侧重于组织的静态研究，即组织是什么？研究目的是建立一种精干、合理、高效的组织结构；组织行为学则侧重组织的动态研究，即组织如何才能够达到其最佳效果，其研究目的是建立良好的组织关系。本节重点介绍组织结构学部分。

5.1.1 组织和组织结构

1. 组织

组织是指为了达到一定目标，运用组织所赋予的权利，对所需的资源进行合理配置，以有效地实现组织目标的过程。另一种含义是按照一定的体制、部门设置、层次划分及职责分工而构成的有机体。从这两种含义可以看出组织有 3 层含义：

(1) 目标是组织存在的前提。

(2) 没有分工与协作就不是组织。

(3) 没有不同层次的权力和责任制度就不能实现组织活动和组织目标。

作为生产要素之一，组织有以下特点：其他要素可以相互替代，如机器设备可以替代劳动力，而组织不能替代其他要素，也不能被其他要素所替代。但是，组织可以使其他要素合理配合而增值，即可以提高其他要素的使用效益。随着现代化社会大生产的发展以及其他生产要素复杂程度的提高，组织在提高经济效益方面的作用也日益显著。

2. 组织结构

组织是由人员、职位、关系、信息等组织结构要素构成的，其中各个职位与工作部门就相当于一个个节点，各节点之间的有机联系，就构成了组织结构。组织结构就是系统内部组成及其相互关系的框架，具体地说，就是根据组织系统的目标与任务，将组织划分成了若干层次及等级的子系统，并进一步确定各层次中的各个职位及相互关系。具体来讲有以下几个方面。

(1) 组织结构与职权的关系。

组织结构与职权之间存在着一种直接的相互关系，因为组织结构与职位以及职位间关系的确立密切相关，因而组织结构为职权关系提供了一定的格局。组织中的职权指的就是组织中成员间的关系，而不是某一个人的权利大小。职权就是合法地行使某一职位的权力，而且必须是下级服从上级。

(2) 组织结构与职责的关系。

组织结构与组织中各部门、各成员职责的分派直接相关。在组织中，只要有职位就有职权，而只要有职权也就有职责。组织结构为职责的分配和确定奠定了基础，而组织的管理则是以机构人员职责的分派和确定为基础的，利用组织结构可以评价组织各个成员的功绩与过错，从而使组织中的各项活动有效地开展起来。

(3) 组织结构图。

组织结构图是组织结构简化了的抽象模型，反映一个组织系统中各组成部门(组成元素)之间的组织关系(指令关系)。

5.1.2　组织设计

组织设计就是对组织活动和组织结构的设计过程，有效的组织设计在提高组织活动效能方面起着重大的作用。组织设计有以下要点：①组织设计是管理者在系统中建立最有效相互关系的一种合理化的、有意识的过程；②该过程既要考虑系统的外部要素，又要考虑系统的内部要素；③组织设计的结果是形成组织结构。

1．组织构成因素

组织构成一般是上小下大的形式，由管理层次、管理跨度、管理部门、管理职能四大因素组成。各因素密切相关、相互制约。

(1) 管理层次。

管理层次是指从管理组织的最高管理者到最基层的实际工作人员之间的分级管理的不同管理层次。

整个组织按从上到下的顺序通常分为决策层、协调层、执行层、操作层。决策层是指管理目标与计划的制订者阶层。它必须精干、高效；协调层是决策层的重要参谋，起咨询职能；执行层的任务是直接调动和组织人力、财力、物力等具体活动内容，其人员应有实干精神并能坚决贯彻管理指令；操作层的任务是从事操作和完成具体任务，其人员应有熟练的作业技能。这几个层次的职能和要求不同，标志着不同的职责和权限，同时也反映出组织机构中的人数变化规律。

组织的最高管理者到最基层实际工作人员权责逐层递减，而人数却逐层递增。

如果组织缺乏足够的管理层将使其运行陷于无序的状态。因此，组织必须形成必要的管理层次。不过，管理层次也不宜过多，否则会造成资源和人力的浪费，也会使信息传递慢、指令走样、协调困难。

(2) 管理跨度。

管理跨度又称为管理幅度，是指一名上级管理人员所直接管理的下级人员的数量。一名管理者直接领导多少人才能保证管理是最有效，是管理跨度的问题。在组织中，某级管理人员的管理跨度的大小直接取决于这一级管理人员所需要协调的工作量。管理跨度越大，领导者需要协调的工作量越大，管理难度也就越大。因此，为了使组织能够高效地运行，必须确定合理的管理跨度。

管理跨度的大小受很多因素影响，它与管理人员性格、才能、个人精力、授权程度以及被管理者的素质有关。此外，还与职能的难易程度、工作的相似程度、工作制度和程序等客观因素有关。确定适当的管理跨度，需积累经验并在实践中进行必要的调整。

(3) 管理部门。

组织中各部门的合理划分对发挥组织效应是十分重要的。部门过多会造成资源浪费和工作效率低下，部门太少则会造成部门内事务太多、部门管理困难等问题。管理部门的划分要根据组织目标与工作内容确定，形成既有相互分工又有相互配合的组织机构。

(4) 管理职能。

组织设计确定各部门的职能，应使纵向的领导、检查指挥灵活，达到指令传递快、信息反馈及时；使横向各部门间相互联系、协调一致，使各部门有职有责、尽职尽责。

2. 组织设计原则

项目监理机构的组织设计一般需考虑以下几项基本原则。

(1) 集权与分权统一的原则。

在任何组织中都不存在绝对的集权和分权。在项目监理机构设计中，集权就是总监理工程师掌握所有监理大权，各专业监理工程师只是其命令的执行者；分权是指在总监理工程师的授权下，各专业监理工程师在各自管理的范围内有足够的决策权，总监理工程师主要起协调作用。

项目监理机构是采取集权形式还是分权形式，要根据建设工程的特点，监理工作的重要性，总监理工程师的能力、精力及各专业监理工程师的工作经验、工作能力、工作态度等因素进行综合考虑。

(2) 专业分工与协作统一的原则。

对于项目监理机构来说，分工就是将监理目标，特别是投资控制、进度控制、质量控制三大目标分成各部门以及各监理工作人员的目标、任务，明确干什么？怎么干？在分工中特别要注意：尽可能按照专业化的要求来设置组织机构；工作上要有严密分工，每个人所承担的工作，应力求达到较熟悉的程度。注意分工的经济效益。

在组织机构中还必须强调协作。协作就是明确组织机构内部各部门之间和各部门内部的协调关系与配合方法。在协作中一方面应该特别注意主动协作。要明确各部门之间的工作关系，找出易出矛盾点，加以协调。另一方面有具体可行的协作配合办法。对协作中的各项关系，应逐步规范化、程序化。

(3) 管理跨度与管理层次统一的原则。

在组织机构的设计过程中，管理跨度与管理层次成反比例关系。这就是说，当组织机构中的人数一定时，如果管理跨度大，管理层次就可以适当减少；反之，如果管理跨度缩小，管理层次肯定就会增多。一般来说，项目监理机构的设计过程中，应该在通盘考虑影响管理跨度的各种因素后，在实际运用中根据具体情况确定管理层次。

(4) 权责一致的原则。

在项目监理机构中应明确划分职责、权力范围，做到责任和权力相一致。从组织结构的规律来看，一定的人总是在一定的岗位上担任一定的职务，这样就产生了与岗位职务相适应的权力和责任，只有做到有职、有权、有责，才能使组织机构正常运行。由此可见，组织的权责是相对预定的岗位职务来说的，不同的岗位职务应有不同的权责。权责不一致对组织的效能损害是很大的。权大于责就容易滋生瞎指挥、滥用权力的官僚主义；责大于权就会影响管理人员的积极性、主动性、创造性，使组织缺乏活力。

(5) 才职相称的原则。

每项工作都应该确定为完成该工作所需要的专业技能。可以对每个人的学历与经历进行测验及面谈等，了解其知识、经验、才能、兴趣等，并进行评审比较。职务设计和人员评审都可以采用科学的方法，使个人现有的和可能有的才能与其职务上的要求相适应，做到才职相称，人尽其才，才得其用，用得其所。

(6) 经济效率原则。

项目监理机构设计必须将经济性和高效率放在重要地位。组织结构中的每个部门、每个人为了一个统一的目标，应组合成最适宜的结构形式，实行最有效的内部协调，使事情办得简洁而正确，减少重复和扯皮。

(7) 弹性原则。

组织机构既要有相对的稳定性，不要总是轻易变动，又要随组织内部和外部条件的变化，根据长远目标作出相应的调整与变化，使组织机构具有一定的适应性。

5.1.3　组织机构活动基本原理

组织机构的目标必须通过组织机构活动来实现。组织活动应遵循以下基本原理。

1．要素有用性原理

一个组织机构中的基本要素有人力、物力、财力、信息、时间等。根据各要素作用的大小、主次、好坏进行合理安排、组合和使用，充分发挥各要素的作用，做到人尽其才、财尽其利、物尽其用，尽最大的可能提高各要素的有用率。

一切要素都有作用，但作用又不尽相同。例如，同样是监理工程师，由于专业、知识、能力、经验等水平的差异，所起的作用也就不同。因此，管理者在组织活动过程中不但要看到一切要素都有作用，还要具体分析各要素的特殊性，以便充分发挥每一要素的作用。

2．动态相关性原理

组织机构处在静止状态是相对的，处在运动状态则是绝对的，组织机构内部各要素之间既相互联系又相互制约；既相互依存又相互排斥，这种相互作用推动组织活动的进行与发展。这种相互作用的因子，叫作相关因子。充分发挥相关因子的作用，可以发生质变。一加一可以等于二，也可以大于二，还可以小于二。整体效应不等于其各局部效应的简单相加，这就是动态相关性原理。组织管理者的重要任务就在于使组织机构活动的整体效应大于其局部效应之和；否则，组织就失去了存在的意义。

3．主观能动性原理

人和宇宙中的各种事物，运动是其共有的根本属性，它们都是客观存在的物质，不同的是，人是有生命、有思想、有感情、有创造力的。人会制造工具，并使用工具进行劳动；在劳动中改造世界，同时也改造自己；能继承并在劳动中运用和发展前人的知识。人是生产力中最活跃的因素，组织管理者的重大任务就是要把人的主观能动性发展出来。

4．规律效应性原理

组织管理者在管理过程中要掌握规律，按规律办事，把注意力放在抓事物内部的、本质的、必然的联系上，以达到预期的目标，取得良好效应。规律与效应的关系非常密切，一个成功的管理者懂得只有努力揭示规律，才有取得效应的可能，而要取得好的效应，就要主动研究规律，坚决按规律办事。

5.2　建设工程组织管理基本模式

建设工程组织管理模式对建设工程的规划、控制、协调起着重要作用。不同的组织管理模式有不同的合同体系和管理特点。本节介绍建设工程组织管理的基本模式。

5.2.1　平行承发包模式

1．平行承发包模式特点

平行承发包是指业主将建设工程的设计、施工以及材料设备采购的任务经过分解分别发包给若干个设计单位、施工单位和材料设备供应单位，并分别与各方签订合同。这种模式是 20 世纪工程承发包的主体。我国的业主、承发包和设计单位都适应这种承发包方式。各设计单位、施工单位、材料设备供应单位之间的关系均是平行的，如图 5.1 所示。

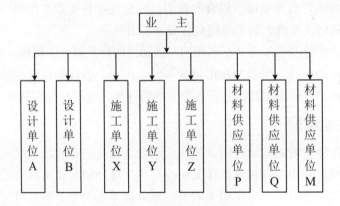

图 5.1　平行承发包模式

采用平行承发包模式首先应合理地进行工程建设任务的分解，然后进行分类综合，确定每个合同的发包内容，以便选择适当的承建单位。

(1) 工程情况。

建设工程的性质、规模、结构等是决定合同数量和内容的重要因素。规模大、范围广、专业单一的建设工程合同数量多。建设工程实施时间的长短、计划的安排也对合同数量有影响。例如，对分期建设的两个以上单项工程，就可以考虑分成两个以上合同分别发包。

(2) 市场情况。

首先，由于各类承建单位的专业性质、规模大小在不同市场的分布状况不同，建设工程的分解发包应力求使其与市场结构相适应。其次，合同任务和内容要对市场具有吸引力。中小合同对中小型承建单位有吸引力，又不妨碍大型承建单位参与竞争。另外，还应按市场惯例做法、市场范围和有关规定来决定合同内容和大小。

(3) 贷款协议要求。

对两个以上贷款人的情况，可能贷款人对贷款使用范围、承包人资格等有不同要求，因此，需要在确定合同结构时予以考虑。

2．平行承发包模式的优、缺点

(1) 优点。

① 有利于缩短工期。由于设计和施工任务经过分解分别发包，设计阶段与施工阶段有可能形成搭接关系，从而缩短整个建设工程工期。

② 有利于质量控制。整个工程经过分解分别发包给各承建单位，合同约束与相互制约使每一部分能够较好地实现质量要求。如主体工程与装修工程分别由两个施工单位承包，当主体工程不合格时，装修单位是不会同意在不合格的主体工程上进行装修的，这相当于有了他人控制，比自己控制更有约束力。

③ 有利于业主选择承建单位。在大多数国家的建筑市场中，专业性强、规模小的承建单位一般占较大的比例。这种模式的合同内容比较单一、合同价值小、风险小，使它们有可能参与竞争。因此，无论是大型承建单位还是中小型承建单位都有机会竞争。业主选择承建单位范围很大，为提高择优性创造了条件。

(2) 缺点。

① 合同数量多，会造成合同管理困难。合同关系复杂，使建设工程系统内结合部位数量增加，组织协调工作量大。费用和时间的消耗就大，多数业主很难胜任这些工作，导致项目实施和管理效率的降低和工期的延长。因此，应加强合同管理的力度，加强各承建单位之间的横向协调工作，通过各种渠道沟通，使工程有条不紊地进行。

② 投资控制难度大。主要表现在：一是总合同价不易确定，影响投资控制实施；二是工程招标任务量大，需控制多项合同价格，增加了投资控制难度；三是在施工过程中设计变更和修改较多，导致投资增加。主要原因是项目各参与单位的目标不一致，通常设计按照工程总造价取费，施工承包商按照设计确定的工程量计价，造价的提高对他们都有好处。另一方面工程招标次数多和投标的单位多，会导致大量管理工作的浪费和无效投标，造成

社会资源的极大浪费，更容易产生腐败现象。

③ 各承包商、设计单位、供应商之间没有合同关系，他们分别与业主签订合同，向业主负责，从总体上缺少一个对工程的整体功能目标负责的承包商。业主面对的设计、施工、供应单位很多，工程责任分散和信息传递失真，而且各专业工程的设计和施工单位都会推卸界面上的责任。这是影响我国工程运行质量和效率的主要原因之一。

5.2.2　设计或施工总分包模式

1. 设计或施工总分包模式特点

设计或施工总分包是指业主将全部设计或施工任务发包给一个设计单位或一个施工单位作为总包，总包可以将其部分任务再分包给其他分包单位，形成一个设计总包合同或一个施工总包合同以及若干个分包合同的结构模式。图 5.2 是设计和施工均采用总分包模式的合同结构。

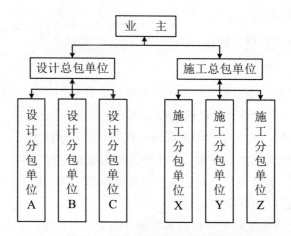

图 5.2　设计或施工总分包模式

2. 设计或施工总分包模式的优、缺点

(1) 优点。

① 有利于建设工程的组织管理。由于业主只与一个设计总包单位或一个施工总包单位签订合同，工程合同数量比平等承发包模式要少很多，有利于业主的合同管理，也使业主协调工作量减少，可发挥监理工程师与总包单位多层次协调的积极性。

② 有利于投资控制。总包合同价格可以较早确定，并且监理单位也易于控制。

③ 有利于质量控制。在质量方面，既有分包单位的自控，又有总包单位的监督，还有工程监理单位的检查认可，对质量控制有利。

④ 有利于工期控制。总包单位具有控制的积极性，分包单位之间也有相互制约的作用，有利于总体进度的协调控制，也有利于监理工程师控制进度。

(2) 缺点。

① 建设周期较长。在设计和施工均采用总分包模式时，由于设计图纸全部完成后才

能进行施工总包的招标，不仅设计阶段与施工阶段不能搭接，而且施工招标需要的时间也较长。

② 总包报价可能较高。对于规模较大的建设工程来说，通常只有大型承建、总包的资格和能力的单位才能参加，竞争相对不甚激烈。另外，对于分包出去的工程内容，总包单位都要在分包报价的基础上加收管理费和利润再向业主报价。

5.2.3　项目总承包模式

1. 项目总承包模式的特点

项目总承包模式是指业主将工程设计、施工、材料和设备采购等工作全部发包给一家承包公司，由其进行设计、施工和采购等工作，最后向业主交出一个已达到运用条件的工程。按这种模式发包的工程也称"交钥匙工程"。这种模式如图 5.3 所示。

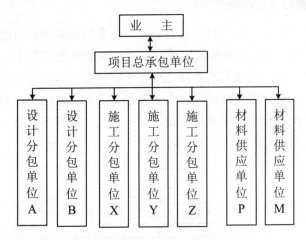

图 5.3　项目总承包模式

2. 项目总承包模式的优、缺点

(1) 优点。

① 合同关系简单，组织协调工作量小。业主只与项目总承包单位签订一个合同，合同关系大大简化。监理工程师主要与项目总承包单位进行协调。许多协调工作量转移到项目总承包单位内部及其与分包单位之间，这就使建设工程监理单位协调工作量大为减少。

② 缩短建设周期。由于设计与施工由一个单位统筹安排，使两个阶段能够有机地融合，一般都能做到设计阶段与施工阶段相互搭接，因此对进度目标控制有利。

③ 利于投资控制。通过设计与施工的统筹考虑可以提高项目的经济性，从价值工程或全寿命费用的角度可以取得明显的经济效果，但这并不意味着项目总承包的价格低。

④ 对业主来说，有一个对工程整体功能负责的总承包商。承包商对工程整体功能和运行责任加强，项目的责任体系明确且完备。各专业工程的设计、采购供应和施工的界面协调都由总承包商负责，工程中的责任盲区不存在，避免因设计、施工、采购等不协调造成

工期拖延、成本增加、质量事故，能有效地减少合同纠纷和索赔。

(2) 缺点。

① 招标发包工作难度大。合同条款不易准确确定，容易造成较多的合同争议。因此，虽然合同量最少，但是合同管理的难度一般较大。

② 业主择优选择承包方范围小。由于承包范围大、介入项目时间早、工程信息未知数多，因此承包方要承担较大的风险，而有此能力的承包单位数量相对较少，这往往导致竞争性降低，合同价格较高。

③ 质量控制难度大。质量标准和功能要求不易做到全面、具体、准确，质量控制标准制约性受到影响。另外，"他人控制"机制薄弱。

5.2.4　项目总承包管理模式

1. 项目总承包管理模式的特点

项目总承包管理是指业主将工程建设任务发包给专门从事项目组织管理的单位，再由它分包给若干设计、施工和材料设备供应单位，并在实施中进行项目管理。

项目总承包管理与项目总承包的不同之处在于：前者不直接进行设计与施工，没有自己的设计和施工力量，而是将承接的设计与施工任务全部分包出去，而专心致力于建设工程管理。后者有自己的设计、施工实体，是设计、施工、材料和设备采购的主要力量。项目总承包管理模式如图 5.4 所示。

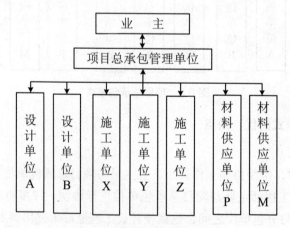

图 5.4　项目总承包管理模式

2. 项目总承包管理模式的优、缺点

(1) 优点。

合同关系简单，有利于组织协调，有利于进度控制。

(2) 缺点。

① 由于项目总承包管理单位与设计、施工单位是总包与分包关系，后者才是项目实施的基本力量，所以监理工程师对分包的确认工作就成了十分关键的问题。

② 项目总承包管理单位自身经济实力一般比较弱，而承担的风险相对较大，因此建设工程采用这种承发包模式应持慎重态度。

5.3　建设工程监理委托模式与实施程序

5.3.1　建设工程监理委托模式

建设工程监理委托模式的选择与建设工程组织管理模式关系密切，监理委托模式对建设规划、控制、协调起着重要作用。

1. 平行承发包模式条件下的监理委托模式

与建设工程平行承发包模式相适应的监理委托模式有以下两种主要形式：

(1) 业主委托一家监理单位监理。

这种监理委托模式是指业主只委托一家监理单位为其提供监理服务，如图 5.5 所示。这种委托模式要求被委托的监理单位应该具有较强的合同管理与组织协调能力，并能做好全面规划工作。监理单位的项目监理机构可以组建多个监理分支机构对各承建单位分别实施监理。在具体的监理过程中，项目总监理工程师应重点做好总体协调工作，加强横向联系，保证建设工程监理工作的有效运行。

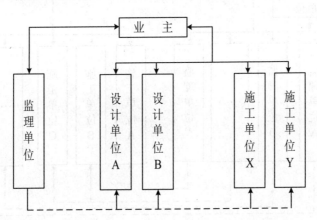

图 5.5　业主委托一家监理单位进行监理的模式

(2) 业主委托多家监理单位监理。

这种监理委托模式是指业主委托多家监理单位为其提供监理服务，如图 5.6 所示。采用这种委托模式，业主分别委托几家监理单位针对不同的承建单位实施监理。由于业主分别与多个监理单位签订委托监理合同，所以各监理单位之间的相互协作与配合需要业主进行协调。采用这种监理委托模式，监理单位的监理对象相对单一，便于管理。但整个工程的建设监理工作被肢解，各监理单位各负其责，缺少一个对建设工程进行总体规划与协调控制的监理单位。

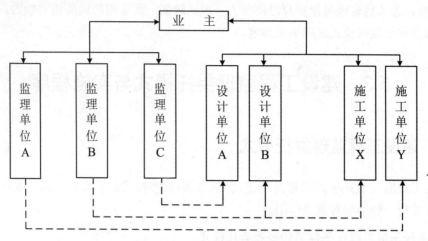

图 5.6　业主委托多家监理单位进行监理的模式

　　为了克服上述不足，在某些大、中型项目的监理实践中，业主首先委托一个"总监理工程师单位"总体负责建设工程的总规划和协调，再由业主和"总监理工程师单位"选择几家监理单位分别承担不同合同段的监理任务。在监理工作中，由"总监理工程师单位"负责协调、管理各监理单位的工作，大大减轻了业主的管理压力，形成图 5.7 所示的模式。

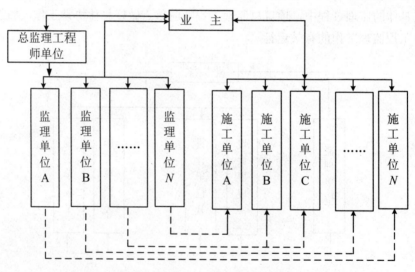

图 5.7　业主委托"总监理工程师单位"进行监理的模式

2. 设计或施工总分包模式条件下的监理委托模式

　　对设计或施工总分包模式，业主可以委托一家监理单位提供实施阶段全过程的监理服务(见图 5.8)，也可以按照设计阶段和施工阶段分别委托不同的监理单位(见图 5.9)。前者的优点是监理单位可以对设计阶段和施工阶段的工程投资、进度、质量控制统筹考虑，合理进行总体规划协调，同时监理工程师更好地掌握设计思路与设计意图，有利于施工阶段的监理工作。

　　虽然总承包单位对承包合同承担最终责任，但分包单位的资质、能力直接影响着工程质量、进度等目标的实现，所以在这种模式条件下，监理工程师必须做好对分包单位资质的审查、确认工作。

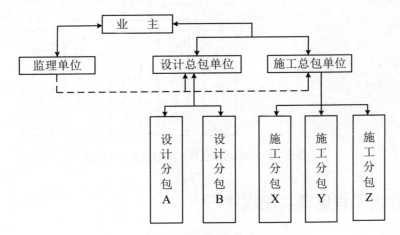

图 5.8　业主委托一家监理单位的模式

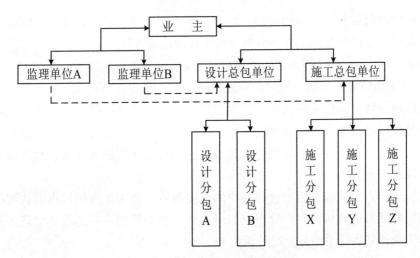

图 5.9　按阶段划分的监理委托模式

3．项目总承包模式条件下的监理委托模式

　　在项目总承包模式下，由于业主和总承包单位签订的是总承包合同，业主应委托一家监理单位提供监理服务，如图 5.10 所示。在这种模式条件下，监理工程师应具备较全面的知识，工作跨度大，重点做好合同管理工作。

4．项目总承包管理模式条件下的监理委托模式

　　在项目总承包管理模式下，业主应委托一家监理单位提供监理服务，这样可明确管理责任，便于监理工程师对项目总承包管理合同和项目总承包管理单位的活动进行监理。

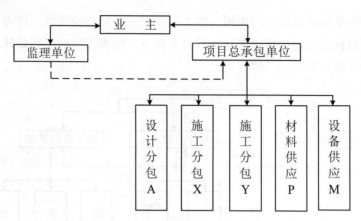

图 5.10　项目总承包模式下的监理委托模式

5.3.2　建设工程监理实施程序

1．确定项目总监理工程师、成立项目监理机构

监理单位应根据建设工程的规模、性质、业主对监理的要求，委派称职的人员担任项目总监理工程师，代表监理单位全面负责该工程的监理工作。

一般情况下，监理单位在承接工程监理任务时，参与工程监理的投标、拟定监理方案(大纲)以及与业主商签委托监理合同时，应选派称职的人员主持该项工作。在监理任务确定并签订委托监理合同后，该主持人即可作为项目总监理工程师。这样，项目的总监理工程师在承接任务阶段早已介入，从而更能了解业主的建设意图和对监理工作的要求，与后续工作能更好地衔接。总监理工程师是一个建设工程监理工作的总负责人，对内向监理单位负责，对外向业主负责。

监理机构的人员构成是监理投标书中的重要内容，业主在评标过程中认可的，总监理工程师在组建项目监理机构时，应根据监理大纲内容和监理合同的内容组建，并在监理规划和具体实施计划执行中进行及时的调整。

2．编制建设工程监理规划

建设工程监理规划是开展工程监理活动的纲领性文件，其内容将在后面章节中介绍。

3．制定各专业监理实施细则

在监理规划的指导下，为具体指导投资控制、质量控制、进度控制的进行，还需结合建设工程实际情况，制定相应的实施细则，有关内容将在后面章节介绍。

4．规范化地开展监理工作

监理工作的规范化体现在以下几个方面。

(1) 工作的时序性。这是指监理的各项工作都应按一定的逻辑顺序先后展开，从而使监理工作能达到目标而不致造成工作状态的无序和混乱。

（2）职责分工的严密性。建设工程监理工作是由不同专业、不同层次的专家群体共同来完成的，他们之间严密的职责分工是协调进行监理工作的前提和实现监理目标的重要保证。

（3）工作目标的确定性。在职责分工的基础上，每一项监理工作的具体目标都应是确定的，完成的时间也应有时限规定，从而能通过报表资料对监理工作及其效果进行检查和考核。

5．参与验收、签署建设工程监理意见

建设工程施工完成以后，监理单位应在正式交验前组织竣工预验收，在预验收中发现的问题，应及时与施工单位沟通，提出整改要求。监理单位应参加业主组织的工程竣工验收工作，签署监理单位意见。

6．向业主提交建设工程监理档案资料

建设工程监理工作完成后，监理单位向业主提交的监理档案资料应在委托监理合同文件中约定。不管在合同中是否作出明确规定，监理单位提交的资料应符合有关规范的要求，一般应包括设计变更、工程变更资料、监理指令性文件以及各种签证等档案资料。

7．监理工程总结

监理工作完成后，项目监理机构应及时进行监理工作总结。其一，向业主提交的监理工作总结，主要内容包括：委托监理任务或监理合同履行情况概述，监理组织机构、监理人员和监理设施的投入，监理任务或监理目标完成情况的评价，工程实施过程中存在的问题和处理情况，由业主提供的供监理活动使用的办公用房、车辆、试验设施等的清单，必要的工程图片，表明监理工作终结的说明等。其二，向监理单位提交的监理工作总结，其主要内容包括：①监理工作的经验，可以是采用某种监理技术、方法的经验，也可以是采用某种经济措施、组织措施的经验，以及委托监理合同执行方面的经验或如何处理好与业主、承包单位之间关系的经验等；②监理工作中存在的问题及改进的建议。

5.3.3　建设工程监理实施原则

监理单位受业主委托对建设工程实施监理时，应遵守以下基本原则。

1．公正、独立、自主的原则

监理工程师在建设工程监理中必须尊重科学、尊重事实，组织各方协同配合，维护有关各方的合法权益。为此，必须坚持公正、独立、自主的原则。业主与承建单位虽然都是独立运行的经济主体，但他们追求的经济目标有差异，监理工程师应在按合同约定的责、权、利基础上，协调双方的一致性。只有按合同的约定建成工程，业主才能实现投资的目的，承建单位也才能实现自己生产产品的价值，取得工程款和实现盈利。

2．权责一致的原则

监理工程师承担的职责应与业主授予的权限相一致。监理工程师的监理职权，依赖于

业主的授权。这种权力的授予，体现在业主与监理单位之间签订的委托监理合同之中，而且还应作为业主与承建单位之间建设工程合同的条件。因此，监理工程师在明确业主提出的监理目标和监理工作内容要求后，应与业主协商，就相应的授权达成共识后，明确反映在委托监理合同中及建设工程合同中。据此，监理工程师才能开展监理活动。

总监理工程师代表监理单位全面履行建设工程委托监理合同，承担合同中确定的监理方向业主方所承担的义务和责任。因此，在委托监理合同实施中，监理单位应给总监理工程师充分授权，体现权责一致的原则。

3．总监理工程师负责制的原则

总监理工程师是工程监理全部工作的负责人。要建立和健全总监理工程师负责制，就要明确责、权、利关系，健全项目监理机构，具有科学的运行制度、现代化的管理手段，形成以总监理工程师为首的高效能的决策指挥体系。

总监理工程师负责制的内涵包括以下几点。

(1) 总监理工程师是工程监理的责任主体。责任是总监理工程师负责制的核心，它构成了对总监理工程师的工作压力与动力，也是确定总监理工程师权力和利益的依据。所以总监理工程师向业主和监理单位承担责任。

(2) 总监理工程师是工程监理的权力主体。根据总监理工程师承担责任的要求，总监理工程师全面领导建设工程的监理工作，包括组建项目监理机构、组织编制监理规划、审批监理实施细则、组织工程竣工预验收、组织编写工程质量评估报告及参与工程竣工验收等活动。

4．严格监理、热情服务的原则

严格监理就是各级监理人员严格按照国家政策、法规、规范、标准和合同控制建设工程的目标，依照既定的程序和制度，认真履行职责，对承建单位进行严格监理。

监理工程师还应为业主提供热情的服务，应"运用合理的技能，谨慎地工作"。由于业主一般不熟悉建设工程管理与技术业务，监理工程师应按照委托监理合同的要求多方位、多层次地为业主提供良好的服务，维护业主的正当权益。但是，不能因此而一味向各承建单位转嫁风险，从而损害承建单位的正当经济利益。

5．综合效益的原则

建设工程监理活动既要考虑业主的经济效益，也必须考虑与社会效益和环境效益的有机统一。建设工程监理活动虽经业主的委托和授权才得以进行，但监理工程师应首先严格遵守国家的建设管理法律、法规、标准等，以高度负责的态度和责任感，既对业主负责，谋求最大的经济效益，又要对国家和社会负责，取得最佳的综合效益。只有在符合宏观经济效益、社会效益和环境效益的条件下，业主投资项目的微观经济效益才能得以实现。

5.4　项目监理机构

工程监理单位履行建设工程监理合同时，应在施工现场派驻项目监理机构。项目监理机构的组织形式和规模，应根据建设工程监理合同约定的服务内容、服务期限以及工程特点、规模、技术复杂程度、环境等因素确定。

5.4.1　建立项目监理机构的步骤

监理单位在组建项目监理机构时，一般按以下步骤进行：

1．确定项目监理机构目标

建设工程监理目标是项目监理机构建立的前提，项目监理机构的建立应根据委托监理合同中确定的监理目标，制定总目标，并划分监理机构的分解目标。

2．确定监理工作内容

根据监理目标和委托监理合同中规定的监理任务，明确列出监理工作内容，并进行分类归并及组合。监理工作的归并及组合应便于监理目标控制，并综合考虑监理工程的组织管理模式、工程结构特点、合同工期要求、工程复杂程度、工程管理及技术特点；还应考虑监理单位自身组织管理水平、管理人员数量、技术业务特点等。

如果建设工程进行实施阶段全过程监理，监理工作划分可按设计阶段和施工阶段分别归并和组合，如图 5.11 所示。

3．项目监理机构的组织结构设计

(1) 选择组织结构形式。

由于建设工程规模、性质、建设阶段等的不同，设计项目监理机构的组织结构时应选择适宜的组织结构形式。组织结构形式选择的基本原则是：有利于工程合同管理；有利于监理目标控制；有利于决策指挥；有利于信息沟通。

(2) 确定管理层次和管理跨度。

项目监理机构中一般应有 3 个层次。

① 决策层。由总监理工程师和其他助手组成，主要根据建设工程委托监理合同的要求和监理活动内容进行科学化、程序化决策与管理。

② 中间控制层(协调层和执行层)。由各专业监理工程师组成，具体负责监理规划的落实、监理目标控制及合同实施的管理。

③ 作业层(操作层)。主要由监理员、检查员等组成，具体负责监理活动的操作实施。项目监理机构中管理跨度的确定应考虑监理人员的素质、管理活动的复杂性和相似性、监理业务的标准化程度、各项规章制度的建立健全、建设工程的集中或分散情况等，按监理工作实际需要确定。

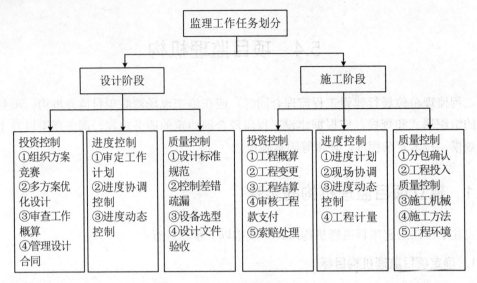

图 5.11　实施阶段监理工作划分

(3) 划分项目监理机构部门。

项目监理机构中合理划分各职能部门，应依据监理机构目标、可利用的人力和物力资源以及合同结构情况，将投资控制、进度控制、质量控制、合同管理、信息管理、组织协调等监理工作内容按不同的职能活动或按子项分解形成相应的职能管理部门或子项目管理部门。

(4) 制定岗位职责和考核标准。

岗位职务及职责的确定，要有明确的目的性，不可因人设事。根据责权一致的原则，应进行适当的授权，以承担相应的职责；并应确定考核标准，对监理人员的工作进行定期考核，包括考核内容、考核标准及考核时间。表 5.1 和表 5.2 分别为项目总监理工程师和专业监理工程师岗位职责考核标准。

表 5.1　项目总监理工程师岗位职责标准

项目	职责内容	考核要求	
		标　准	时　间
工作目标	①投资控制	符合投资控制计划目标	每月(季)末
	②进度控制	符合合同工期及总进度控制计划目标	每月(季)末
	③质量控制	符合质量控制计划目标	工程各阶段末
基本职责	①根据监理合同，建立有效管理项目监理机构	①监理组织机构科学、合理 ②监理机构有效运行	每月(季)末
	②组织编制监理规划，审批监理实施细则	①对工程监理工作系统策划 ②监理实施细则符合监理规划要求，具有可操作性	编写和审核完成后
	③组织审核分包单位资格	符合合同要求	规定时限内

续表

项目	职责内容	考核要求	
		标 准	时 间
基本职责	④监督和指导专业监理工程师对投资、进度、质量进行监理；审核、签发有关文件资料；处理有关事宜	①监理工作处于正常工作状态 ②工程处于受控状态	每月(季)末
	⑤做好监理过程中有关各方的协调工作	工程处于受控状态	每月(季)末
	⑥组织整理监理文件资料	及时、准确、完整	按合同约定

(5) 安排监理人员。

根据监理工作的任务，确定监理人员合理分工，包括专业监理工程师和监理员必要时可配备总监理工程师代表。监理人员的安排除应考虑个人素质外，还应考虑人员总体构成的合理性与协调性。

我国《建设工程监理规范》规定，项目总监理工程师应由具有注册监理工程师资格的人员担任；总监理工程师代表应由具有 2 年以上同类工程监理工作经验的人员担任；专业监理工程师应由具有 1 年以上同类工程监理工作经验的人员担任，并且项目监理机构的监理人员应专业配套、数量满足建设工程监理工作的需要。

4．制定工作流程和信息流程

为使监理工作科学、有序地进行，监理机构应当按照监理工作的客观规律制定工作流程和信息流程，规范化地开展监理工作，图 5.12 所示为施工阶段监理工作流程示意图。

表 5.2　专业监理工程师岗位职责标准

项目	职责内容	考核要求	
		标 准	时 间
工作目标	①投资控制	符合投资控制分解目标	每周(月)末
	②进度控制	符合合同工期及总进度控制分解目标	每周(月)末
	③质量控制	符合质量控制分解目标	工程各阶段末
基本职责	①参与编制监理规划，负责编制监理实施细则	反映专业特点，具有可操作性	实施前 1 个月
	②具体负责本专业的监理工作	①工程监理工作有序 ②工程处于受控状态	每周(月)末
	③做好监理机构内各部门之间的监理任务的衔接、配合工作	监理工作各负其责，相互配合	每周(月)末
	④处理本专业有关的问题；对投资、进度、质量有重大影响的监理问题应及时报告总监	①工程处于受控状态 ②及时、真实	每周(月)末
	⑤负责与本专业有关的签证、通知、备忘录，及时向总监理工程师提交报告、报表资料等	及时、真实、准确	每周(月)末
	⑥收集、汇总、参与整理监理文件资料	及时、准确、完整	每周(月)末

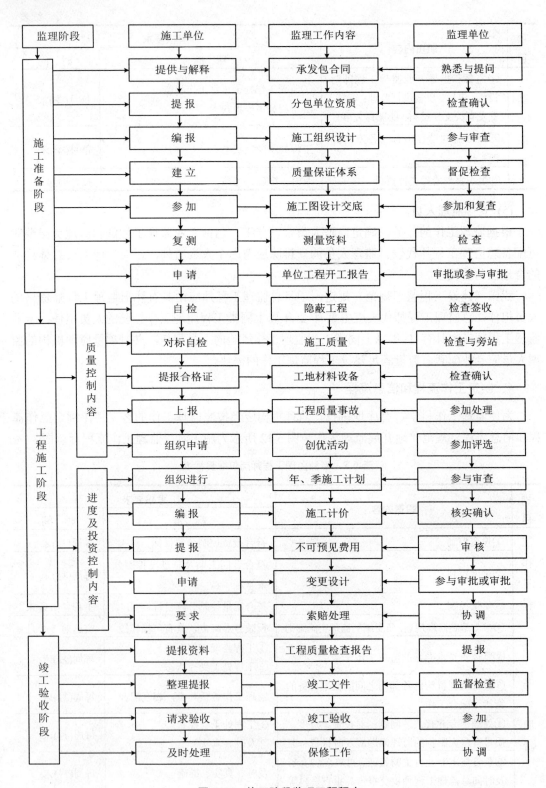

图 5.12 施工阶段监理工程程序

5.4.2　管理组织形式

1. 直线制监理组织形式

这种组织形式的特点是项目监理机构中任何一个下级只接受唯一上级的命令。各级部门主管人员对所属部门的问题负责，项目监理机构中不再另设投资控制、进度控制、质量控制及合同管理等职能部门。

这种组织形式适用于能划分为若干相对独立的子项目的大、中型建设工程。如图 5.13 所示，总监理工程师负责整个工程的规划、组织和指导，并负责整个工程范围内各方面的指挥、协调工作；子项目监理组分别负责各子项目的目标控制，具体领导现场专业或专项监理组的工作。

如果业主委托监理单位对建设工程实施阶段全过程监理，项目监理机构的部门还可按不同的建设阶段分解设立直线制监理组织形式，如图 5.14 所示。

对于小型建设工程，监理单位也可以采用按专业内容分解的直线制监理组织形式，如图 5.15 所示。

直线制监理组织形式的主要优点是组织机构简单、权力集中、命令统一、职责分明、决策迅速及隶属关系明确。缺点是实行没有职能部门的"个人管理"，这就要求总监理工程师博晓各种业务，通晓多种知识技能，是一个"全能"式人物。

2. 职能制监理组织形式

职能制监理组织形式是把管理部门和人员分为两类：一类是以子项目监理为对象的直线指挥部门和人员；另一类是以投资控制、进度控制、质量控制及合同管理为对象的职能部门和人员，监理机构内的职能部门按总工程师授予的权力和监理职责有权对指挥部门发布指令。如图 5.16 所示。此种组织形式一般适用于大、中型建设工程，如果子项目规模较大时，也可以在子项目层设置职能部门，如图 5.17 所示。

这种组织形式的主要优点是加强了项目监理目标控制的职能化分工，能够发挥职能机构的专业管理作用，提高管理效率，减轻总监理工程师负担。但由于直线指挥部门人员受职能部门多头指令，如果这些指令相互矛盾，将使直线指挥部门人员监理工作无所适从。

3. 直线职能制监理组织形式

直线职能制监理组织形式是吸收了直线制监理组织形式和职能制监理组织形式的优点而形成的一种组织形式。直线指挥部门拥有对下级实行指挥和发布命令的权力，并对该部门的工作全面负责；职能部门是直线指挥人员的参谋，他们只能对指挥部门进行业务指导，而不能对指挥部门直接进行指挥和发布命令，如图 5.18 所示。

这种形式保持了直线制组织实行直线领导、统一指挥、职责清楚的优点，另外又保持了职能制组织目标管理专业化的优点，即项目监理目标控制智能化分工，能够发挥职能机构的专业管理作用，提高管理效率，减轻总监理工程师负担。其缺点是职能部门与指挥部门易产生矛盾，信息传递路线长，不利于互通情报。

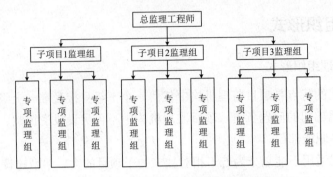

图 5.13　按子项目分解的直线制监理组织形式

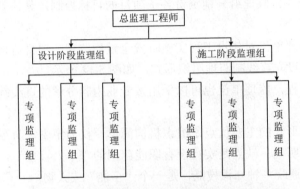

图 5.14　按建设阶段分解的直线制监理组织形式

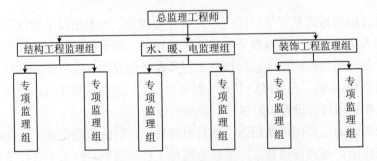

图 5.15　按专业内容分解的直线制监理组织形式

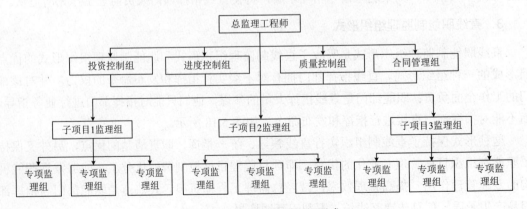

图 5.16　职能制监理组织形式

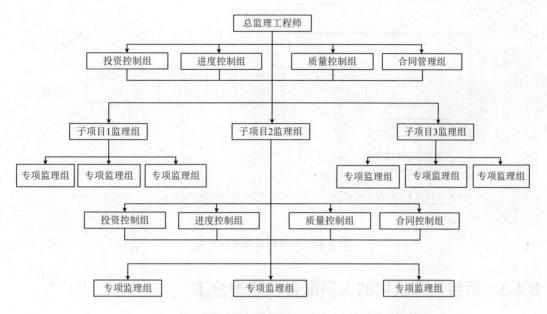

图 5.17　在子项目中设立职能部门的职能制监理组织形式

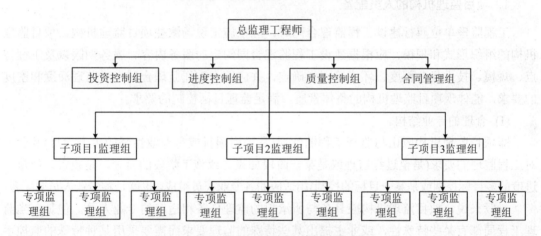

图 5.18　直线职能制监理组织模式

4．矩阵制监理组织形式

矩阵制监理组织形式是由纵横两套管理系统组成矩阵型组织结构，一套是纵向的职能系统，另一套是横向的子项目系统，如图 5.19 所示。这种组织形式的纵、横两套管理系统在监理工作中是相互融合关系。图中虚线所绘的交叉点上，表示了两者协同以共同解决问题。如子项目 1 的质量验收是由子项目 1 监理组和质量控制组共同进行的。

这种形式的优点是加强了各职能部门的横向联系，具有较大的机动性和适应性，把上下左右集权与分权实行最优的结合，有利于解决复杂难题，有利于监理人员业务能力的培养。缺点是纵横向协调工作量大，处理不当会造成扯皮现象，产生矛盾。

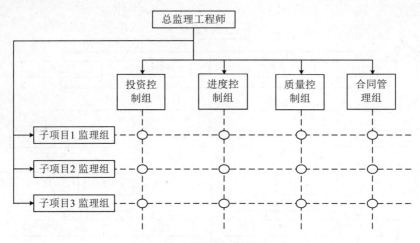

图 5.19　矩阵制监理组织形式

5.4.3　项目监理机构的人员配备及职责分工

1．项目监理机构的人员配备

工程监理单位履行建设工程监理合同时，应在施工现场派驻项目监理机构。项目监理机构的组织形式和规模，应根据建设工程监理合同约定的服务内容、服务期限以及工程特点、规模、技术复杂程度、环境等因素确定，并应符合委托监理合同中对监理深度和密度的要求，能体现项目监理机构的整体素质，满足监理目标控制的要求。

（1）合理的专业结构。

即项目监理机构应由与监理工程的性质(是民用项目或是专业性强的生产项目)及业主对工程监理的要求(是全过程监理或是某一阶段如设计或施工阶段的监理，是投资、质量、进度的多目标控制或是某一目标的控制)相适应的各专业人员组成，也就是各专业人员要配套。

一般来说，项目监理机构应具备与所承担的监理任务相适应的专业人员。但是，当监理工程局部有某些特殊性，或业主提出某些特殊的监理要求而需要采用某种特殊的监控手段时，如局部的钢结构、网架、罐体等质量监控需采用无损探伤、X 光及超声探测仪，水下及地下混凝土桩基需采用遥测仪器探测等，此时，将这些局部的专业性强的监控工作另行委托给有相应资质的咨询机构来承担，也应视为保证了人员合理的专业机构。

（2）合理的岗位设置和职称结构。

项目监理机构的监理人员由一名总监理工程师、若干名专业监理工程师和监理员组成，且专业配套、数量满足监理工作和建设工程监理合同对监理工作深度及建设工程监理目标控制的要求。

下列情况，项目监理机构可设置总监理工程师代表。

① 工程规模较大、专业较复杂，总监理工程师难以处理多个专业工程时，可按专业设总监理工程师代表。

② 一个建设工程监理合同中包含多个相对独立的施工合同，可按施工合同段设总监理

工程师代表。

③ 工程规模较大、地域比较分散，可按工程地域设总监理工程师代表。

除总监理工程师、专业监理工程师和监理员外，项目监理机构还可根据监理工作需要，配备文秘、翻译、司机和其他行政辅助人员。项目监理机构应根据建设工程不同阶段的需要配备监理人员的数量和专业，有序安排相关监理人员进场。

合理的技术职称结构表现在决策阶段、设计阶段的监理，一般具有高级职称及中级职称的人员在整个监理人员构成中应占绝大多数。施工阶段的监理，可有较多的初级职称人员从事实际操作，如旁站、填记日志、现场检查、计量等。这里所说的初级职称指助理工程师、助理经济师、技术员、经济员，还可包括具有相应能力的实践经验丰富的工人(应能看懂图纸、正确填报有关原始凭证)。这也是我国目前施工阶段监理的现状，施工阶段项目监理机构监理人员要求的技术职称结构如表 5.3 所示。

表 5.3　施工阶段项目监理机构监理人员要求的技术职称结构

层　次	人　员	职　能	职称职务要求		
决策层	总监理工程师、总监理工程师代表、专业监理工程师	项目监理的策划、规划；组织、协调、监控、评价等	高级职称	中级职称	
执行层/协调层	专业监理工程师	项目监理实施的具体组织、指挥、控制/协调			初级职称
作业层/操作层	监理员	具体业务的执行			

(3) 项目监理机构人员的资质。

按照《建设工程监理规范》的规定，建设工程监理实行总监理工程师负责制，对监理人员的资质进行了规定：

① 总监理工程师。由工程监理单位法定代表人书面任命，负责履行建设工程监理合同、主持项目监理机构工作的注册监理工程师，总监理工程师全面负责建设工程监理实施工作。总监理工程师是工程监理单位法定代表人书面任命的项目监理机构负责人，是工程监理单位履行建设工程监理合同的全权代表。

② 总监理工程师代表。由总监理工程师授权，代表总监理工程师行使其部分职责和权力，具有工程类注册执业资格(如注册监理工程师、注册造价工程师、注册建造师、注册工程师、注册建筑师等)或具有中级及以上专业技术职称、3 年及以上工程监理实践经验的监理人员。

③ 专业监理工程师。项目监理机构中按专业或岗位设置的专业监理人员。当工程规模较大时，在某一专业或岗位宜设置若干名专业监理工程师。专业监理工程师具有相应监理文件的签发权，该岗位可以由具有工程类注册执业资格的人员(如注册监理工程师、注册造价工程师、注册建造师、注册工程师、注册建筑师等)担任，也可由具有中级及以上专业技术职称、2 年及以上工程实践经验的监理人员担任。

④ 监理员。监理员是从事具体监理工作的人员，不同于项目监理机构中其他行政辅助人员。监理员须具有中专及以上学历，并经过监理业务培训。

2. 项目监理机构监理人员数量的确定

(1) 影响项目监理机构人员数量的主要因素。

① 工程建设强度。工程建设强度是指单位时间内投入的建设工程资金的数量，用下式表示，即

$$工程建设强度=投资/工期$$

其中，投资和工期是指由监理单位所承担的工程项目的建设投资和工期。一般投资费用可按工程估算、概算或合同价计算，工期是根据进度总目标及其分目标计算的。

显然，工程建设强度越大，需投入的项目人数越多。

② 建设工程复杂程度。根据一般工程的情况，工程复杂程度涉及以下各项因素：设计活动多少、工程地点位置、气候条件、地形条件、工程地质、施工方法、工程性质、工期要求、材料供应、工程分散程度等。

根据上述各项因素的具体情况，可将工程分为若干工程复杂程度等级。不同等级的工程需要配备的项目监理人员数量有所不同。例如，可将工程复杂程度按 5 级划分：简单、一般、一般复杂、复杂、很复杂。工程复杂程度定级可采用定量办法：对构成工程复杂程度的每一因素通过专家评估，根据工程实际情况给出相应权重，将各影响因素的评分加权平均后根据其值的大小确定该工程的复杂程度等级。例如，将工程复杂程度按 10 分制计评，则平均分值 1～3 分、3～5 分、5～7 分、7～9 分者依次为简单工程、一般工程、一般复杂工程和复杂工程，9 分以上为很复杂工程。

显然，简单工程需要的项目监理人员较少，而复杂工程需要的项目监理人员较多。

③ 监理单位的业务水平。每个监理单位的业务水平和对某类工程的熟悉程度不完全相同，在监理人员素质、管理水平和监理的设备手段等方面也存在差异，这都会直接影响到监理工作，而一个经验不多或管理水平不高的单位则需投入较多的监理人力。因此，各监理单位应当根据自己的实际情况制定监理人员需要定额。

④ 项目监理机构的组织结构和任务职能分工。项目监理机构的组织结构情况关系到具体的监理人员配备，务必使项目监理机构任务职能分工的要求得到满足。必要时，还需要根据项目监理机构的职能分工对监理人员的配备做进一步的调整。

有时监理工作需要委托专业咨询机构或专业监测、检验机构进行，当然，项目监理机构的监理人员数量可适当减少。

(2) 项目监理机构人员数量的确定方法。

项目监理机构人员数量的确定方法可按以下步骤进行。

① 项目监理机构人员需要量定额。根据监理工程师的监理工作内容和工程复杂程度等级，测定、编制项目监理机构监理人员需要定额，如表 5.4 所示。

表 5.4　监理人员需要量定额　　　　　　　　　　单位：人·年/百万美元

序　号	工程复杂程度	监理工程师	监 理 员	行政、文秘人员
1	简单工程	0.20	0.75	0.10
2	一般工程	0.25	1.00	0.10
3	一般复杂工程	0.35	1.10	0.25
4	复杂工程	0.50	1.50	0.35
5	很复杂工程	>0.50	>1.50	>0.35

② 确定工程建设强度。根据监理单位承担的监理工程，确定工程建设强度。

例如，某工程分为两个子项目，合同总价为 3900 万美元，其中子项目 1 合同价为 2100 万美元，子项目 2 合同价为 1800 万美元，合同工期为 30 个月。

工程建设强度=3900/30×12=1560(万美元/年)=15.6(百万美元/年)

③ 确定工程复杂程度。按构成复杂程度的 10 个因素考虑，根据工程实际情况分别按 10 分制打分。具体结果如表 5.5 所示。

表 5.5　工程复杂程度等级评定表

项　次	影响因素	子项目 1	子项目 2
1	设计活动	5	6
2	工程位置	9	5
3	气候条件	5	5
4	地形条件	7	5
5	工程地质	4	7
6	施工方法	4	6
7	工期要求	5	5
8	工程性质	6	6
9	材料供应	4	5
10	分散程度	5	5
平均分值		5.4	5.5

根据计算结果，此工程为一般复杂工程等级。

④ 根据工程复杂程度和工程建设强度套用监理人员需要量如下(人·年/百万美元)。

监理工程师：0.35；监理员 1.1；行政文秘人员 0.25。

各类监理人员数量如下。

监理工程师：0.35×15.6=5.46，按 6 人考虑。

监理员：1.10×15.6=17.16，按 17 人考虑。

行政文秘人员：0.25×15.6=3.9，按 4 人考虑。

⑤ 根据实际情况确定监理人员数量。本建设工程的项目监理机构的直线制组织结构如图 5.20 所示。

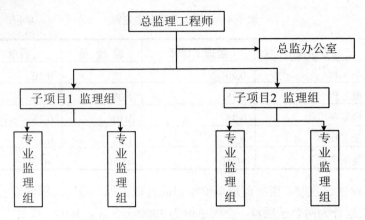

图 5.20 项目监理机构的直线制组织结构

根据项目监理机构情况决定每个部门各类监理人员如下。

监理总部(包括总监理工程师,总监理工程师代表和总监理工程师办公室):总监理工程师 1 人,总监理工程师代表 1 人,行政文秘人员 2 人。

子项目 1 监理组:专业监理工程师 2 人,监理员 9 人,行政文秘人员 1 人。

子项目 2 监理组:专业监理工程师 2 人,监理员 8 人,行政文秘人员 1 人。

施工阶段项目监理机构的监理人员数量一般不少于 3 人。

项目监理机构的监理人员数量和专业配备应随工程施工进展情况做相应的调整,从而满足不同阶段监理工作的需要。

3. 项目监理机构各类人员的基本职责

监理人员的基本职责应按照工程建设阶段和建设工程的情况确定。

施工阶段,按照《建设工程监理规范》的规定,项目监理机构的监理人员由总监理工程师、专业监理工程师和监理员组成,且专业配套、数量满足监理工作需要,必要时可设总监理工程师代表。总监理工程师可同时担任其他建设工程的总监理工程师,但最多不得超过 3 项。项目总监理工程师、专业监理工程师和监理员应分别履行以下职责。

(1) 总监理工程师职责。

① 确定项目监理机构人员及其岗位职责。

② 组织编制监理规划,审批监理实施细则。

③ 根据工程进展情况安排监理人员进场,检查监理人员工作,调换不称职监理人员。

④ 组织召开监理例会。

⑤ 组织审核分包单位资格。

⑥ 组织审查施工组织设计、(专项)施工方案、应急救援预案。

⑦ 审查开复工报审表,签发开工令、工程暂停令和复工令。

⑧ 组织检查施工单位现场质量、安全生产管理体系的建立及运行情况。

⑨ 组织审核施工单位的付款申请,签发工程款支付证书,组织审核竣工结算。

⑩ 组织审查和处理工程变更。

⑪ 调解建设单位与施工单位的合同争议，处理费用与工期索赔。

⑫ 组织验收分部工程，组织审查单位工程质量检验资料。

⑬ 审查施工单位的竣工申请，组织工程竣工预验收，组织编写工程质量评估报告，参与工程竣工验收。

⑭ 参与或配合工程质量安全事故的调查和处理。

⑮ 组织编写监理月报、监理工作总结，组织整理监理文件资料。

总监理工程师不得将下列工作委托总监理工程师代表。

① 组织编制监理规划，审批监理实施细则。

② 根据工程进展情况安排监理人员进场，调换不称职监理人员。

③ 组织审查施工组织设计、(专项)施工方案、应急救援预案。

④ 签发开工令、工程暂停令和复工令。

⑤ 签发工程款支付证书，组织审核竣工结算。

⑥ 调解建设单位与施工单位的合同争议，处理费用与工期索赔。

⑦ 审查施工单位的竣工申请，组织工程竣工预验收，组织编写工程质量评估报告，参与工程竣工验收。

⑧ 参与或配合工程质量安全事故的调查和处理。

(2) 专业监理工程师职责。

① 参与编制监理规划，负责编制监理实施细则。

② 审查施工单位提交的涉及本专业的报审文件，并向总监理工程师报告。

③ 参与审核分包单位资格。

④ 指导、检查监理员工作，定期向总监理工程师报告本专业监理工作实施情况。

⑤ 检查进场的工程材料、设备、构配件的质量。

⑥ 验收检验批、隐蔽工程、分项工程。

⑦ 处置发现的质量问题和安全事故隐患。

⑧ 进行工程计量。

⑨ 参与工程变更的审查和处理。

⑩ 填写监理日志，参与编写监理月报。

⑪ 收集、汇总、参与整理监理文件资料。

⑫ 参与工程竣工预验收和竣工验收。

(3) 监理员职责。

① 检查施工单位投入工程的人力、主要设备的使用及运行状况。

② 进行见证取样。

③ 复核工程计量有关数据。

④ 检查和记录工艺过程或施工工序。

⑤ 处置发现的施工作业问题。

⑥ 记录施工现场监理工作情况。

5.5 建设工程监理的组织协调

建设工程监理目标的实现，需要监理工程师扎实的专业知识和对监理程序的有效执行，此外，还要求监理工程师有较强的组织协调能力。通过组织协调，使影响监理目标实现的各方主体有机配合，使监理工作实施和运行过程顺利。

5.5.1 建设工程监理组织协调概述

1. 组织协调的概念

协调就是连接、联合、调和所有的活动及力量，使各方配合适当，其目的是促使各方协同一致，以实现预定目标。协调工作应贯穿于整个建设工程实施及其管理过程中。

建设工程系统就是一个由人员、物质、信息等构成的人为组织系统。用系统方法分析，建设工程的协调一般有三大类：一是"人员/人员界面"；二是"系统/系统界面"；三是"系统/环境界面"。

建设工程组织是由各类人员组成的工作班子，由于每个人的性格、习惯、能力、岗位、任务、作用的不同，即使只有两个人在一起工作，也有潜在的人员矛盾或危机。这种人和人之间的间隔，就是"人员/人员界面"。

建设工程系统是由若干个子项目组成的完整体系，子项目即子系统。由于子系统的功能、目标不同，容易产生各自为政的趋势和相互推诿的现象。这种子系统和子系统之间的间隔，就是"系统/系统界面"。

建设工程系统是一个典型的开放系统。它具有环境适应性，能主动从外部世界取得必要的能量、物质和信息。在取得的过程中，不可能没有障碍和阻力。这种系统与环境之间的间隔，就是"系统/环境界面"。

项目监理机构的协调管理就是在"人员/人员界面"、"系统/系统界面"、"系统/环境界面"之间，对所有的活动及力量进行连接、联合、调和的工作。系统方法强调，要把系统作为一个整体来研究和处理，因为总体的作用规模要比各子系统的作用规模之和大。为了顺利实现建设工程系统目标，必须重视协调管理，发挥系统整体功能。在建设工程监理中，要保证项目的参与各方围绕建设工程开展工作，使项目目标顺利实现。组织协调工作最为重要，也最为困难，是监理工作能否成功的关键，只有通过积极的组织协调才能实现整个系统全面协调控制的目的。

2. 组织协调的范围和层次

从系统方法的角度看，项目监理机构协调的范围分为协调和系统外部的协调，系统外部协调又分为近外层协调和远外层协调。近外层协调与远外层协调的主要区别是，建设工程与近外层关联单位一般有合同关系，与远外层关联单位一般没有合同关系。

5.5.2　项目监理机构组织协调的工作内容

1．项目监理机构内部的协调

(1) 项目监理机构内部的协调。

项目监理机构是由人组成的工作体系，工作效率很大程度上取决于人际关系的协调程度，总监理工程师应首先抓好人际关系的协调，激励项目监理机构成员。

① 在人员安排上要量才录用。对项目监理机构各种人员，要根据每个人的专长进行安排，做到人尽其才。人员的搭配应注意能力互补和性格互补，人员配置应尽可能少而精，防止力不胜任和忙闲不均现象。

② 在工作委任上要职责分明。对项目监理机构内的每一个岗位，都应订立明确的目标和岗位责任制，应通过职能清理，使管理职能不重不漏，做到事事有人管，人人有专责，同时明确岗位职权。

③ 在成绩评价上要实事求是。谁都希望自己的工作做出成绩，并得到肯定。但工作成绩的取得，不仅需要主观努力，而且需要一定的工作条件和相互配合。要发扬民主作风，实事求是评价，以免人员无功自傲或有功受屈，使每个人热爱自己的工作，并对工作充满信心和希望。

④ 在矛盾调解上要恰到好处。人员之间的矛盾总是存在的，一旦出现矛盾就应进行调解，要多听取项目监理机构成员的意见和建议，及时沟通，使人员始终处于团结、和谐、热情高涨的工作气氛之中。

(2) 项目监理机构内部组织关系的协调。

项目监理机构是由若干部门(专业组)组成的工作体系。每个专业组都有自己的目标和任务。如果每个子系统都从建设工程的整体利益出发，理解和履行自己的职责，则整个系统就会处于有序的良性状态；否则，整个系统便处于无序的紊乱状态，导致功能失调、效率下降。

项目监理机构内部组织关系的协调可从以下几方面进行。

① 在目标分解的基础上设置组织机构，根据工程对象及委托监理合同所规定的工作内容，设置配套的管理部门。

② 明确规定每个部门的目标、职责和权限，最好以规章制度的形式作出文明文规定。

③ 事先约定各个部门在工作中的相互关系。在工程建设中许多工作是由多个部门共同完成的，其中有主办、牵头和协作、配合之分，事先约定，才不至于出现误事、脱节等贻误工作的现象。

④ 建立信息沟通制度，如采用工作例会、业务碰头会、会议纪要、工作流程图或信息传递卡等方式来沟通信息，这样可使局部了解全局，服从并适应全局需要。

⑤ 及时消除工作中的矛盾或冲突。总监理工程师应采用民主的作风，注意从心理学、行为科学的角度激励各个成员的工作积极性；采用公开的信息政策，让大家了解建设工程实施情况、遇到的问题或危机；经常性地指导工作，和成员一起商讨遇到的问题，多倾听

他们的意见、建议，鼓励大家同舟共济。

(3) 项目监理机构内部需求关系的协调。

建设工程监理实施中有人员需求、试验设备需求、材料需求等，而资源是有限的，因此，内部需求平衡至关重要。需求关系的协调可从以下环节入手。

① 对监理设备、材料的平衡。建设工程监理开始时，要做好监理规划和监理实施细则的编写工作，提出合理的监理资源配置，要注意抓住期限上的及时性、规格上的明确性、数量上的准确性、质量上的规定性。

② 对监理人员的平衡。要抓住调度环节，注意各专业监理工程师的配合。一个工程包括多个分部分项工程，复杂性和技术要求各不相同，这就存在监理人员配备、衔接和高度问题。如土建工程的主体阶段，主要是钢筋混凝土工程或预应力钢筋混凝土工程；设备安装阶段，材料、工艺和测试手段就不同；还有配套、辅助工程等。监理力量的安排必须考虑到工程进展情况，作出合理的安排，以保证工程监理目标的实现。

2. 与业主的协调

监理实践证明，监理目标的顺利实现和与业主协调的好坏有很大的关系。我国长期的计划经济体制使得业主合同意识差、随意性大。主要体现在：一是沿袭计划经济时期的基建管理模式，搞"大业主，小监理"，在一个建设工程上，业主的管理人员要比监理人员多或管理层次多，对监理工作干涉多，并插手监理人员应做的具体工作；二是不把合同中规定的权力交给监理单位，致使监理工程师有职无权，发挥不了作用；三是科学管理意识差，在建设工程目标确定上压工期、压造价，在建设工程实施过程中变更多或时效不按要求，给监理工作的质量、进度、投资控制带来困难。因此，与业主的协调是监理工作的重点和难点。监理工程师应从以下几方面加强与业主的协调。

(1) 监理工程师首先要理解建设工程总目标、理解业主的意图。对于未能参加项目决策过程的监理工程师，必须了解项目构思的基础、起因、出发点，否则可能对目标及完成任务有不完整的理解，会给他的工作造成很大的困难。

(2) 利用工作之便做好监理宣传工作，增进业主对监理工作的理解，特别是对建设工程管理各方面职责及监理程序的理解；主动帮助业主处理建设工程中的事务性工作，以自己规范化、标准化、制度化的工作去影响和促进双方工作的协调一致。

(3) 尊重业主，让业主一起投入建设工程全过程。尽管有预定的目标，但建设工程实施必须执行业主的指令，使业主满意。对业主提出的某些不适当的要求，只要不属于原则性问题，都可先执行，然后利用适当时机、采取适当方式加以说明或解释；对于原则性问题，可采取书面报告等方式说明原委，尽量避免发生误解，以使建设工程顺利实施。

3. 与承包商的协调

监理工程师对质量、进度和投资的控制都是通过承包商的工作来实现的，所以做好与承包商的协调工作是监理工程师组织协调工作的重要内容。

(1) 坚持原则，实事求是，严格按规范、规程办事，讲究科学态度。

监理工程师在监理工作中应强调各方面利益的一致性和建设工程总目标；监理工程师

应鼓励承包商将建设工程实施状况、实施结果及遇到的困难和意见向他汇报，以寻找对目标控制可能的干扰。双方了解得越多越深刻，监理工作中的对抗和争执就越少。

(2) 协调不仅是方法、技术问题，更多的是语言艺术、感情交流和用权适度。

有时尽管协调意见是正确的，但由于方式或表达不妥，反而会激化矛盾。而高超的协调能力则往往能起到事半功倍的效果，令各方面都满意。

(3) 施工阶段的协调工作内容。

施工阶段协调工作的主要内容如下。

① 与承包商项目经理关系的协调。从承包商项目经理及其工地工程师的角度来说，他们最希望监理工程师是公正、通情达理并容易理解别人的；希望从监理工程师处得到明确而不是含糊的指示，并且能够对他们所询问的问题给予及时的答复；希望监理工程师的指示能够在他们工作之前发出。他们可能对本本主义者以及工作方法僵硬的监理工程师最为反感。这些心理现象，作为监理工程师来说，应该非常清楚。一个既懂得坚持原则，又善于理解承包商项目经理的意见，工作方法灵活，随时可能提出或愿意接受变通办法的监理工程师肯定是受欢迎的。

② 进度问题的协调。由于影响进度的因素错综复杂，因而进度问题的协调工作也十分复杂。实践证明，有两项协调工作很有效：一是业主和承包商双方共同商定一级网络计划，并由双方主要负责人签字，作为工程施工合同的附件；二是设立提前竣工奖，由监理工程师按一级网络计划节点考核，分期支付阶段工期奖，如果整个工程最终不能保证工期，由业主从工程款中将已付的阶段工期奖扣回并按合同规定予以罚款。

③ 质量问题的协调。在质量控制方面应实行监理工程师质量签字认可制度。对没有出厂证明、不符合使用要求的原材料、设备和构件，不准使用；对工序交接实行报验签证；对不合格的工程部位不予验收签字，也不予计算工程量，不予支付工程款。在建设工程实施过程中，设计变更或工程内容的增减是经常出现的，有些是合同签订时无法预料和明确规定的。对于这种变更，监理工程师要认真研究，合理计算价格，与有关方面充分协商，达成一致意见，并实行监理工程师身份证制度。

④ 对承包商违约行为的处理。在施工过程中，监理工程师对承包商的某些违约行为进行处理是一件很慎重而又难免的事情。当发现承包商采用一种不适当的方法进行施工，用了不符合合同的材料时，监理工程师除了立即制止外，可能还要采取相应的处理措施。遇到这种情况，监理工程师应该考虑的是自己的处理意见是否是监理权限以内的，根据合同要求，自己应该怎么做等。在发现质量缺陷并需要采取措施时，监理工程师必须立即通知承包商。监理工程师要有时间期限的概念，否则承包商有权认为监理工程师对已完成的工程内容是满意或认可的。

监理工程师最担心的可能是工程总进度和质量受到影响。有时，监理工程师会发现，承包商的项目经理或某个工地工程师不称职。此时明智的做法是继续观察一段时间，待掌握足够的证据时，总监理工程师可以正式向承包商发出警告。万不得已时，总监理工程师有权要求撤换承包商的项目经理或工地工程师。

⑤ 合同争议的协调。对于工程中的合同争议，监理工程师应首先采用协商解决的方式，

协商不成时才由当事人向合同管理机关申请调解。只有当对方严重违约而使自己的利益受到重大损失且不能得到补偿时才采用仲裁或诉讼手段。如果遇到非常棘手的合同争议问题，及时收集证据，暂时搁置等待时机，另谋良策。

⑥ 对分包单位的管理。主要是对分包单位明确合同管理范围，分层次管理。将总包合同作为一个独立的合同单元进行投资、进度、质量控制和合同管理，不直接和分包合同发生关系。对分包合同中的工程质量、进度进行直接跟踪监控，通过总包商进行调控、纠偏。分包商在施工中发生的问题，由总包商负责协调处理，必要时，监理工程师帮助协调。当分包合同条款与总包合同发生抵触时，以总包合同条款为准。此外，分包合同不能解除总包商对总包合同所承担的任何责任和义务。分包合同发生的索赔问题，一般由总包商负责，涉及总包合同中业主义务和责任时，由总包商通过监理工程师向业主提出索赔，由监理工程师进行协调。

⑦ 处理好人际关系。在监理过程中，监理工程师处于一种十分特殊的位置。业主希望得到独立、专业的高质量服务，而承包商则希望监理单位能对合同条件有一个公正的解释。因此，监理工程师必须善于处理各种人际关系，既要严格遵守职业道德，礼貌而坚决地拒收任何礼物，以保证行为的公正性，也要利用各种机会增进与各方面人员的友谊合作，以利于工程的进展；否则，便有可能引起业主或承包商对其可依赖程度的怀疑。

4．与设计单位的协调

监理单位必须协调与设计单位的工作，以加快工程进度，确保质量，降低消耗。

(1) 真诚尊重设计单位的意见，在设计单位向承包商介绍工程概况、设计意图、技术要求、施工难点等时，注意标准过高、设计遗漏、图纸差错等问题，并将其解决在施工之前；施工阶段，严格按图施工；结构工程验收、专业工程验收、竣工验收等工作，邀请设计代表参加；若发生质量事故，认真听取设计单位的处理意见等。

(2) 施工中发现设计问题，应及时按工作程序向设计单位提出，以免造成大的直接损失；若监理单位掌握比原设计更先进的新技术、新工艺、新材料、新结构、新设备时，可主动与设计单位沟通。为使设计单位有修改设计的余地而不影响施工进度，协调各方达成协议，约定一个期限，争取设计单位、承包商的理解和配合。

(3) 注意信息传递的及时性和程序性。监理工作联系单、工程变更单传递，要按规定的程序进行传递。

这里要注意的是，在施工监理的条件下，监理单位与设计单位都是受业主委托进行工作的，两者之间并没有合同关系，所以监理单位主要是和设计单位做好交流工作，协调要靠业主的支持。设计单位应就其设计质量对建设单位负责，因此《中华人民共和国建筑法》指出：工程监理人员发现工程设计不符合建筑工程质量标准或者合同约定的质量要求的，应当报告建设单位要求设计单位改正。

5．与政府部门及其他单位的协调

一个建设工程的开展还存在政府部门及其他单位的影响，如政府部门、金融组织、社会团体、新闻媒介等，它们对建设工程起着一定的控制、监督、支持、帮助作用，这些关系若协调不好，建设工程实施也可能严重受阻。

(1) 与政府部门的协调。

① 质量监督站是由政府授权的工程质量监督的实施机构，对委托监理的工程，质量监督站主要是核查勘察设计单位、施工单位和监理单位的资质，监督这些单位的质量行为和工程质量。监理单位在进行工程质量控制和质量问题处理时，要做好工程质量监督站的交流和协调工作。

② 重大质量、安全事故，在承包商采取急救、补救措施的同时，应敦促承包商立即向政府有关部门报告情况，接受检查和处理。

③ 建设工程合同应送公证，并报政府建设管理部门备案；协助业主的征地、拆迁、移民等工作要争取政府有关部门支持和协作；现场消防设施的配置，宜请消防部门检查认可；要敦促承包商在施工中注意防止环境污染，坚持做到文明施工。

(2) 协调与社会团体的关系。

一些大、中型建设工程建成后，不仅会给业主带来效益，还会给该地区的经济发展带来好处，同时给当地人民生活带来方便，因此必然会引起社会各界广泛关注。业主和监理单位应把握机会，争取社会各界对建设工程的关心和支持。这是一种争取良好社会环境的协调。

对本部分的协调工作，从组织协调的范围看是属于远外层的管理。根据目前的工程监理实践，对远外层关系的协调，应由业主主持，监理单位主要是协调近外层关系。如业主将部分或全部远外层关系协调工作委托监理单位承担，则应在委托监理合同专用条件中明确委托的工作和相应的报酬。

5.5.3　建设工程监理组织协调的方法

监理工程师组织协调可采用以下方法。

1. 会议协调法

会议协调法是建设工程监理中最常用的一种协调方法，实践中常用的会议协调法包括第一次工地会议、监理例会、专业性监理会议等。

(1) 第一次工地会议。

工程开工前，总监理工程师及有关监理人员应参加由建设单位主持召开的第一次工地会议，会议纪要由项目监理机构负责整理，与会各方代表会签。第一次工地会议是建设工程尚未全面展开前，履约各方相互认识、确定联络方式的会议，也是检查开工前各项准备工作是否就绪并明确监理程序的会议。第一次工地会议应在项目总监理工程师下达开工令之前举行，会议由建设单位、总承包单位的授权代表参加，也可邀请分包单位参加，必要时邀请有关设计单位人员参加。

(2) 监理例会。

项目监理机构应定期召开监理例会，组织有关单位研究解决工程监理相关问题。项目监理机构可根据工程需要，主持或参加专题会议，解决监理工作范围内工程专项问题。监理例会、专题会议的会议纪要由项目监理机构负责整理，与会各方代表会签。

① 监理例会是由总监理工程师主持，按一定程序召开的，研究施工中出现的计划、进度、质量及工程款支付等问题的工地会议。

② 监理例会应当定期召开，宜每周召开一次。

③ 参加人包括项目总监理工程师(也可为总监理工程师代表)、其他有关监理人员、承包商项目经理、承包单位其他有关人员。需要时，还可邀请其他有关单位代表参加。

④ 会议的主要议题如下：一、对上次会议存在问题的解决和纪要的执行情况进行检查；二、工程进展情况；三、对下月(或下周)的进度预测及其落实措施；四、施工质量、加工订货、材料的质量与供应情况；五、质量改进措施；六、有关技术问题；七、索赔及工程支付情况；八、需要协调的有关事宜。

⑤ 会议纪要。会议纪要由项目监理机构起草，经与会各方代表会签，然后分发给有关单位。会议纪要包括会议中发言者的姓名及所发表的主要内容、决定事项及诸事项分别由何人何时执行。

(3) 专业性监理会议。

除定期召开工地监理例会以外，还应根据需要组织召开一些专业性协调会议，如加工订货会、业主直接分包的工程内容承包单位与总包单位之间的协调会、专业性较强的分包单位进场协调会等，均由监理工程师主持会议。

2. 交谈协调法

在实践中，并不是所有问题都需要开会来解决，有时可采用"交谈"这一方法。交谈包括面对面的交谈和电话交谈两种形式。

无论是内部协调还是协调，这种方法使用频率相当高。其作用在于以下几点。

(1) 保持信息畅通。由于交谈本身没有合同效力及其方便性和及时性，所以建设工程参与各方之间及监理机构内部都愿意采用这一方法进行。

(2) 寻求协作和帮助。在寻求别人帮助和协作时，往往要及时了解对方的反应和意见，以便采取相应的对策。另外，相对于书面寻求协作，人们更难以拒绝面对面的请求。因此，采用交谈方式请求协作和帮助比采取书面方法实现的可能性要大。

(3) 及时发布工程指令。在实践中，监理工程师一般都采用交谈方式先发布口头指令，这样，一方面可以使对方及时地执行指令，另一方面可以和对方进行交流，了解对方是否正确理解了指令。随后，再以书面形式加以确认。

3. 书面协调法

当会议或者交谈不方便或不需要时，或者需要精确地表达自己的意见时，就会用到书面协调的方法。书面协调方法的特点是具有合同效力，一般常用于以下几方面：

(1) 不需双方直接交流的书面报告、报表、指令和通知等。

(2) 需要以书面形式向各方提供详细信息和情况通报的报告、信函和备忘录等。

(3) 事后对会议记录、交谈内容或口头指定的书面确认。

4．访问协调法

访问法主要用于外部协调中，有走访和邀访两种形式。走访是指监理工程师在建设工程施工前或施工过程中，对与工程施工有关的各政府部门、公共机构、新闻媒介或工程毗邻单位等进行访问，向他们解释工程的情况，了解他们的意见。邀访是指监理工程师邀请上述各单位(包括业主)代表到施工现场，了解现场的实际情况，如果进行一些不恰当的干预，会对工程产生不利影响。这个时候，采用访问法可能是一个相当有效的协调方法。

5．情况介绍法

情况介绍法通常是与其他协调方法紧密结合在一起的，它可能是在一次会议前，或是一次交谈前，或是一次走访或邀访前向对方进行的情况介绍。形式上主要是口头的，有时也伴有书面的。介绍往往作为其他协调的引导，目的是使别人首先了解情况。因此，监理工程师应重视任何场合下的每一次介绍，要使别人能够理解你介绍的内容、问题和困难以及你想得到的协助等。

总之，组织协调是一种管理艺术和技巧，监理工程师尤其是总监理工程师需要掌握领导科学、心理学、行为科学方面的知识和技能，如激励、交际、表扬和批评的艺术、开会的艺术、谈话的艺术、谈判的技巧等。只有这样，监理工程师才能进行有效的协调。

5.6　建设工程监理组织典型案例分析

5.6.1　案例 1

案例背景

某实施监理的工程，施工总承包单位按合同约定将玻璃幕墙工程分包。施工过程中发生了以下事件。

事件 1：玻璃幕墙工程开工前，分包单位向专业监理工程师报送了分包单位资格报审表及相关资料。审查了营业执照、分包单位业绩后，专业监理工程师认为符合条件，即通知施工单位同意分包单位进场施工。

事件 2：专业监理工程师在现场巡视时发现，施工单位正在加工一批未报验的钢筋，立即进行了处理。

事件 3：主体工程施工过程中，专业监理工程师发现已浇筑的钢筋混凝土工程出现严重的质量事故。该事故发生后，总监理工程师签发工程暂停令。事故调查组进行调查后，出具事故调查报告，项目监理机构接到事故调查报告后，按程序对该质量事故进行了处理。

案例问题

1．提出事件 1 中专业监理工程师的做法有哪些不妥，说明理由。

2．专业监理工程师应如何处理事件 2？

3. 写出项目监理机构接到事故调查报告后对该严重质量事故的处理程序。

参考答案

1. 事件 1 中专业监理工程师的做的不妥之处以及理由。

(1) 不妥之处：玻璃幕墙工程开工前，分包单位向专业监理工程师报送了"分包单位资格报审表"及相关资料。

理由：按照总分包的合同管理关系，分包单位的资格报审表及相关资料应通过施工总承包单位报送。

(2) 不妥之处：专业监理工程师仅审查了营业执照、分包单位业绩后，认为符合条件。

理由：专业监理工程师审查的内容不全面，还应审查企业资质等级证书、专职管理人员的资格证书和特种作业人员的上岗证。

(3) 不妥之处：专业监理工程师认为符合条件后即通知施工单位同意分包单位进场施工。

理由：应在进一步调查后，由总监理工程师书面确认。

2. 专业监理工程师处理事件 2 的程序。

专业监理工程师报总监理工程师并下达监理工作通知单，要求施工单位提交钢筋出厂合格证、技术说明书及检验或实验报告，待重新检验合格后使用，如检验不合格，书面通知施工单位将该批钢材撤出现场。

3. 对于该严重质量事故，项目监理机构接到事故调查报告后对该事故的处理程序。

(1) 组织相关单位研究，并责成相关单位完成技术处理方案。

(2) 对工程质量事故技术处理施工质量进行监理。

(3) 组织相关各方对施工单位完工自检后报验的结果进行检查验收，必要时进行处理结果鉴定。

(4) 审核签认事故单位报送的质量事故处理报告，组织将有关技术资料归档。

(5) 签发工程复工令。

5.6.2 案例 2

案例背景

某发电厂项目，建设单位与甲施工单位签订了施工总承包合同，并委托一家监理单位实施施工阶段总监理。经建设单位同意，甲施工单位将工程划分为 A1、A2、A3 标段，并将 A2 标段分包给乙施工单位。根据监理工作需要，监理单位设立了投资控制组、进度控制组、质量安全管理组、合同信息管理组 4 个职能管理部门，同时设立了 A1、A2、A3 标段的项目监理组，并按专业分别设置了若干专业监理小组，组成直线职能制项目监理组织机构。

为了有效地开展监理工作，总监理工程师安排项目监理组负责人分别主持编制 A1、A2、A3 标段 3 个监理规划。总监理工程师要求：①4 个职能管理部门根据 A1、A2、A3 标段的特点，直接对 A1、A2、A3 标段的施工单位进行管理；②在施工过程中，A1 标段出现的质量隐患由 A1 标段项目监理组的专业监理工程师直接通知甲施工单位整改，A2 标段出现的质量隐患由 A2 标段项目监理组的专业监理工程师直接通知乙施工单位整改，如未整改，则由相应标段项目监理组负责人签发"工程暂停令"，要求停工整改。总监理工程师主持召开了第一次工地会议。会后，总监理工程师对监理规划审核批准后报送建设单位。

在报送的监理规划中，项目监理人员的部分职责分工如下。

(1) 投资控制组负责人审核工程款支付申请，并签发工程款支付证书，但竣工结算须由总监理工程师签认。

(2) 合同管理组负责调解建设单位与施工单位的合同争议，处理工程索赔。

(3) 进度控制组负责审查施工进度计划及其执行情况，并由该组负责人审批工程延期。

(4) 质量控制组负责人审批项目监理实施细则。

(5) A1、A2、A3 标段项目监理组负责人分别组织、指导、检查和监督本标段监理人员的工作，及时调换不称职的监理人员。

案例问题

1. 绘制监理单位设置的项目监理机构的组织机构图，并说明其优点。
2. 指出总监理工程师工作中的不妥之处，写出正确做法。
3. 指出项目监理人员职责分工中的不妥之处，写出正确做法。

参考答案

1. 监理单位设置的项目监理机构的组织机构如图 5.21 所示。

直线职能制项目监理机构的优点。

直线领导、统一指挥，职责清楚，项目监理目标控制智能化分工，能够发挥职能机构的专业管理作用，提高管理效率，减轻总监理工程师负担。

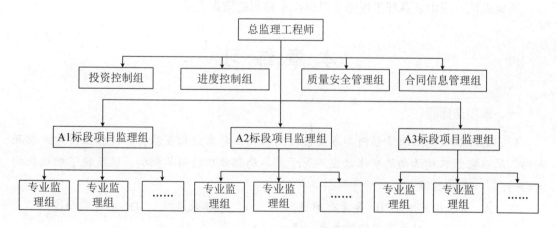

图 5.21 监理组织机构框图

2. 总监理工程师工作中的不妥之处。

(1) 不妥之处：总监理工程师安排项目监理组负责人分别主持编制 A1、A2、A3 标段 3 个监理规划。

正确做法：总监理工程师主持编制 A1、A2、A3 标段 3 个监理规划。

(2) 不妥之处：4 个职能部门根据 A1、A2、A3 标段的特点，直接对 A1、A2、A3 标段的施工单位进行管理。

正确做法：A1、A2、A3 标段的项目监理组直接对 A1、A2、A3 标段的施工单位进行监理。

(3) 不妥之处：由相应标段项目监理负责人签发"工程暂停令"要求停工整改。

正确做法："工程暂停令"应由总监理工程师签发。

(4) 不妥之处：总监理工程师主持召开了第一次工地会议。

正确做法：应由建设单位主持召开第一次工地会议。

(5) 不妥之处：第一次工地会议后，总监理工程师对监理规划审核批准后报送建设单位。

正确做法：监理规划应在签订委托监理合同及收到设计文件后开始编制，完成后必须经监理单位技术负责人审核批准，并应在召开第一次工地会议前报送建设单位。

3. 项目监理人员职责分工中的不妥之处。

(1) 不妥之处：投资控制组负责人审核工程款支付申请，并签发工程款支付证书。

正确做法：应由总监理工程师审核工程款支付申请，并签发工程款支付证书。

(2) 不妥之处：合同管理组负责调解建设单位与施工单位的合同争议、处理工程索赔。

正确做法：应由总监理工程师负责调解建设单位与施工单位的合同争议、处理工程索赔。

(3) 不妥之处：进度控制组负责人审批工程延期。

正确做法：应由总监理工程师负责审批工程延期。

(4) 不妥之处：质量控制组负责人审批项目监理实施细则。

正确做法：应由总监理工程师负责审批项目监理实施细则。

(5) 不妥之处：A1、A2、A3 标段项目监理组负责人及时调换不称职的监理人员。

正确做法：应由总监理工程师及时调换不称职的监理人员。

本 章 练 习

一、单项选择题

1. 监理机构的组织活动内部各要素之间既相互联系、相互依存，又相互排斥、相互制约，所以组织机构活动的整体效应不等于其各局部效应的简单相加，这反映了组织机构活动的( )基本原理。

    A. 动态相关性　　B. 要素有用性　　　C. 规律效应性　　D. 主观能动性

2. 项目总承包模式具有的优点之一是( )。

    A. 招标发包难度小　　　　　　B. 有利于质量控制

    C. 利于投资控制　　　　　　　D. 合同价格低

3. 平行承发包、设计或施工总分包、项目总承包 3 种模式均适用的委托监理模式是业主( )。

A. 按合同标段不同委托多家监理单位　　B. 按建设阶段不同委托监理单位

C. 委托给多家监理单位　　　　　　　　D. 委托一家监理单位

4. 在建设工程监理实施中，总监理工程师代表监理单位全面履行建设工程委托监理合同，承担合同中监理单位与业主方约定的监理责任与义务，因此，监理单位应给总监理工程师充分授权，这体现了(　　)的监理实施原则。

A. 公正、独立、自主　　　　　　　　　B. 权责一致

C. 总监理工程师是责任主体　　　　　　D. 总监理工程师拥有所有的权利

5. 某工程项目委托的监理机构具有统一指挥、职责分明、目标管理专业化的特点，则该项目监理机构的组织形式为(　　)。

A. 矩阵制　　　　B. 职能制　　　　C. 直线职能制　　　　D. 直线制

二、多项选择题

1. 组织构成一般是上小下大的形式，由(　　)等密切相关、相互制约的因素组成。

A. 管理跨度　　　　　　　B. 管理职能　　　　　　C. 管理部门

D. 管理制度　　　　　　　E. 管理层次

2. 影响项目监理机构人员数量的主要因素有(　　)。

A. 工程复杂程度　　　　　B. 监理单位业务范围　　C. 监理人员专业结构

D. 监理人员技术职称结构　　　　　　　E. 监理机构组织结构和任务职能分工

3. 总监理工程师在项目监理工作中的职责包括(　　)。

A. 主持编写项目监理规划　　　　　　　B. 担任旁站工作

C. 审查分包单位的资质　　　　　　　　D. 负责各专业的监理实施细则

E. 审核签认竣工结算

4. 项目监理机构的工作效率在很大程度上取决于人际关系的协调，总监理工程师在进行项目监理机构内部人际关系的协调时，可以从(　　)等方面进行。

A. 设备监理调配　　　　　B. 各个部门工作内容　　C. 人员使用安排

D. 法律、法规规定　　　　E. 工作职责委托

5. 建设工程监理组织协调中的会议协调法包括(　　)。

A. 开工会议　　　　　　　B. 施工质量分析会　　　C. 监理例会

D. 专业性监理会议　　　　E. 第一次工地会议

三、案例分析题

案例背景

某建设工程项目，建设单位委托一家监理单位承担施工阶段的监理任务，通过公开招标选定甲施工单位为施工总承包单位，工程施工过程中发生了下列几项事件。

事件 1：打桩工程开始施工后，专业监理工程师发现甲施工单位未经建设单位同意将打桩工程分包给乙施工单位，为此，项目监理机构要求打桩工作暂停。总承包单位经过建设单位同意，将乙施工单位的相关资料直接报项目监理机构审查，经审查，乙施工单位的资质条件符合要求，可继续打桩施工。

事件 2：打桩施工中，出现了断桩事故，经过调查分析，此次断桩事故是因为乙施工单位抢工期，擅自改变打桩施工方案引起的。对此，原设计单位提出处理方案：断桩清除，原单位重新施工。乙施工单位按处理方案实施。

事件 3：为进一步加强施工过程的质量控制，总监理工程师代表指派专业监理工程师对原监理实施细则中的质量控制措施进行修改，修改后的监理实施细则经总监理工程师代表审查批准后实施。

事件 4：工程进入竣工验收阶段，建设单位发文要求监理单位和甲施工单位各自邀请城建档案管理部门进行工程档案验收并直接办理移交事宜，同时要求监理单位对施工单位的工程档案质量进行检查。甲施工单位收到建设单位发文后将文件转发给乙施工单位。

事件 5：项目监理机构在检查甲施工单位的工程档案时发现缺少乙施工单位的工程档案，甲施工单位的解释是：按建设单位要求，乙施工单位自行办理了工程档案的验收及移交。在检查乙施工单位的工程档案时发现缺少断桩处理的相关资料，乙施工单位的解释是，断桩清除后原单位重新施工，不需要列入这部分资料。

案例问题

1. 事件 1 中，项目监理机构对乙施工单位资格审查的程序和内容是什么？

2. 项目监理机构应如何处理事件 2 的断桩事故？

3. 事件 3 中，总监理工程师代表的做法是否正确？说明理由。

4. 指出事件 4 中建设单位做法的不妥之处，写出正确做法。

5. 分别说明事件 5 中甲施工单位和乙施工单位解释的不妥之处。对甲施工单位和乙施工单位在工程档案管理中存在的问题，项目监理机构如何处理？

第6章　建设工程监理规划

【学习要点及目标】

- 熟悉监理工作文件的构成，监理规划的审核。
- 掌握监理规划的作用。
- 掌握监理规划编写的要求。
- 掌握监理规划编写的内容。

　　本章主要内容涉及实际工作中的工程建设监理规划的编写，这是监理工作的一个重要环节，也是指导项目监理工作的纲领性文件。学生应具有识读监理规划及编写监理实施细则的初步能力，同时应注意理论与实际融会贯通。

6.1　建设工程监理规划概述

6.1.1　建设工程监理工作文件的构成

　　建设工程监理工作文件是指监理单位投标时编制的监理大纲、监理合同签订以后编制的监理规划和专业监理工程师编制的监理实施细则。

1. 监理大纲

　　监理人纲又称监理方案，它是工程监理单位在工程施工监理项目招标过程中为承揽到工程监理业务而编写的监理技术性方案文件。根据各方面的技术标准、规范的规定，结合实际，阐述对该工程监理招标文件的理解，提出工程监理工作的目标，制定相应的监理措施。写明实施的监理程序和方法，明确完成时限、分析监理重点和难点等。

　　监理单位编制监理大纲有以下两个作用：一是使业主认可监理大纲中的监理方案，从而承揽到监理业务；二是为项目监理机构今后开展监理工作制定基本的方案。为使监理大纲的内容和监理实施过程紧密结合，监理大纲的编制人员应当是监理单位经营部门或技术管理部门人员，也应包括拟定的总监理工程师。总监理工程师参与编制监理大纲有利于监理规划的编制。监理大纲的内容应当根据业主所发布的监理招标文件的要求制定，一般来说，应该包括以下主要内容。

　　(1) 工程项目概述。

　　(2) 工程项目特点和难点。

　　(3) 拟派往项目监理机构的监理人员情况介绍。

　　在监理大纲中，监理单位需要介绍拟派往所承揽或投标工程的项目监理机构的主要监理人员，并对他们的资格情况进行说明。其中，应该重点介绍拟派往投标工程的项目总监理工程师的情况，这往往决定承揽监理业务的成败。

　　(4) 拟采用的监理方案。

　　监理单位应当根据业主所提供的工程信息，并结合自己为投标所初步掌握的工程资料，制定出拟采用的监理方案。监理方案的具体内容包括：项目监理机构的方案、建设工程三大目标的具体控制方案、工程建设各种合同的管理方案、项目监理机构在监理过程中进行组织协调的方案等。

　　(5) 将提供给业主的阶段性监理文件。

　　在监理大纲中，监理单位还应该明确未来工程监理工作中向业主提供的阶段性的监理文件，这将有助于满足业主掌握工程建设过程的需要，有利于监理单位顺利承揽该建设工程的监理业务。

2．监理规划

监理规划是监理单位接受业主委托并签订委托监理合同之后，在项目总监理工程师的主持下，根据委托监理合同，在监理大纲的基础上，结合工程的具体情况，广泛收集工程信息和资料的情况下制定，经监理单位技术负责人批准，用来指导项目监理机构全面开展监理工作的指导性文件。

从内容范围上讲，监理大纲与监理规划都是围绕着整个项目监理机构所开展的监理工作来编写的，但监理规划的内容要比监理大纲更翔实、更全面。

3．监理实施细则

监理实施细则又简称监理细则，其与监理规划的关系可以比作施工图设计与初步设计的关系。也就是说，监理实施细则是在监理规划的基础上，由项目监理机构的专业监理工程师针对建设工程中某一专业或某一方面的监理工作编写，并经总监理工程师批准实施的操作性文件。

监理实施细则的作用是指导本专业或本子项目具体监理业务的开展。

4．三者之间的关系

监理大纲、监理规划、监理实施细则是相互关联的，都是建设工程监理工作文件的组成部分，它们之间存在着明显的依据性关系：在编写监理规划时，一定要严格根据监理大纲的有关内容来编写；在制定监理实施细则时，一定要在监理规划的指导下进行。

一般来说，监理单位开展监理活动应当编制以上工作文件。但这也不是一成不变的，就像工程设计一样。

三者之间区别也很大。监理大纲在投标阶段根据招标文件编制，目的是承揽工程。监理规划是在签订监理委托合同后在总监的主持下编制，是针对具体的工程指导监理工作的纲领性文件。目的在于指导监理部开展日常工作。监理实施细则则是在监理规划编制完成后依据监理规划由专业监理工程师针对具体专业编制的操作性业务文件，目的在于指导具体的监理业务。不是所有的工程都需要编制这 3 个文件。对于简单的监理活动只编写监理实施细则就可以了，而有些建设工程也可以制定较详细的监理规划，而不再编写监理实施细则。

6.1.2　建设工程监理规划的作用

1．指导项目监理机构全面开展监理工作

监理规划的基本作用就是指导项目监理机构全面开展监理工作。

建设工程监理的中心目的是协助业主实现建设工程的总目标。实现建设工程总目标是一个系统的过程。它需要制定计划，建立组织，配备合适的监理人员，进行有效的领导，实施工程的目标控制。只有系统地做好上述工作，才能完成建设工程监理的任务，实施目

标控制。在实施建设监理的过程中，监理单位要集中精力做好目标控制工作。因此，监理规划需要对项目监理机构开展的各项监理工作做出全面、系统的组织和安排。它包括确定监理工作目标，制定监理工作程序，确定目标控制、合同管理、信息管理、组织协调等各项措施和确定各项工作的方法和手段。

2. 监理规划是建设监理主管机构对监理单位监督管理的依据

政府建设监理主管机构对建设工程监理单位要实施监督、管理和指导，对其人员素质、专业配套和建设工程监理业绩要进行核查和考评，以确认其资质和资质等级，以使我国整个建设工程监理行业能够达到应有的水平。要做到这一点，除了进行一般性的资质管理工作外，更为重要的是通过监理单位的实际监理工作来认定它的水平。而监理单位的实际水平可从监理规划和它的实施中充分地表现出来。因此，政府建设监理主管机构对监理单位进行考核时，应当十分重视对监理规划的检查。也就是说，监理规划是政府建设监理主管机构监督、管理和指导监理单位开展监理活动的重要依据。

3. 监理规划是业主确认监理单位履行合同的主要依据

监理单位如何履行监理合同，如何落实业主委托监理单位所承担的各项监理服务工作，作为监理的委托方，业主不但需要而且应当了解和确认监理单位的工作。同时，业主有权监督监理单位全面、认真地执行监理合同。而监理规划正是业主了解和确认这些问题的最好资料，是业主确认监理单位是否履行监理合同的主要说明性文件。监理规划应当能够全面而详细地为业主监督监理合同的履行提供依据。

实际上，监理规划的前期文件，即监理大纲，是监理规划的框架性文件。而且，经由谈判确定的监理大纲应当纳入监理合同的附件中，成为监理合同文件的组成部分。

4. 监理规划是监理单位内部考核的依据和重要的存档资料

从监理单位内部管理制度化、规范化、科学化的要求出发，需要对各项目监理机构(包括总监理工程师和专业监理工程师)的工作进行考核，其主要依据就是经过内部主管负责人审批的监理规划。通过考核，可以对有关监理人员的监理工作水平和能力作出客观、正确的评价，从而有利于今后在其他工程上更加合理地安排监理人员，提高监理工作效率。

从建设工程监理控制的过程可知，监理规划的内容必然随着工程的进展而逐步调整、补充和完善。它在一定程度上真实地反映了一个建设工程监理工作的全面的监理工作过程记录。因此，它是每一家工程监理单位的重要存档资料。

6.2 建设工程监理规划的编写

监理规划是在项目总监理工程师和项目监理机构充分分析和研究建设工程的目标、技术、管理、环境以及参与工程建设的各方等方面的情况后制定的。监理规划要真正能起到指导项目监理机构进行监理工作的作用，监理规划中就应当有明确具体的、符合该工程要求的工作内容、工作方法、监理措施、工作程序和工作制度，并应具有可操作性。

6.2.1　建设工程监理规划编写的依据

1. 工程建设方面的法律、法规

工程建设方面的法律、法规具体包括 3 个方面。

(1) 国家颁布的有关工程建设的法律、法规，这是工程建设相关法律、法规的最高层次。在任何地区或任何部门进行工程建设，都必须遵守国家颁布的工程建设方面的法律、法规。

(2) 工程所在地或所属部门颁布的工程建设相关的法规、规定和政策。一项建设工程必然是在某一地区实施的，也必然是归属于某一部门的，这就要求工程建设必须遵守建设工程所在地颁布的与工程建设相关的法规、规定和政策，同时也必须遵守工程所属部门颁布的工程建设相关规定和政策。

(3) 工程建设的各种标准、规范。工程建设的各种标准、规范也具有法律地位，也必须遵守和执行。

2. 政府批准的工程建设文件

政府批准的工程建设文件包括两个方面。
(1) 政府工程建设主管部门批准的可行性研究报告、立项批文。
(2) 政府规划部门确定的规划条件、土地使用条件、环境保护要求、市政管理规定。

3. 建设工程监理合同

在编写监理规划时，必须依据建设工程监理合同中的以下内容：监理单位和监理工程师的权力和义务，监理工作范围和内容，有关建设工程监理规划方面的要求。

4. 其他建设工程合同

在编写监理规划时，也要考虑其他建设工程合同关于业主和承建单位权利和义务的内容。

5. 监理大纲

监理大纲中的监理组织计划，拟投入的主要监理人员，投资、进度、质量控制方案，合同管理方案，信息管理方案，定期提交给业主的监理工作阶段性成果等内容都是监理规划编写的依据。

6.2.2　建设工程监理规划编写的要求

1. 基本构成内容应当力求统一

监理规划在总体内容组成上应力求做到统一。这是监理工作规范化、制度化、科学化的要求。

监理规划基本构成内容的确定，首先应依据建设监理制度对建设工程监理的内容要求。

建设工程监理的主要内容是控制建设工程的投资、工期和质量，进行建设工程合同管理，协调有关单位间的工作关系。这些内容无疑是构成监理规划的基本内容。如前所述，监理规划的基本作用是指导项目监理机构全面开展监理工作。因此，对整个监理工作的组织、控制、方法、措施等将成为监理规划必不可少的内容。这样，监理规划构成的基本内容就可以确定下来。至于某一个具体建设工程的监理规划，则要根据监理单位与业主签订的监理合同所确定的监理实际范围和深度来加以取舍。

归纳起来，监理规划基本构成内容应当包括目标规划、监理组织、目标控制、合同管理和信息管理。施工阶段监理规划统一的内容要求应当在建设监理法规文件或监理合同中明确下来。

2. 具体内容应具有针对性

监理规划基本构成内容应当统一，但各项具体的内容则要有针对性。这是因为，监理规划是指导某一个特定建设工程监理工作的技术组织文件，它的具体内容应与这个建设工程相适应。由于所有建设工程都具有单件性和一次性的特点，也就是说，每个建设工程都有自身的特点，而且，每一个监理单位和每一位总监理工程师对某一个具体建设工程在监理思想、监理方法和监理手段等方面都会有自己的独到之处，因此，不同的监理单位和不同的监理工程师在编写监理规划的具体内容时，必然会体现出自己鲜明的特色。或许有人会认为这样难以有效辨别建设工程监理规划编写的质量。实际上，由于建设工程监理的目的就是协助业主实现其投资目的，因此，某一个建设工程监理规划只要能够对有效实施该工程监理做好指导工作，能够圆满地完成所承担的建设工程监理业务，就是一个合格的建设工程监理规划。

每一个监理规划都是针对某一个具体建设工程的监理工作计划，都必然有它自己的投资目标、进度目标、质量目标，有它自己的项目组织形式，有它自己的监理组织机构，有它自己的目标控制措施、方法和手段，有它自己的信息管理制度，有它自己的合同管理措施。只有具有针对性，建设工程监理规划才能真正起到指导具体监理工作的作用。

3. 监理规划应当遵循建设工程的运行规律

监理规划是针对一个具体建设工程编写的，而不同的建设工程具有不同的工程特点、工程条件和运行方式。这也决定了建设工程监理规划的内容必然与工程运行客观规律应具有一致性，必须把握、遵循建设工程运行的规律。只有把握建设工程运行的客观规律，监理规划的运行才是有效的，才能实施对这项工程的有效监理。

此外，监理规划要随着建设工程的展开进行不断的补充、修改和完善。它由开始的"粗线条"或"近细远粗"逐步变得完整、完善起来。在建设工程的运行过程中，内外因素和条件不可避免地要发生变化，造成工程的实施情况偏离计划，往往需要调整计划乃至目标，这就必然造成监理规划在内容上也要相应地调整。其目的是使建设工程能够在监理规划的有效控制之下，不能让它成为脱缰的野马，变得无法驾驭。

监理规划要把握建设工程运行的客观规律，就需要不断地收集大量的编写信息。如果掌握的工程信息很少，就不可能对监理工作进行详尽的规划。例如，随着设计的不断进展、工程招标方案的出台和实施，工程信息量越来越多，监理规划的内容也就越来越趋于完整。就一项建设工程的全过程监理规划来说，想一气呵成的做法是不实际的，也是不科学的，即使编写出来也是一纸空文，没有任何实施的价值。

4. 项目总监理工程师是监理规划编写的主持人

监理规划应当在项目总监理工程师主持下编写制定，这是建设工程监理实施项目总监理工程师负责制的必然要求。当然，编制好建设工程监理规划，还要充分调动整个项目监理机构中专业监理工程师的积极性，要广泛征求各专业监理工程师的意见和建议，并吸收其中水平比较高的专业监理工程师共同参与编写。

在监理规划编写的过程中，应当充分听取业主的意见，最大限度地满足他们的合理要求，为进一步搞好监理服务奠定基础。

作为监理单位的业务工作，在编写监理规划时还应当按照本单位的要求进行编写。

5. 监理规划一般要分阶段编写

如前所述，监理规划的内容与工程进展密切相关，没有规划信息也就没有规划内容。因此，监理规划的编写需要有一个过程，需要将编写的整个过程划分为若干个阶段。

监理规划编写阶段可按工程实施的各阶段来划分，前一阶段工程实施所输出的工程信息就成为后一阶段监理规划信息，如可划分为设计阶段、施工招标阶段和施工阶段。设计的前期阶段，即设计准备阶段应完成规划的总框架并将设计阶段的监理工作进行"近细远粗"的规划，使监理规划内容与已经掌握的工程信息紧密结合；设计阶段结束，大量的工程信息能够提供出来，所以施工招标阶段监理规划的大部分内容能够落实；随着施工招标的进展，各承包单位逐步确定下来，工程施工合同逐步签订，施工阶段监理规划所需的工程信息基本齐备，足以编写出完整的施工阶段监理规划。在施工阶段，有关监理规划的主要工作是根据工程进展情况进行调整、修改，使监理规划能够动态地控制整个建设工程的正常进行。

在监理规划的编写过程中需要进行审查和修改，因此，监理规划的编写还要留出必要的审查和修改的时间。为此，应当对监理规划的编写时间事先作出明确的规定，以免编写时间过长而耽误监理规划对监理工作的指导，使监理工作陷于被动和无序状态。

6. 监理规划的表达方式应当格式化、标准化

现代科学管理应当讲究效率、效能和效益，其表现之一就是使控制活动的表达方式格式化、标准化，从而使控制的规划显得更明确、更简洁、更直观。因此，需要选择最有效的方式和方法来表示监理规划的各项内容。比较而言，图、表和简单的文字说明应当是采用的基本方法。我国的建设监理制度应当走规范化、标准化的道路，这是科学管理与粗放型管理在具体工作上的明显区别。可以这样说，规范化、标准化是科学管理的标志之一。所以，编写建设工程监理规划各项内容时采用什么表格、图示以及哪些内容需要采用简单的文字说明应当作出统一规定。

7. 监理规划应该经过审核

监理规划在编写完成后需进行审核并经批准。监理单位的技术主管部门是内部审核单位，其负责人应当签认。监理规划是否要经过业主的认可，由委托监理合同或双方协商确定。

从监理规划编写的上述要求来看，它的编写既需要由主要负责者(项目总监理工程师)主持，又需要形成编写班子。同时，项目监理机构的各部门负责人也有相关的任务和责任。监理规划涉及建设工程监理工作的各方面，所以，有关部门和人员都应当关注它，使监理规划编制得科学、完备，真正发挥全面指导监理工作的作用。

6.3 建设工程监理规划的内容及其审核

6.3.1 建设工程监理规划的内容

建设工程监理规划应将委托监理合同中规定的监理单位承担的责任及监理任务具体化，并在此基础上制定实施监理的具体措施。

建设工程监理规划通常包括以下内容。

1. 建设工程概况

建设工程的概况部分主要编写建设工程名称、建设工程地点、建设工程组成及建筑规模、主要建筑结构类型、预计工程投资总额、建设工程计划工期、工程质量要求、建设工程设计单位及施工单位名称、建设工程项目结构图与编码系统等内容。

2. 监理工作范围

监理工作范围是指监理单位所承担的监理任务的工程范围。如果监理单位承担全部建设工程的监理任务，监理范围为全部建设工程，否则应按监理单位所承担的建设工程的建设标段或子项目划分确定建设工程监理范围。

3. 监理工作内容

(1) 立项阶段监理工作的主要内容。协助业主准备工程报建手续；可行性研究咨询、监理；技术经济论证；编制建设工程投资匡算。

(2) 设计阶段监理工作的主要内容。结合建设工程特点，收集设计所需的技术经济资料；编写设计要求文件；组织建设工程设计方案竞赛或设计招标，协助业主选择好勘察设计单位；拟定和商谈设计委托合同内容；向设计单位提供设计所需的基础资料；配合设计单位开展技术经济分析，搞好设计方案的比选、优化设计；配合设计进度，组织设计单位与有关部门，如消防、环保、土地、人防、防汛、园林以及供水、供电、供气、供热、电信等协调工作；组织各设计单位之间的协调工作；参与主要设备、材料的选型；审核工程估算、概算、施工图预算；审核主要设备、材料清单；审核工程设计图纸，检查设计文件是否符合设计规范及标准，检查施工图纸是否能满足施工需要；检查和控制设计进度；组织设计文件的报批。

(3) 施工招标阶段监理工作的主要内容。拟定建设工程施工招标方案并征得业主同意；准备建设工程施工招标条件；办理施工招标申请；协助业主编写施工招标文件；标底经业主认可后，报送所在地方建设主管部门审核；协助业主组织建设工程施工招标工作；组织现场勘察与答疑会，回答投标人提出的问题；协助业主组织开标、评标及定标工作；协助业主与中标单位商签施工合同。

(4) 材料、设备采购供应的监理工作主要内容。对于由业主负责采购供应的材料、设备等物资，监理工程师应负责制定计划，监督合同的执行和供应工作。具体内容包括：制定材料、设备供应计划和相应的资金需求计划；通过质量、价格、供货期、售后服务等条件的分析和比选，确定材料、设备等物资的供应单位。重要设备尚应访问现有使用用户，并考察生产单位的质量保证体系；拟定并商签材料、设备的订货合同；监督合同的实施，确保材料、设备的及时供应。

(5) 施工准备阶段监理工作的主要内容。审查施工单位选择的分包单位的资质；监督检查施工单位质量保证体系及安全技术措施，完善质量管理程序与制度；参加设计单位向施工单位的技术交底；审查施工单位上报的实施性施工组织设计，重点对施工方案、劳动力、材料、机械设备的组织及保证工程质量、安全、工期和控制造价等方面的措施进行监督，并向业主提出监理意见；在单位工程开工前检查施工单位的复测资料，特别是两个相邻施工单位之间的测量资料、控制桩撅是否交接清楚，手续是否完善，质量有无问题，并对贯通测量、中线及水准桩的设置、固桩情况进行审查；对重点工程部位的中线、水平控制进行复查；监督落实各项施工条件，审批一般单项工程、单位工程的开工报告，并报业主备查。

(6) 施工阶段监理工作的主要内容。

① 施工阶段的质量控制。

a. 对所有的隐蔽工程在进行隐蔽以前进行检查和办理签证，对重点工程要派监理人员驻点跟踪监理，签署重要的分项工程、分部工程和单位工程质量评定表。

b. 对施工测量、放样等进行检查，对发现的质量问题应及时通知施工单位纠正，并做好监理记录。

c. 检查确认运到现场的工程材料、构件和设备质量，并应查验试验、化验报告单、出厂合格证是否齐全、合格，监理工程师有权禁止不符合质量要求的材料、设备进入工地和投入使用。

d. 监督施工单位严格按照施工规范、设计图纸要求进行施工，严格执行施工合同。

e. 对工程主要部位、主要环节及技术复杂工程加强检查。

f. 检查施工单位的工程自检工作，数据是否齐全，填写是否正确，并对施工单位质量评定自检工作作出综合评价。

g. 对施工单位的检验测试仪器、设备、度量衡定期检验，不定期地进行抽验，保证度量资料的准确。

h. 监督施工单位认真处理施工中发生的一般质量事故，并认真做好监理记录。

i. 对大、重大质量事故以及其他紧急情况，应及时报告业主。

② 施工阶段的进度控制。

a. 监督施工单位严格按施工合同规定的工期组织施工。

b. 对控制工期的重点工程，审查施工单位提出的保证进度的具体措施，如发生延误，应及时分析原因，采取对策。

c. 建立工程进度台账，核对工程形象进度，按月、季向业主报告施工计划执行情况、工程进度及存在的问题。

③ 施工阶段的投资控制。

a. 审查施工单位申报的月、季度计量报表，认真核对其工程数量，不超计、不漏计，严格按合同规定进行计量支付签证。

b. 保证支付签证的各项工程质量合格、数量准确。

c. 建立计量支付签证台账，定期与施工单位核对清算。

d. 按业主授权和施工合同的规定审核变更设计。

④ 施工阶段的安全监理内容有：发现存在安全事故隐患的，要求施工单位整改或停工处理；施工单位不整改或不停止施工的，及时向有关部门报告。

(7) 施工验收阶段监理工作的主要内容。

督促、检查施工单位及时整理竣工文件和验收资料，受理单位工程竣工验收报告，提出监理意见；根据施工单位的竣工报告，提出工程质量检验报告；组织工程预验收，参加业主组织的竣工验收。

(8) 合同管理工作的主要内容。

拟定本建设工程合同体系及合同管理制度，包括合同草案的拟定、会签、协商、修改、审批、签署、保管等工作制度及流程；协助业主拟定工程的各类合同条款，并参与各类合同的商谈；合同执行情况的分析和跟踪管理；协助业主处理与工程有关的索赔事宜及合同争议事宜。

(9) 委托的其他服务。

监理单位及其监理工程师受业主委托，还可承担协助业主准备工程条件，办理供水、供电、供气、电信线路等申请或签订协议；协助业主制定产品营销方案；为业主培训技术人员等几方面的服务。

4. 监理工作目标

建设工程监理目标是指监理单位所承担的建设工程的监理控制预期达到的目标。通常以建设工程的投资、进度、质量三大目标的控制值来表示。

(1) 投资控制目标：以__年预算为基价，静态投资为____万元(或合同价为万元)。

(2) 工期控制目标：__个月或自 __ 年__月 __ 日至__年__月 __ 日。

(3) 质量控制目标：建设工程质量合格及业主的其他要求。

5. 监理工作依据

其包括工程建设方面的法律、法规；政府批准的工程建设文件；建设工程监理合同；其他建设工程合同。

6. 项目监理机构的组织形式

项目监理机构的组织形式应根据建设工程监理要求选择。项目监理机构可用组织结构图表示。

7. 项目监理机构的人员配备计划

项目监理机构的人员配备应根据建设工程监理的进程合理安排，如表 6.1 所示。

表 6.1　项目监理机构的人员配备计划

人数 ＼ 时间	2014 年 4 月	2014 年 5 月	2014 年 6 月	…	2014 年 12 月	…
监理工程师						
监理员						
文秘人员						

8. 项目监理机构的人员岗位职责

详见第 5 章。

9. 监理工作程序

监理工作程序比较简单明了的表达方式是监理工作流程图。一般可对不同的监理工作内容分别制定监理工作程序，例如：

(1) 分包单位资质审查基本程序，如图 6.1 所示。

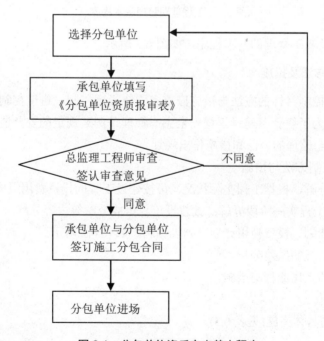

图 6.1　分包单位资质审查基本程序

(2) 工程延期管理基本程序，如图 6.2 所示。

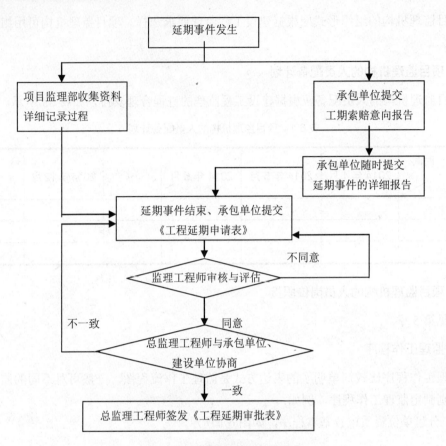

图 6.2　工程延期管理基本程序

(3) 工程暂停及复工管理的基本程序，如图 6.3 所示。

10. 监理工作方法及措施

建设工程监理控制目标的方法与措施应重点围绕投资控制、进度控制、质量控制这三大控制任务展开。为了履行《建设工程安全生产管理条例》规定的安全监理职责，在监理规划中，也应对安全监理的方法和措施作出规划。

1) 投资目标控制方法与措施

(1) 投资目标分解，根据工程实际状况，可按建设工程的投资费用组成分解；按年度、季度分解；按建设工程实施阶段分解；按建设工程组成分解等内容分解。

(2) 投资使用计划。投资使用计划可列表编制，如表 6.2 所示。

(3) 投资目标实现的风险分析。

(4) 投资控制的工作流程与措施。

① 工作流程图。

② 投资控制的具体措施(见表 6.3)。

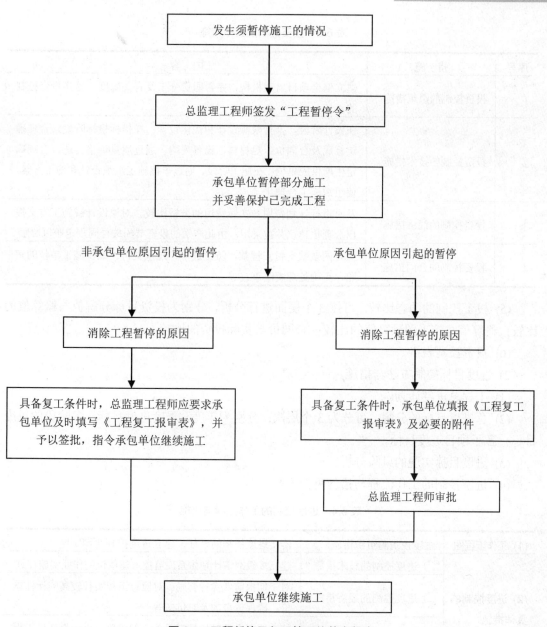

图 6.3　工程暂停及复工管理的基本程序

表 6.2　投资使用计划表

工程	XX 年度				XX 年度				XX 年度				总额
名称	一	二	三	四	一	二	三	四	一	二	三	四	

表 6.3 投资控制的具体措施

序号	措　施	内　容
1	投资控制的组织措施	建立健全项目监理机构，完善职责分工及有关制度，落实投资控制的责任
2	投资控制的技术措施	在设计阶段，推行限额设计和优化设计；在招标投标阶段，合理确定标底及合同价；对材料、设备采购，通过质量价格比选，合理确定生产供应单位；在施工阶段，通过审核施工组织设计和施工方案，使组织施工合理化
3	投资控制的经济措施	及时进行计划费用与实际费用的分析比较。对原设计或施工方案提出合理化建议并被采用，由此产生的投资节约按合同规定予以奖励
4	投资控制的合同措施	按合同条款支付工程款，防止过早、过量支付。减少施工单位的索赔，正确处理索赔事宜等

(5) 投资控制的动态比较。可按 3 个层面进行分析，分别为投资目标分解值与概算值的比较；概算值与施工图预算值的比较；合同价与实际投资的比较。

(6) 投资控制表格。

2) 进度目标控制方法与措施

(1) 工程总进度计划。

(2) 总进度目标的分解。可分为 3 个层次：分别为年度、季度进度目标；各阶段的进度目标；各子项目进度目标。

(3) 进度目标实现的风险分析。

(4) 进度控制的工作流程与措施见表 6.4。

表 6.4 进度控制的工作流程与措施

(1) 工作流程图	进度控制的组织措施	落实进度控制的责任，建立进度控制协调制度
(2) 进度控制的具体措施	① 进度控制的技术措施	建立多级网络计划体系，监控承建单位的作业实施计划
	② 进度控制的经济措施	对工期提前者实行奖励；对应急工程实行较高的计件单价；确保资金的及时供应等
	③ 进度控制的合同措施	按合同要求及时协调有关各方的进度，以确保建设工程的形象进度

(5) 进度控制的动态比较。可按两个层面进行分析，分别是进度目标分解值与进度实际值的比较和进度目标值的预测分析。

(6) 进度控制表格。

3) 质量目标控制方法与措施

(1) 质量控制目标的描述。其中目标可分为设计质量控制目标、材料质量控制目标、设备质量控制目标、土建施工质量控制目标、设备安装质量控制目标及其他说明。

(2) 质量目标实现的风险分析。

(3) 质量控制的工作流程与措施。主要内容有工作流程图和质量控制的具体措施。质量控制措施可分为质量控制的组织措施、质量控制的技术措施、质量控制的经济措施及合同措施。

(4) 质量目标状况的动态分析。

(5) 质量控制表格。

4) 合同管理的方法与措施

(1) 合同结构。可以以合同结构图的形式表示。

(2) 合同目录一览表见表 6.5。

表 6.5 合同目录一览表

序 号	合同编号	合同名称	承包商	合同价	合同工期	质量要求

(3) 合同管理的工作流程与措施。主要内容有工作流程图和合同管理的具体措施。

(4) 合同执行状况的动态分析。

(5) 合同争议调解与索赔处理程序。

(6) 合同管理表格。

5) 信息管理的方法与措施

(1) 信息分类表见表 6.6。

表 6.6 信息分类表

序 号	信息类别	信息名称	信息管理要求	责 任 人

(2) 机构内部信息流程图。

(3) 信息管理的工作流程与措施。主要内容有工作流程图和信息管理的具体措施。

(4) 信息管理表格。

6) 组织协调的方法与措施

(1) 与建设工程有关的单位。可分为系统内和系统外的单位。

建设工程系统内的单位，主要有业主、设计单位、施工单位、材料和设备供应单位、资金提供单位等。

建设工程系统外的单位，主要有政府建设行政主管机构、政府其他有关部门、工程毗邻单位、社会团体等。

(2) 协调分析。可分为建设工程系统内的单位协调重点分析、建设工程系统外的单位协调重点分析。

(3) 协调工作程序。可分为投资控制协调程序、进度控制协调程序、质量控制协调程序、其他方面工作协调程序。

(4) 协调工作表格。

7) 安全监理的方法与措施

其主要有：安全监理职责描述；安全监理责任的风险分析；安全监理的工作流程和措施；安全监理状况的动态分析；安全监理工作所用图表。

11. 监理工作制度

(1) 施工招标阶段主要制度有：招标准备工作有关制度；编制招标文件有关制度；标底编制及审核制度；合同条件拟定及审核制度；组织招标实务有关制度等。

(2) 施工阶段主要制度有：设计文件、图纸审查制度；施工图纸会审及设计交底制度；施工组织设计审核制度；工程开工申请审批制度；工程材料、半成品质量检验制度；隐蔽工程分项(部)工程质量验收制度；单位工程、单项工程总监验收制度；设计变更处理制度；工程质量事故处理制度；施工进度监督及报告制度；监理报告制度；工程竣工验收制度；监理日志和会议制度。

(3) 项目监理机构内部工作制度主要有：监理组织工作会议制度；对外行文审批制度；监理工作日志制度；监理周报、月报制度；技术、经济资料及档案管理制度；监理费用预算制度。

12. 监理设施

业主提供满足监理工作需要的设施为办公设施、交通设施、通信设施、生活设施。

根据建设工程类别、规模、技术复杂程度、建设工程所在地的环境条件，按委托监理合同的约定，配备满足监理工作需要的常规检测设备和工具，见表6.7。

表6.7　常规检测设备和工具

序　号	仪器设备名称	型　号	数　量	使用时间	备　注
1					
2					
3					
4					
5					

6.3.2　建设工程监理规划的审核

建设工程监理规划在编写完成后需要进行审核并经批准。监理单位的技术主管部门是内部审核单位，其负责人应当签认。监理规划审核的内容主要包括以下几个方面。

1. 监理范围、工作内容及监理目标的审核

依据监理招标文件和委托监理合同，看其是否理解了业主对该工程的建设意图，监理

范围、监理工作内容是否包括了全部委托的工作任务，监理目标是否与合同要求和建设意图相一致。

2. 项目监理机构结构的审核

(1) 组织机构。

在组织形式、管理模式等方面是否合理，是否结合了工程实施的具体特点，是否能够与业主的组织关系和承包方的组织关系相协调等。

(2) 人员配备。

人员配备方案应从以下几个方面审查。

① 派驻监理人员的专业满足程度。应根据工程特点和委托监理任务的工作范围审查，不仅考虑专业监理工程师如土建监理工程师、机械监理工程师等能否满足开展监理工作的需要，而且还要看其专业监理人员是否覆盖了工程实施过程中的各种专业要求，以及高、中级职称和年龄结构的组成。

② 人员数量的满足程度。主要审核从事监理工作人员在数量和结构上的合理性。上海市监理人员的配置数量规定见表6.8。

表 6.8 工程项目监理人数配置参照表

工程类别	投资额/万元	前期阶段/人	设计阶段/人	施工准备阶段/人	施工阶段/人			
					基础阶段	主体阶段	高峰阶段	收尾阶段
房屋建筑工程	$M<500$	2	2	2	3	3	4	4
	500～1000	2	2	2	3	4	4	4
	1000～5000	3	3	3	4	5	5	5
	5000～10000	4	4	4	5	6	7	5
	10000～50000	4	4	4	7	9	10	7
	50000～100000	4	4	4	8	10	11	7
	$M>100000$	5	5	5	9	11	12	8
市政工程	$M<500$	2	—	2	3	3	4	4
	500～1000	2	—	2	4	4	4	4
	1000～5000	3	3	3	5	5	5	4
	5000～10000	4	4	3	6	7	8	4
	10000～50000	4	4	3	—	8	—	5
	50000～100000	4	4	3	—	8	—	5
	$M>100000$	5	5	4	—	9	—	6
备注	① 实际配备人数可为表中人数±1 ② 投资额与各阶段计费基础相对应							

注：在施工阶段，专业监理工程师占 20%～30%。

③ 专业人员不足时采取的措施是否恰当。大、中型建设工程由于技术复杂、涉及的专业面宽，当监理单位的技术人员不足以满足全部监理工作要求时，对拟临时聘用的监理人员的综合素质应认真审核。

④ 派驻现场人员计划表。对于大、中型建设工程，不同阶段对监理人员人数和专业等方面的要求不同，应对各阶段所派驻现场监理人员的专业、数量计划是否与建设工程的进度计划相适应进行审核。还应平衡正在其他工程上执行监理业务的人员，是否能按照预定计划进入本工程参加监理工作。

(3) 工作计划审核。

在工程进展中各个阶段的工作实施计划是否合理、可行，审查其在每个阶段中如何控制建设工程目标以及组织协调的方法。

(4) 投资、进度、质量控制方法和措施的审核。

对三大目标的控制方法和措施应重点审查，看其如何应用组织、技术、经济、合同措施保证目标的实现，方法是否科学、合理、有效。

(5) 监理工作制度审核。

其主要审查监理的内、外工作制度是否健全。

6.4 案 例 分 析

6.4.1 案例 1

案例背景

某工程，建设单位通过招标方式选择监理单位。工程实施过程中发生下列事件。

事件 1：在监理招标文件中，列出的监理目标控制工作如下。

投资控制：①组织协调设计方案优化；②处理费用索赔；③审查工程概算；④处理工程价款变更；⑤进行工程计量。

进度控制：①审查施工进度计划；②主持召开进度协调会；③跟踪检查施工进度；④检查工程投入物的质量；⑤审批工程延期。

质量控制：①审查分包单位资质；②原材料见证取样；③确定设计质量标准；④审查施工组织设计；⑤审核工程结算书。

事件 2：监理合同签订后，总监理工程师委托总监理工程师代表负责以下工作：①主持编制项目监理规划；②审批项目监理实施细则；③审查和处理工程变更；④调解合同争议；⑤调换不称职监理人员。

事件 3：该项目监理规划内容包括：①工程项目概况；②监理工作范围；③监理单位的经营目标；④监理工作依据；⑤项目监理机构人员岗位职责；⑥监理单位的权利和义务；⑦监理工作方法及措施；⑧监理工作制度；⑨监理工作程序；⑩工程项目实施的组织；⑪监

理设施；⑫施工单位需配合监理工作的事宜。

事件 4：在第一次工地会议上，项目监理机构将项目监理规划报送建设单位，会后，结合工程开工条件和建设单位的准备情况，又将项目监理规划修改后直接报送建设单位。

事件 5：专业监理工程师在巡视时发现，施工人员正在处理地下障碍物。经认定，该障碍物确属地下文物，项目监理机构及时采取措施并按有关程序进行了处理。

案例问题

1．指出事件 1 中所列监理目标控制工作中的不妥之处，并说明理由。

2．指出事件 2 中的不妥之处，并说明理由。

3．指出事件 3 中项目监理规划内容中的不妥之处。根据《建设工程监理规范》，写出该项目监理规划还应包括哪些内容。

4．指出事件 4 中的不妥之处，并说明理由。

5．写出项目监理机构处理事件 5 的程序。

参考答案

1．投资控制中①不妥。理由是：属于质量控制的内容；进度控制中④不妥。理由是：属于质量控制的内容；质量控制中⑤不妥。理由是：属于投资控制内容。

2．事件 2 中有以下两点不妥。

(1) 主持编制项目监理规划不能委托监理工程师代表负责，应由总监理工程师负责。

(2) 审查和处理工程变更不能委托监理工程师代表负责，由总监理工程师负责。

3．事件 3 中不妥之处有：所列的第⑥监理的权利和义务，第⑩工程项目的实施组织，第⑫施工单位配合监理工作事宜，以及监理工作内容，监理机构组织形式，项目监理机构人员配备计划。

4．项目监理规划修改后不能直接报送建设单位。理由是：监理规划编写完成后必须要进行审核并经负责人签字认可。

5．遇到地下文物：先通知施工单位保护现场，及时通知建设单位，并报文物管理部门。

6.4.2　案例 2

案例背景

某工程项目分为 3 个相对独立的标段，由 3 家施工单位分别承包，承包合同价分别为3652 万元、3225 万元和 2733 万元；合同工期分别为 30 个月、20 个月和 24 个月。其中第三标段工程中的打桩工程分包给某专业基础工程公司施工，全部工程项目的施工监理由 A监理公司承担。

(1) 按以下要求编制了监理规划。

① 监理规划的内容构成应具有可操作性。

② 监理规划的内容应具有针对性。

③ 监理规划的内容应具有指导编制项目资金筹措计划的作用。

④ 监理规划的内容应能协调项目在实施阶段进度的控制。

(2) 监理规划的部分内容如下：

① 工程概况。

② 监理阶段、范围和目标。

● 监理阶段——本工程项目的施工阶段。

● 监理范围——本工程项目的 3 个施工合同标段内的工程。

● 监理目标——静态投资目标：9 610 万元人民币。

进度目标：30 个月。

质量目标：优良。

③ 监理工作内容如下。

● 协助业主组织施工招标工作。

● 审核工程概算。

● 审查、确认承包单位选择的分包商。

● 审查工程使用的材料、构件、设备的规格和质量。

……

④ 监理控制措施。

监理工程师应将主动控制和被动控制紧密结合，按流程进行控制。

……

⑤ 监理组织结构与职责。

⑥ 监理工作制度。

……

(3) 在工程施工过程中发生了以下事件和工作。

① 由于业主租给承包单位的施工机械发生故障，使工程不能按期竣工。

② 施工中某分部工程采用新工艺施工，业主要求监理机构编制质量检测合格标准。

③ 施工中发生不可抗力，施工被迫中断，监理机构指示承包单位采取应急措施。

④ 由于设计有误，变更设计后工程量增加了 2%，致使监理机构的监理工作时间延长。

⑤ 发生了一场意外火灾，火灾消灭后，监理机构做恢复施工前必要的监理准备工作。

⑥ 监理机构在隐蔽工程隐蔽前受承包单位的要求而进行检验。

案例问题

1. 编制监理规划所依据的各条编制要求是否恰当？为什么？

2. 监理规划的内容有哪些不妥之处？为什么？如何改正？

3. 编写的组织工作有无不妥？正确做法如何？

参考答案

1. 编制监理规划所依据的各条编制要求是否恰当？为什么？

(1) 恰当，从监理规划的作用来说，其基本内容构成应有可操作性。

　　监理规划是用来指导项目监理机构全面开展监理工作的指导性文件，因此要有可操作性，否则就不能指导监理工作了。

　　(2) 恰当，这是由工程项目的特殊性、单件性所决定的。

　　(3) 不恰当，因资金筹措计划应在项目决策阶段由业主确定。(说明：如答"资金筹措计划在项目决策阶段确定"或"资金筹措计划由业主确定"均为正确)

　　(4) 不恰当，因监理规划是施工阶段的，而不是实施阶段的。

　　2. 监理规划的内容有哪些不妥之处？为什么？如何改正？

　　(1) 监理目标不妥——因监理目标不明确，应按 3 个标段(合同段)的承包合同分别列出各分解控制目标。(说明：如直接列出分解目标亦可)

　　(2) 监理内容中第 1 条不妥——因施工合同已签订，不应将招标列入本监理规划中。(说明：如答"该条删除"亦可)

　　监理内容中第 2 条不妥——因审"概算是设计阶段的工作内容，不应列入本监理规划中。(说明：如答"该条删除"亦可)

　　3. 编写的组织工作有无不妥？正确做法如何？

　　(1) 由总监理工程师代表主持编写不妥，应由总监理工程师亲自主持。

　　(2) 由总监理工程师审查批准后直接送交建设单位不妥。应先送交监理单位技术负责人审查批准后，再提交建设单位。

本 章 练 习

一、单项选择题

1.　监理大纲可以由(　　)主持编写。

　　A. 拟任总监理工程师　　　　　　　　B. 专业监理工程师

　　C. 监理员　　　　　　　　　　　　　D. 总监理工程

2.　与监理规划相比，监理实施细则更具有(　　)。

　　A. 全面性　　　　　B. 指导性　　　　C. 系统性　　　　D. 可操作性

3.　监理规划要随着工程项目展开进行不断的补充、修改和完善，这是监理规划编写的(　　)要求。

　　A. 应当遵循建设工程的运行规律　　　B. 应当分阶段编写

　　C. 基本内容应力求统一　　　　　　　D. 具体内容应有针对性

4.　《建设工程监理规范》规定，分部工程的质量检验评定资料由(　　)负责签认。

　　A. 总监理工程师　　　　　　　　　　B. 专业监理工程师

　　C. 监理员　　　　　　　　　　　　　D. 总监理工程师代表

5.　项目监理机构应当配备满足监理工作需要的(　　)。

　　A. 所有监理设施　　　　　　　　　　B. 主要监理设施

　　C. 所有检测设备和工具　　　　　　　D. 常规检测设备和工具

二、多项选择题

1. 就监理单位内部而言，监理规划的作用主要体现在(　　)。
   A. 作为对项目监理机构及其人员工作进行考核的依据
   B. 作为业主确认监理单位履行合同的依据
   C. 作为监理主管部门对监理单位监督管理的依据
   D. 指导项目监理机构全面开展监理工作
   E. 作为监理单位的重要存档资料

2. 监理单位技术负责人审核监理规划时，主要审核(　　)。
   A. 监理范围与工作内容是否包括了全部委托的工作任务
   B. 监理组织形式、管理模式等是否合理
   C. 监理的内、外工作制度是否健全
   D. 项目监理机构是否有保证监理目标实现的充分依据
   E. 监理工作计划是否符合国家强制性标准

3. 监理规划除基本作用外，还具有(　　)等方面的作用。
   A. 指导项目监理机构全面开展监理工作
   B. 监理单位内部考核依据
   C. 监理单位的重要存档资料
   D. 业主确认监理单位履行监理合同的依据
   E. 政府建设主管机构对监理单位监督管理的依据

4. 建设工程监理规划的具体内容应具有针对性，其针对性应反映不同工程在(　　)等方面的不同。
   A. 工程项目组织形式　　　　　　B. 监理规划的审核程序
   C. 目标控制措施、方法、手段　　D. 监理规划构成内容
   E. 监理规划的表达方式

5. 下列仅属于施工阶段监理工作制度的有(　　)。
   A. 施工组织设计审核制度　　　　B. 合同条件拟定及审批制度
   C. 对外行文审批制度　　　　　　D. 设计交底制度
   E. 工程竣工验收制度

三、案例分析题

案例背景

某工程监理合同签订后，监理单位负责人对该项目监理工作提出以下 5 点要求：①监理合同签订后的 30 天内应将项目监理机构的组织形式、人员构成及总监理工程师的任命书面通知建设单位；②监理规划的编制要依据：建设工程的相关法律、法规，项目审批文件、有关建设工程项目的标准、设计文件、技术资料，监理大纲、委托监理合同文件和施工组织设计；③监理规划中不需编制有关安全生产监理的内容，但需针对危险性较大的分部分项工程编制监理实施细则；④总监理工程师代表应在第一次工地会议上介绍监理规划的主

要内容，如建设单位未提出意见，该监理规划经总监理工程师批准后可直接报送建设单位；⑤如建设单位设计方案有重大修改，施工组织设计、方案等发生变化，总监理工程师代表应及时主持修订监理规划的内容，并组织修订相应的监理实施细则。

　　总监理工程师提出了建立项目监理组织机构的步骤(见图 6.4)，并委托给总监理工程师代表以下工作：①确定项目监理机构人员岗位职责，主持编制监理规划；②签发工程款支付证书，调解建设单位与承包单位的合同争议。

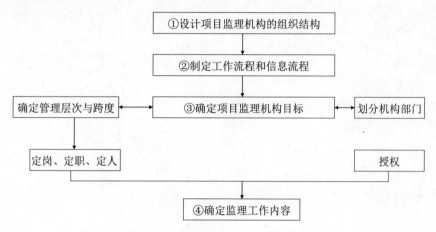

图6.4　建立项目监理组织机构的步骤

　　在编制的项目监理规划中，要求在监理过程中形成的部分文件档案资料如下：①监理实施细则；②监理通知单；③分包单位资质材料；④费用索赔报告及审批；⑤质量评估报告。

案例问题

写出项目监理规划中所列监理文件档案资料在建设单位、监理单位保存的时限要求。

参考答案

项目监理规划中所列监理文件档案资料在建设单位、监理单位保存的时限要求如下。

(1) 监理实施细则在建设单位长期保存、在监理单位短期保存。

(2) 监理通知单在建设单位长期保存、在监理单位长期保存。

(3) 分包单位资质材料在建设单位长期保存。

(4) 费用索赔报告及审批在建设单位长期保存、在监理单位长期保存。

(5) 质量评估报告在建设单位长期保存、在监理单位长期保存。

第 7 章　国外监理发展概况

【学习要点及目标】

◆　了解国外建设工程监理制度产生与发展概况。

◆　掌握国外建设工程组织管理模式。

7.1 国外建设工程监理制度的产生与发展

国外建设监理制度起源于产业革命发生以前的 16 世纪，是社会商品经济发展、社会分工细化及社会化大生产的产物。在 14 世纪以前，业主直接雇用并组织工匠进行工程建造，到了 14、15 世纪，由于建筑工程形体、结构、功能已变得较以前复杂得多，加上社会分工的进一步发展，社会中出现了营造师，营造师受雇于业主，负责工程的设计工作，并负责购买材料、雇用工匠、组织管理工程施工。

进入 16 世纪以后，随着社会对土木工程建造技术要求的不断提高，欧洲传统的建筑师队伍出现了专业化分工，设计和施工逐步分离，一部分建筑师转向社会传授技艺，为业主提供技术咨询，答疑解惑，或者受聘监督管理工程，工程监理制度就应运而生。英国政府于 1830 年以法律手段推出了总包合同制度，要求每个建设项目由一个承包商进行总包。总包制度的实行，导致了招标投标交易方式的出现，也促进了工程监理制度的发展。

第二次世界大战以后，欧美各国在恢复建设中，加快了建设现代化的发展速度。自 20 世纪 50 年代末、60 年代初开始，随着科学技术的发展，工业和国防建设以及人民生活水平不断提高，社会需要建设许多大型、巨型工程，如航天工程、大型水利工程、核电站、大型钢铁企业、石油化工企业和新型城市开发等。这些工程投资多、风险大、规模浩繁、技术复杂，无论是投资者还是承建者都难以承担由于投资不当或项目管理失误而造成的损失。竞争激烈的社会环境，迫使业主更加重视项目建设的科学管理。可行性研究这一方法应用以来，进一步拓宽了监理的业务范围，使其由项目实施阶段的工程监理向前延伸到决策阶段的咨询服务。业主为了减少投资风险，节约工程费用，保证投资效益和工程建设实施，需要有经验的咨询管理人员进行投资机会论证、项目可行性研究、投资决策等工作，在工程的建设实施阶段，还要进行全面的监理。这样一来，工程监理就逐步贯穿于建设活动的全过程。

监理制度在西方工业发达国家推行时间先后不同，各国使用的名称不尽相同，有的成为工程咨询服务，有的成为项目管理服务，但其内容基本相近，主要分为以下两种。

(1) 投资决策的咨询服务。协助业主进行工程建设可行性研究或技术经济论证，回答投资效益是否显著，是否进行投资。

(2) 项目实施阶段的监理。代表业主组织工程设计和工程招标，并以工程合同、技术规范以及国家有关政令为依据，对工程进行全过程控制和协调。

7.2 国外建设项目监理概况

7.2.1 英国业主的项目管理

建筑业是英国最大的独立行业，在国民经济中具有重要地位。20 世纪 80 年代末至 90

年代初，英国国民经济发生很大变化，特别是国际建筑市场变化，对英国建筑业产生了很大的冲击，促使英国工程项目管理快速发展。

在英国，工程项目管理被视为一种技术服务，属于工程技术咨询。与我国专门的监理咨询公司不同，在英国，为业主提供项目管理的既有专门的监理公司，也有设计单位、测量师事务所、甚至一些承包商(通常采用 CM 管理模式)。它们通过与委托人签订项目管理合同，进行技术管理服务并获得技术服务费。

由于监理师为业主提供的一种咨询，在具体的项目中，其业务范围是由业主来确定，可能涉及全过程，也可能涉及某一阶段(如施工阶段)，甚至某一阶段的某一方面(如施工阶段的质量控制或投资控制)。正是由于业主对项目管理的要求不同，因而从事此项工作的专业人员也有所不同，但目前主要涉及以下专业人员。

(1) 项目管理者(如英国皇家建造师学会会员，CIOB)。

(2) 建筑师(如英国皇家建筑师学会会员，RIBA)。

(3) 工程师(如英国皇家土木工程师学会会员，ICE)。

(4) 测量师(如英国皇家测量师学会会员，RICS)。

1. PM 模式

PM(Project Management)，如果简单地把它直译成"项目管理"是不能表达出它真实含义的，即使是"工程项目管理"也不完全正确。在英国建筑工程领域，对"Project Management"的正确理解为"业主的项目管理"，它从性质、工作内容以及代表谁的利益来看，与我国的"建设监理"有诸多相同之处。而这种为业主提供项目管理服务的模式称为 PM 模式。

PM 模式是指由项目业主聘请一家公司(工程公司、项目管理公司或咨询公司)代表业主进行整个项目过程进行集成化管理，该公司在项目中被称为"项目管理承包商"(Project Management Contractor，PMC)。PMC 受业主的委托，从项目的策划、定义、设计到竣工投产全过程为业主提供项目管理服务。PMC 是业主的延伸，并与业主充分合作，帮助业主在项目前期策划、可行性研究、项目定义、计划、融资方案以及设计、采购、施工、试运行等整个建设实施过程中有效地控制质量、进度和费用，实现项目寿命期技术和经济指标最优化。

(1) PM 模式的特点。

目前 PM 模式主要应用于国际性大型项目，适宜选用 PM 模式进行管理的项目具有以下特点。

① 项目投资额大(一般超过 10 亿元)且包括相当复杂的工艺技术。

② 业主是由多个大公司组成的联合体，并且有些情况下有政府的参与。

③ 项目投资通常需要从商业银行和出口信贷机构取得国际贷款，由于 PMC 公司对国际融资机构及出口信贷机构的运作惯例较熟悉，可通过 PMC 公司的支持取得国际贷款机构的信用，获取国际贷款。

④ 业主自身的资产负债能力无法为项目提供融资担保。

⑤ 由于某种原因，业主感到凭借自身的资源和能力难以完成的项目，需要寻找有管理

经验的 PMC 来代业主完成项目管理，这些项目的投资额一般在 5000 万美元以上。

(2) PM 模式的优势。

采用 PM 模式的项目，通过 PMC 单位对建设各环节系统科学的管理，可以实现项目投资效益最大化。

① 通过项目设计优化以实现项目寿命期费用最低。

PMC 根据项目所在地的实际条件，运用自身的技术优势，对整个项目进行全方位的技术经济分析与比较，本着功能完善、技术先进、经济合理的原则对整个设计进行优化。

② 在完成基础设计之后通过一定的合同策略，选用合适的合同形式进行招标。

PMC 单位根据不同工作包设计深度、技术复杂程度、工期长短、工程量大小等因素综合考虑采取哪种合同形式，进而从整体上给业主节约投资。

③ 通过 PM 的多项目采购协议及统一的项目采购策略降低投资。

多项目采购协议是业主就一种商品(设备或材料)与制造商签订的供货协议。与业主签订该协议的制造商是该项目这种商品(设备或材料)的唯一供应商。业主通过此协议获得价格和日常运行维护等方面的优惠。多项目采购协议是 PM 模式项目采购策略中的一个重要部分。

④ 由 PMC 单位实行项目管理总承包，有利于减少项目责任链条和业主的管理跨度，保证项目责任的连续性和一致性。

⑤ 有利于精简业主建设期的组织管理机构，减少业主方日常事务性管理工作以集中主要精力进行决策。

⑥ PMC 单位的现金管理及现金流量优化。

PMC 单位可通过其丰富的项目融资和项目财务管理经验，并结合工程实际对整个项目的现金流进行优化。

2. CM 模式

在施工阶段，在英美等国还广泛采用一种 CM(Construction Management)模式。在此模式下施工管理者接受业主的委托，代表业主的利益进行项目管理。常常施工项目管理者在设计阶段就会参与进来，以给业主提供咨询服务，分包商直接与业主签订承包合同。设计后期，施工管理者便开始安排各承包商按专业依次进场开始施工。在整个施工阶段，施工管理者从头至尾负责全面的组织协调工作，并进行质量控制。在英国，国家没有规定什么项目必须委托项目公司管理，甚至对承担项目管理业务的公司资质也无明确的法律规定。

由图 7.1 可以看出，采用 CM 模式，将工程设计、施工招标、施工搭接起来，与传统模式相比，开工时间可以提前，从而实现项目提前竣工，早日投入使用。

常见 CM 模式有代理型 CM 模式和非代理型 CM 模式两种类型。

(1) 代理型 CM 模式(CM/Ageney)。

这种模式又称为纯粹的 CM 模式。采用代理型 CM 模式，CM 单位是业主的咨询公司，业主与 CM 单位签订咨询服务合同，CM 合同价就是 CM 费，其表现形式可以是固定数额的费用，也可以是工程费用总额的百分数；业主分别与施工单位签订所有工程施工合同，其合同关系如图 7.2 所示。

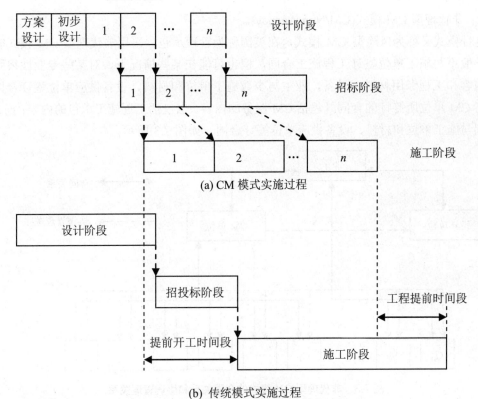

(a) CM 模式实施过程

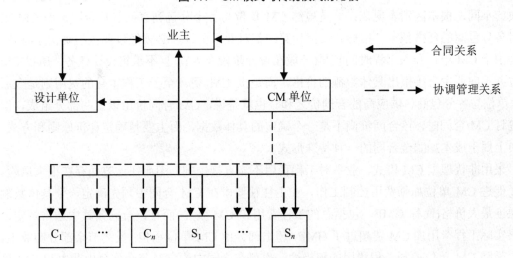

(b) 传统模式实施过程

图 7.1　CM 模式与传统模式的比较

图 7.2　代理型 CM 模式的合同关系和协调管理关系

图 7.2 中 C 表示施工单位，S 代表材料设备供应单位。需要说明的是，CM 单位对设计单位没有指令权，只能向设计单位提出一些合理化建议，CM 单位与设计单位之间是协调关系。这一点同样适用于非代理型 CM 模式。

代理型 CM 模式中的 CM 单位通常是由具有较丰富施工经验的 CM 单位或者咨询公司担任。

(2) 非代理型 CM 模式(CM/Non-Agency)。

这种模式又称为风险型 CM 模式，在英国称为管理承包。采用非代理型 CM 模式时，业主一般不与施工单位签订工程施工合同，但也可能在某些情况下，对某些专业性很强的工程内容和工程专用材料、设备，业主与少数施工单位和材料、设备供应单位签订合同。业主与 CM 单位所签订的合同既包括 CM 服务的内容，也包括工程施工承包的内容；而 CM 单位则与施工单位和材料、设备供应单位签订合同，如图 7.3 所示。

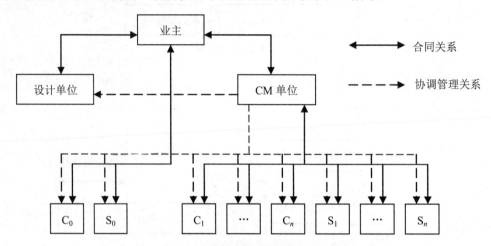

图 7.3　非代理型 CM 模式的合同关系和协调管理关系

在图 7.3 中，CM 单位与施工单位之间似乎是总分包关系，但实际上却与总分包模式有本质的不同，根本区别表现在：一是虽然 CM 单位与各个分包商直接签订合同，但 CM 单位对各分包商的资格预审、招标、议标和签约都对业主公开并必须经过业主的确认才有效；二是由于 CM 单位介入工程时间较早(一般在设计阶段介入)，且不承担设计任务，所以 CM 单位并不向业主直接报出具体数额的价格，而是报 CM 费，至于工程本身的费用则是今后 CM 单位与各分包商、供应商的合同价之和。也就是说，CM 合同价由以上两部分组成，但在签订 CM 合同时，该合同价尚不是一个确定的具体数据，而主要是确定计价原则和方式，本质上属于成本加酬金合同的一种特殊形式。

采用非代理型 CM 模式，业主对工程费用不能直接控制，因而在这方面存在很大风险。为了促进 CM 单位加强费用控制工作，业主往往要求在 CM 合同中预先确定一个具体数额的保证最大价格(简称 GMP，包括总的工程费用和 CM 费)；而且，合同条款中通常规定，如果实际工程费用加 CM 费超过了 GMP，超出部分由 CM 单位承担，反之节余部分归业主。为了鼓励 CM 单位控制工程费用的积极性，也可在合同中约定对节余部分由业主和 CM 单位按一定比例分成。

GMP 过高，失去了控制工程费用的意义，业主风险增大；GMP 过低，CM 单位风险加大。因此，GMP 具体数额的确定就成为 CM 合同谈判中的一个焦点和难点。确定一个合理的 GMP，一方面取决于 CM 单位的水平和经验，另一方面更主要的是取决于设计所达到的深度。如果 CM 单位在方案设计阶段即介入，则暂不确定 GMP 的具体数额，而是规定确定时间(从设计进度和深度考虑)，但这会大大增加 GMP 谈判的难度和复杂性。

非代理型 CM 模式中的 CM 单位通常是由从过去的总承包商演化而来的专业 CM 单位或总承包商担任。

7.2.2　德国工程项目管理

1. 发展概况

德国为联邦制国家，联邦制定《建筑法》示范文本，各州自己制定《建筑法》，建筑监理列为建筑法的重要内容。德国 1905 年设立建筑监理机构，负责对工程的审查监理，凡兴建工程都必须经审查监理有关程序才得以许可。设计审查监理工程师就是代表政府进行设计审查，对建筑结构工程进行全方位监督，比如建筑材料使用许可审查、工程结构力学计算审查、建筑工程施工监理等工作。但是国家设计审查监理工程师在施工工地没有旁站制度，旁站仅适用于代表业主的项目管理人员，这些管理人员的工作范围和职能与我国监理工程师的工作非常接近。

联邦德国自 20 世纪 60 年代起便开始了许多大型工程项目的建设。由于工程规模巨大，技术条件复杂，在市场竞争的环境中，产生了专门从事项目组织管理的咨询公司(即我国所称的监理公司)，但在当时只涉及项目实施阶段。随着投资渠道和建设项目的日趋国际化，资金来源也日趋多样化、复杂化，德国合作投资公司、欧共体、世界银行都可能参与投资，因此对项目管理的要求越来越高。

2. 组织形式及工作内容

(1) 组织形式。

在德国，建筑行业是服务性行业，项目管理公司同样属于服务性行业。在德国大型建设项目均聘请项目管理公司，以往的管理模式如图 7.4 所示。

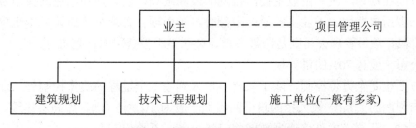

图 7.4　德国传统的项目管理模式

从图 7.4 可以看出在传统的管理模式中，项目管理公司与建筑规划、设计、施工单位没有直接的合同关系，管理起来比较困难。

随着建筑行业的发展，项目管理的发展趋势是：建筑规划和技术工程规划合并，项目管理公司取代建筑师进行项目管理。与之相适应，具有一定规模的项目管理公司(监理公司)均设有董事会、监事会、顾问公司，下设各子公司和项目子公司，其组织结构类似矩阵型，如图 7.5 所示。

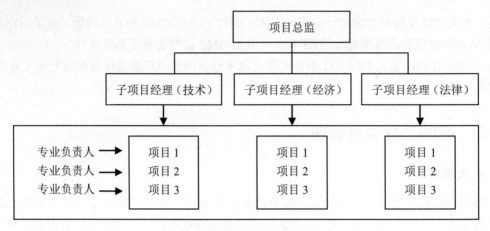

图 7.5　新型项目管理模式

由于业主的要求不同，项目管理公司的介入分为 3 个阶段：规划、招投标、施工。 从而形成 3 种监理模式：一是从项目决策规划开始直至结束的全过程监理；二是为业主作规划的监理；三是项目实施阶段的监理。

例如，东、西德合并后，迁都柏林的项目管理就是一个全过程监理，单就设计招标阶段，参加投标的设计单位就有 120 家，德国建筑部下设的专门委员会为组织好设计招标，特设 5 个办公室具体分管负责，而且为了引进设计竞争，一幢大楼原则由四五家设计公司设计，可以想象，如无严密、高效的组织结构，如此庞大的建设项目是难以管好建成的。

(2) 工作内容。

项目管理公司通过对项目的工期、投资、质量 3 方面管理，实现对项目的全面控制。

工期方面分为规划需要的工期和实施需要的工期。在德国传统性管理中，规划阶段没有明确时间，现在在合同中对各阶段的时间均有一定的期限规定。对于承包方的拖期，监理工程师可以按德国现行的"德国工艺标准"关于合同的条款加以控制。对项目投资和质量，也均有定量的表述。

投资方面在规划阶段，由业主提出投资的最高限额，建筑师和承包商报出各种费用的预算，如二者所报费用大于业主的最高限额时，则由项目管理公司协调后确定项目的总费用。实施阶段，项目管理公司则是监督各承建公司是否按费用原计划进行。对于一个项目，项目管理公司一般有 70%的付款权。

质量方面也是全方位控制，除了从材料投入到竣工全过程的质量控制外，还要考虑业主的投资与利润的关系(一幢大楼的投资回收期一般为 10～15 年)。如高层建筑，既要考虑外墙的保暖性，还要考虑外墙造型要能将气流分散，不要引起共振；又如房内空调，既要保持空气的纯洁度，维持良好的室内光线，又要顾及室内温度不能太高等。

7.2.3　美国监理制度

1. 监理概况

早在 1800 年，美国 Ocotillo 房地产企业在菲尼克斯市运作房屋开发项目时，就雇用了

WLB 设计公司为其提供工程咨询服务，经过两个世纪的发展，特别是二战以后，监理制度更加健全。在美国"监理"一般被称为"工程咨询"或"工程顾问"，负责工程监理的是工程咨询公司、顾问公司和建设监理公司，这些公司在做工程监理的同时还进行项目研究、分析评价和项目的方案和设计工作。

美国是一个联邦制国家，州政府的权力比较大，在管理体制方面也相对比较独立，联邦政府对建筑业的管理没有设置直接的管理机构，也就是没有下属的建筑企业和研究机构，因此负责建设工程监理的公司都是私有企业，作为政府仅对这些企业进行协调、协助的宏观管理，而不进行直接管理。

美国监理公司的任务来源一般有两个渠道。一是专业性较强的政府所属工程，由联邦政府或者州政府直接委托对口的专业性较强的监理公司进行管理，如伯戈国际工程咨询公司，新泽西州政府的高速公路、桥梁及地铁工程基本上是委托该公司进行监理。二是私人工程，在美国，政府不强制要求私人工程必须施行监理，如果业主需要监理咨询服务，一般是通过招标方式来选择监理企业。

2. 监理职责、方法

美国的监理是全方位的，他们既进行现场管理，也从技术、方法和效益上进行控制，监理的工作涉及从项目决策到竣工验收，甚至投入使用后的纠纷处理等全寿命周期。监理与业主是委托与被委托的合同关系，监理工程师行使业主授予的权利。监理工程师负责解释文件、合同、签发付款单，主抓工程进度，工程质量主要由承包商负责。

建设项目业主对承包商发包的方式也不尽相同，有的把全部工程发包给总承包商，也有业主为了考虑专项施工承包商的特长，以求达到工程综合的最佳质量，而把工程分解成几个部分而分别发包给几个承包商，这就给监理工作带来很大的挑战。在项目实施过程中，承包方要服从监理方，否则不能进行施工。监理工程师下达的指令承包商必须坚决执行，开工令、停工令、付款令等与工程有关的各种指令都由监理工程师签发，并具有法律效力。工程竣工后，必须经过监理工程师的验收、结算，并审核工程资料，一切合格后方能办理工程竣工移交手续。

3. 监理费用标准

建设监理的取费，政府没有制定统一标准，完全由市场调节，由业主与监理公司双方商定，一般根据委托监理工作量和内容，以及建设项目的负责程度来确定，因此监理费用高低不同，一般占工程造价的 3%～10%。取费方式一般有 3 种：一是按照工程造价的一定比例收取；二是按双方商定费用总额，如果工作内容超出商定的监理范围，再追加费用；三是固定额加奖罚，工程费用控制好，工期缩短将给予奖励，相反则要承担处罚。

7.2.4　新加坡监理制度

1. 监理概况

新加坡的建设监理是全方位、全过程的，即各种工程和所有的建设阶段，都实施强制性和委托性的监理。新加坡建筑法律健全，主要有《建筑控制法》和《建筑条例》，另外还制定了建筑行政法规和其他技术标准，作为执行机构实施建筑管理的依据。

新加坡的工程监理制度有两个主要特点。一是新加坡实行强制性监理，即所有项目必须监理，因为强制性监理对于保证施工符合经批准的工程图纸和相关建筑条例是必要的。二是新加坡的监理制度有两个层次，即"资格监理师"和"现场监理师"，类似于我国的总监理工程师、专业监理工程师和监理员。

2. 资格监理师

资格监理师由注册的建筑师或者注册的专业工程师担任，负责对整个项目的监督管理。业主在申请图纸审批之前应委托一个资格监理师，如果第一次图纸送审没有通过，第二次由资格监理师重新提交，另外，如果项目没有委托资格监理师，工程无法获得批准开工。工程实施过程中，如果资格监理师不能履行他的职责，则应在停止履行职责的14天内，通知政府建设主管部门和承包商，承包商收到通知后应停止施工，直到业主委托另一位资格监理师。这一制度要求任务施工现场都必须在有资格监理师负责的情况下方可进行施工。

3. 现场监理师

在1986年之前，新加坡并没有现场监理师制度，由于1986年新加坡新世界酒店发生倒塌事故，造成了33人死亡的惨剧，新加坡政府意识到仅有资格监理师是不够的，于是设立了一个更加深入的现场管理监理人员，负责实施"立即监理"，确保项目的整个施工过程都有监理的参与和处于受控状态，因此就产生了现场监理制度，相对于资格监理师而言，现场监理师对项目管理的参与度更高。现场监理师由业主委托的资格监理师委托，现场监理师必须具有相应的实践经验及资格证书。现场监理师的主要职责是：采取一切措施对项目的关键部位实施全职监理，对施工中关键部位、隐蔽工程及其他重要过程实施"立即监理"。

7.3 建设工程组织管理新型模式

随着社会技术经济水平的发展，建设工程业主的需求也在不断变化和发展，总的趋势是希望简化自身的管理工作，得到更全面、更高效的服务，更好地实现建设工程预定的目标。本节将重点介绍BOT模式、EPC模式和Partnering模式。

7.3.1 BOT模式

1. BOT的概念

BOT(Build Operate Transfer，建设、经营、转让)是私营企业参与基础设施建设，向社会提供公共服务的一种方式。我国一般称其为"特许权"，是指政府部门就某个基础设施项目与私人企业(项目公司)签订特许权协议，授予签约方的私人企业来承担该基础设施项目的投资、融资、建设、经营与维护，在协议规定的特许期限内，这个私人企业向设施使用者收取适当的费用，由此来回收项目的投融资，建造、经营和维护成本并获取合理回报；政府部门则拥有对这一基础设施的监督权、调控权；特许期届满，签约方的私人企业将该基础设施无偿或有偿移交给政府部门。BOT 模式运作流程如图 7.6 所示。

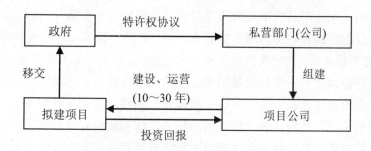

图 7.6　BOT 模式运作流程

　　近些年来，BOT 这种投资与建设方式被一些发展中国家用来进行其基础设施建设并取得了一定的成功，引起了世界范围广泛青睐，被当成一种新型的投资方式进行宣传，然而BOT 并非一种新型管理模式，它自出现至今已有至少 300 年的历史。17 世纪英国的领港公会负责管理海上事务，包括建设和经营灯塔，并拥有建造灯塔和向船只收费的特权。但是据罗纳德·科斯(R.Coase)的调查，在 1610—1675 年的 65 年中，领港公会连一个灯塔也未建成。而同期私人建成的灯塔至少有 10 座。这种私人建造灯塔的投资方式与 BOT 如出一辙。即，私人首先向政府提出准许建造和经营灯塔的申请，申请中必须包括许多船主的签名以证明将要建造的灯塔对他们有利并且表示愿意支付过路费；在申请获得政府的批准以后，私人向政府租用建造灯塔必须占用的土地，在特许期内管理灯塔并向过往船只收取过路费；特权期满以后由政府将灯塔收回并交给领港公会管理和继续收费。到 1820 年，在全部 46 座灯塔中，有 34 座是私人投资建造的。

2. BOT 模式的具体方式

　　BOT 经历了数百年的发展，为了适应不同的条件，衍生出许多变种。

　　(1) BOT(Buil Operate Transfer，建设、运营、移交)，政府授予项目公司建设新项目的特许权时，通常采用这种方式。

　　(2) BOOT(Build Own Operate Transfer，建设、拥有、运营、移交)，这种方式明确了 BOT方式的所有权，项目公司在特许期内既有经营权又有所有权。一般说来，BOT 即是指 BOOT。

　　(3) BOO(Build Own Operate，建设、拥有、运营)，这种方式是开发商按照政府授予的特许权，建设并经营某项基础设施，但并不将此基础设施移交给政府或公共部门。

　　(4) BOOST(Build Own Operate Subsidy Transfer，建设、拥有、运营、补贴、移交)。

　　此外，还有 OT、TOT、BT 等，虽然提法不同，具体操作上也存在一些差异，但它们的结构与 BOT 并无实质差别，所以习惯上将上述所有方式统称为 BOT。

3. BOT 模式参与方

(1) 项目发起人。

项目发起人是项目的主办者，是项目公司的股权投资者。项目发起人可以是一家公司，也可以是由多个投资者组成的联合体，如东道国政府下属的公用事业机构、运营商、设备和原材料供应商、项目产品的购买者或项目设施的用户、工程承包商以及间接利益接受者等都可成为项目的发起人。作为项目发起人，首先应作为股东分担一定的项目开发费用。在 BOT 项目方案确定时，就应明确债务和股本的比例，项目发起人应作出一定的股本承诺。同时，应在特许协议中列出专门的备用资金条款，当建设资金不足时，由股东们自己垫付不足资金，以避免项目建设中途停工或工期延误。项目发起人拥有股东大会的投票权，以及特许协议中列出的资产转让条款所表明的权力，即当政府有意转让资产时，股东拥有除债权人之外的第二优先权，从而保证项目公司不被怀有敌意的人控制，保护项目发起人的利益。

(2) 项目公司。

项目公司是项目发起人为某一特定基础设施项目建设而专门成立的公司，项目发起人投入的资本形成项目公司的权益资本。项目公司是 BOT 项目的执行主体，负责项目的融资、开发、建设、经营等所有事务。在法律上，项目公司是一个独立的法人实体，具有独立的法人资格。其结构形式多样，其中中外合资及中外合作项目公司在我国的 BOT 项目中占大多数。在项目的开发建设过程中，项目公司对工程进度和工程质量进行监督，发现问题及时纠正，并对开发建设的外围事宜进行协调处理，确保工程项目保质保量地及时竣工。项目公司并不一定要参加项目建成后的经营与产品销售，而可以委托专门的运营商进行。

(3) 政府。

东道国政府或政府机构是特许权协议的一方当事人，它对 BOT 项目的态度以及在 BOT 项目实施过程是否给予支持等将直接影响到项目的成败。宏观上，政府可以为项目建设提供良好的投资环境，如稳定的政局、稳定连贯的政策、完善的法制等；微观上，政府给予项目特许权协议和相关的支持协议；给予项目各种优惠，如税收优惠、保证外汇来源、提供条件优惠的出口信贷和其他类型的贷款或贷款担保、提供长期稳定的能源供应；由于基础设施项目关系到社会公共利益，政府还需对 BOT 项目的全过程进行必要的管理，对其实行监督、检查、审计制度，对于不符合特许权协议规定的行为要予以纠正并依法处罚。一般而言，发展中国家与发达国家相比，缺乏 BOT 项目成功运作所需的成熟完善的法律、政策、投资环境等，因此发展中国家政府的态度和支持程度就更显重要。

(4) 贷款人。

贷款人主要指为 BOT 项目提供贷款的金融机构，一般有国际银团、商业银行、出口信贷机构、信托投资机构和多边国际金融机构等。资金筹措是 BOT 项目成败的一个关键因素，一般情况下，项目所需资金的 70%~90%要通过从金融机构借款获得。由于基础设施规模较大，所需资金较多，通常需由几家甚至几十家银行组成的国际银团对项目提供贷款。为发展中国家提供 BOT 项目贷款的国际银团往往是多边国际金融机构，如世界银行及地区开发银行等，取得这些机构的贷款可减少项目融资的资金成本，降低项目风险。

(5) 工程承包商。

工程承包商是项目建设过程中的主要参与者，负责工程项目的设计、施工等，一般通过国际招投标选定，通常与项目公司签订固定价格的总价承包合同，工程承包商基本要承担完工风险，如工期延误、工程质量不合格、成本超支等。承包商的技术水平和信誉是能否取得贷款的重要因素之一，其资金情况、工程技术能力和以往的业绩记录将在很大程度上影响贷款银行对项目建设期风险的判断。工程总承包商一般还会就项目的设计、施工、设备购买等与各公司签订合同。

(6) 供应商。

供应商负责供应项目公司所需的设备、燃料、原材料等。由于在特许期限内，对于燃料(原料)的需求是长期和稳定的，供应商必须具有良好的信誉和较强而稳定的盈利能力，能提供至少不短于还贷期的一段时间内的燃料(原料)，同时供应价格应在供应协议中明确注明，并由政府和金融机构对供应商进行担保。

(7) 运营商。

BOT 项目建成后，项目的经营和管理不一定由项目公司具体负责，可能由专业的运营商经营管理，这时项目公司与某一运营商签订运营协议，将项目建成后的运营管理、收费、维修和保养工作承包给运营商负责。运营商必须熟悉 BOT 项目的运营过程，对 BOT 项目有丰富的管理经验和较高的管理技术及管理水平。在运营过程中，项目公司每年都要对项目的运营成本进行预算，列出成本计划，对项目的运营效果进行考核，并制定相应的奖惩制度。

(8) 购买者或用户。

一般 BOT 项目在规划和谈判阶段就要确定项目产品购买者或项目设施的用户，以减少销售风险。这些购买者或设施用户可以是项目发起人本身，也可以是有关政府机构以及对项目产品感兴趣的独立第三方，他们是项目未来收入与收益的提供者。项目公司通过与产品购买商签订长期购买合同来保证项目未来稳定的市场和经济效益，为项目提供重要的贷款偿还保证。

(9) 保险公司。

保险公司的责任是对项目中各个角色不愿承担的风险进行保险，包括承包商风险、业务中断风险、整体责任风险、政治风险(战争、财产充公等)等。由于这些风险不可预见性很强，造成的损失巨大，所以对保险商的财力、信用要求很高，一般的中小保险公司是没有能力承作此类保险的。

(10) 其他参与者。

在 BOT 实施过程中，还有其他参与者发挥其独特作用，如财务金融顾问、信用评估机构、律师和其他专业人士等。

BOT 模式结构框架如图 7.7 所示。

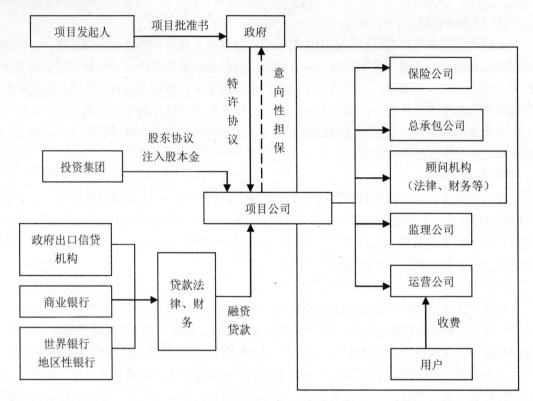

图 7.7　BOT 模式结构框架

4. BOT 模式的特点

从 BOT 投资方式的基本内涵可以看出，BOT 投资方式的一个很显著的特征：政府赋予私营公司或企业对某一项目的特许权，由其全权负责建设与经营，政府无须花钱，通过转让权利即可获得一些重大项目的建成并产生极大的社会效益，特许期满后还可以收回项目。当然，投资者也因为拥有一定时期的特许权而获得极大的投资机会，并相应赚取了利润。所以 BOT 投资方式能使多方获利，具有较好的投资效果。

(1) 缓和政府的财政压力。

BOT 模式，改变了过去政府作为建设单一投资主体，民间资金更多广泛地介入基础设施项目建设，缓解基础设施建设庞大的资金需求与政府有限的财政投资之间的矛盾，可使政府将有限的资金投资于那些不被投资者看好但对国家具有重大战略意义的项目。而且由项目公司负责融资，不需要政府直接借款或对项目投资贷款的偿还提供担保，因此不会增加政府的债务负担，避免了政府的债务风险。

(2) 减少政府风险。

BOT 模式避免或减少政府投资可能带来的各种风险，如利率和汇率风险、市场风险、技术风险等。传统投资方式下，政府几乎承担了基础设施建设所有的风险，而在 BOT 模式下，则是根据最佳风险管理原则，即"风险应该由最善管理它的一方承担"的原则，将风险在政府与项目其他参与者之间进行合理地分配。

(3) 有利于提高项目的运作效益。

放开基础设施领域，允许民间资金进入，可以打破垄断，引入市场竞争机制，按市场化原则进行经营和管理。另外，项目公司较政府机构具有融资、管理、技术的优势及其平衡成本、风险和利润的能力和经验，同时企业为了减少风险，获得较多的收益，客观上促使其加强管理，控制造价，降低项目建设费用，缩短建造期。

(4) 提前满足社会与公众需求。

采取 BOT 投资方式，可在私营企业的积极参与下，使一些本来急需建设而政府目前又无力投资建设的基础设施项目，在政府有力量建设前，提前建成发挥作用，从而有利于全社会生产力的提高，并满足社会公众的需求。

(5) 带来先进的技术和经验管理。

项目吸引国内外大型私营公司(特别是发达国家的)参与项目建设与管理，引进先进的技术和管理模式，带来技术转让、培训本国人员、发展资本市场等相关利益。

7.3.2　EPC 模式

1. EPC 模式的概念

EPC(Engineering Procurement Construction)，我国有些学者将其翻译为设计、采购、建造。对此，有必要特殊说明，如果将 Engineering 一词简单地译为"工程"肯定不恰当，但译为"设计"也未必恰当，因此这容易使人从中文的角度理解为 Design，从而将 EPC 模式与项目总承包模式相混淆。

为了区别 EPC 模式与项目总承包模式，要从两者英文表述词的意思入手。项目总承包模式的英文表示为 Design-Build(简单表示为 D+B)，在这两种模式中，Engineering 与 Design 相对应，Construction 与 Build 相对应。

Engineering 一词多义，在 EPC 模式中，它不仅包括具体的设计工作，而且包括项目前期策划在内的整个建设工程实施组织管理的策划和具体工作。因此很难用一个中文词准确表述这里边 Engineering 的含义。由此可见，EPC 模式将承包的范围进一步向建设工程前期延伸，业主只要说明一下投资意向和要求，其余工作均由 EPC 承包单位来完成。

Procurement 可直译为采购。按世界银行的定义，采购包括工程采购(通常指施工招标)、服务采购和货物采购。但在 EPC 模式中，采购主要指货物采购，即材料和工程设备的采购。在 D+B 模式中，大多数的材料和工程设备通常是由项目总承包单位采购，但业主可能保留重要工程设备和特殊材料的采购权。EPC 模式在名称上突出了 Procurement，表明在这种模式中，材料、工程设备、甚至土地全部由 EPC 承包单位负责。

Construction 与 Build 两个英文词在中文含义有很多相同之处，作为英文使用时有时并没有严格区别，但是一般 Building 通常指房屋建筑，Construction 没有直接相关的工程对象词汇。

EPC 模式于 20 世纪 80 年代首先在美国出现，得到了那些希望尽早确定投资总额和建设周期的业主的重视，在国际工程承包市场中的应用逐渐扩大。FIDIC 于 1999 年编制了标准的 EPC 合同条件，这有利于 EPC 模式的推广和应用。EPC 模式特别强调适用业主对工期和造价的要求更加确定的项目，主要应用于大型装置或工艺过程为主要核心技术的工业建筑领域，如大型石化、冶金、石油开发和基础设施等工程。

2. EPC 模式的特征

(1) 承包商处于核心地位。

该模式要求 EPC 承包商具有很高的总承包能力和风险管理水平，在项目实施过程中，对设计、施工、采购全权负责，指挥和协调各分包商，处于核心地位。EPC 模式给承包商的主动经营带来机遇的同时也使其面临更严峻的挑战，承包商需要承担更大的风险责任。由于承包商的承包范围包括设计，因此要承担设计风险。此外，其他模式中因"不可抗力"引发的损失，承包人有索赔权利，最终大部分风险由业主方承担，但在 EPC 模式中，承包商自然要承担这一类风险。这是一类比较常见的风险，一旦发生，就会引起费用增加和工期延误。

(2) 业主易于管理项目。

EPC 模式业主参与工程管理工作很少，一般由自己或者委托业主代表来管理工程。EPC 合同条件第 3 条规定，如果委派业主代表来管理，业主代表应是业主的全权代表。如果业主想更换业主代表，只需提前 14 天通知承包商，不需征得承包商的同意。但在其他模式中，如果业主要更换业主代表，不仅提前通知承包商的时间大大增加(FIDIC 施工合同条件规定42 天)，且需得到承包商的同意。

在 EPC 模式中，由于承包商承担工程建设的大部分风险，所以业主或业主代表管理工程的就先较为宽松，业主对承包商提交的文件仅仅是"审阅"，对工程材料、设备的质量管理虽然也有施工期间检验的规定，重点在竣工检验，必要时还可能做竣工后检验。

(3) 总价合同。

总价合同并不是 EPC 模式独有的，但是，与其他模式条件下的总价合同相比，EPC 合同更接近于固定总价合同(若法律变化仍允许调整合同价格)。通常，在国际工程承包中，固定总价合同仅用于规模小、工期短的工程。而在 EPC 模式所适用的工程一般规模均较大、工期较长，且具有相当的技术复杂性。因此，在这类工程上采用接近固定的总价合同，业主允许承包商因费用变化而调价的情况是不多见的。

3. EPC 模式的适用条件

由于 EPC 模式具有上述特征，因而应用这种模式需具有以下条件：

(1) 由于承包商承担了工程建设的大部分风险，因此，在招标阶段，业主应给予投标人充分的资料和时间，以使投标人能够仔细审核"业主的要求"，从而详细地了解该文件规定的工程目的、范围、设计标准和其他技术要求，在此基础上进行工程前期的规划设计、风险分析和评价及估价等工作，向业主提交一份技术先进可靠、价格和工期合理的标书。

另一方面，从工程本身的情况来看，所包含的地下隐蔽工程不能太多，承包商在投标前无法进行勘察的工作区域也不能太大；否则，承包商就无法判定具体的工程量，增加了承包商的风险，只能在报价中以估计的方法增加适当的风险费，难以保证报价的准确性和合理性，最终可能造成损害业主或者自身利益。

(2) 虽然业主或者业主代表有权监督承包商的工作，但不能过分地干预承包商的工作，也不要审批大多数的施工图纸。既然合同规定由承包商负责全部设计，并承担全部责任，只要其设计和所完成的工程符合"合同中预期的工程目的"，就应认为承包商履行了合同中的义务。这样有利于简化管理工作程序，保证工作按预定的时间建成。而从质量控制的角度考虑，应突出对承包商过去业绩的审查，尤其是在其他采用 EPC 模式的工程上的业绩，并注重对承包商投标书中技术文件的审查以及质量保证体系审查。

(3) 由于采用固定总价合同，因而工程的支付款应由业主直接按照合同规定支付，而不像其他模式那样先由工程师审查工程量和承包商的结算报告，再决定和签发支付证书。在合同中可以规定每次支付的具体数额或者每次支付款占合同价的百分比。

如果业主在招标时不满足上述条件或者不愿意接受其中某一条件，则该建设工程不能采用 EPC 模式和 EPC 标准合同文件。

7.3.3　Partnering 模式

1. Partnering 模式概述

Partnering 模式于 20 世纪 80 年代中期首先在美国出现，1984 年，壳牌(Shell)石油公司与 SIP 工程公司签订了被美国建筑业协会(CII)认可的第一个真正的 Partnering 协议。1988 年，美国陆军工程公司(ACE)开始采用 Partnering 模式并应用得非常成功；1992 年，美国陆军工程公司规定在其所有新的建设工程上都采用 Partnering 模式，从而大大促进了 Partnering 模式的发展。到 20 世纪 90 年代中后期，Partnering 模式的应用已逐渐扩大到英国、澳大利亚、新加坡等国家和中国香港地区，越来越受到建筑工程界的重视。

关于 Partnering 的翻译，我国大陆有学者将其翻译为伙伴关系，台湾学者则将其翻译为合作管理，但现在在我国学术界和工程界尚未得到普遍认可。不仅对于 Partnering 的中文翻译相当困难，而且对 Partnering 模式的定义也相当困难，即使在 Partnering 模式的发源地美国，至今对 Partnering 模式也没有统一的定义。根据美国建筑业协会(CII)、美国陆军工程公司(ACE)、美国国民经济发展办公室(NE-DO)、美国土木工程师协会(ASCE)等结构的定义，其中以在英美有较大影响力的美国建筑业协会(CII)对 Partnering 的定义最具代表性。CII 认为，Partnering 是指两个或两个以上的组织之间的一种相互承诺关系，目的在于充分利用各方资源获取特定的商业利益。工程项目不可避免地要同外部组织发生经济联系，当这种经济联系强化到项目参与方都认为他方是达到自身重要目标的最佳选择，并协同致力于实现附加价值时，利益相关者之间就不再是简单的、短期的交易关系，而是成为能持续发展的合作关系。Partnering 正是这种合作关系。

2. Partnering 协议

Partnering 协议一般由项目参与各方共同签署的文件。由于业主在建设工程中处于主导和核心地位，所以通常是由业主提出采用 Partnering 模式的建议，业主可能在建设工程策划阶段或者设计阶段开始前就提出采用 Partnering 模式，但可能到施工阶段开始前才签订 Partnering 协议。Partnering 协议与一般的合同协议不同。一般合同是由业主方提出合同文本，合同文本可以采用示范文本，也可以自行或委托咨询公司起草，然后经过谈判签订。而 Partnering 协议没有确定的起草方，必须经过参与各方的充分讨论后确定协议的内容，经参与各方一致同意后共同签署。Partnering 协议的参与者一般随着项目的实施，成员不断增加，如最初 Partnering 协议的签署方可能不包括材料设备供应单位。

由于 Partnering 模式出现的时间还不太长，应用的范围比较有限，因此到目前为止尚无统一的 Partnering 协议格式和标准，其具体内容往往根据建设工程和参与者的不同有所差异。但是 Partnering 协议一般都是围绕着建设工程的投资、工期、质量三大目标以及工程安全管理、合同管理、信息管理、公共关系等问题做出相应的规定。

3. Partnering 模式的特征

Partnering 模式的特征主要表现在以下几个方面。

(1) 自愿原则。

Partnering 模式的组建是依靠各成员自愿加入，而非强制，它是各成员为了同项目总体和长期利益的最大化而组建的，这能够使各个成员的资源得到充分利用，最大限度地发挥效益，同时能够以一种诚心解决问题、处理问题的心态合作，最大限度消除各成员间的摩擦和争端，降低系统成本。

但在有些案例中，招标文件中写明该工程将采用 Partnering 模式，这时施工单位的参与就可能是出于非自愿。

(2) 高层管理的参与。

Partnering 模式的实施需要突破传统的观念和组织界限，因而建设工程参与各方高层管理者参与以及在高层管理者之间达成共识，对这种模式的顺利实施是非常重要的。由于这种模式要由参与各方共同组成工作小组，要分担风险、共享资源，甚至是公司的重要信息资源，因此高层管理者的认同、支持、决策是关键因素。

(3) Partnering 协议不是法律意义上的合同。

Partnering 协议是约束各成员的章程，不具有法律效力，出于各成员的协商和大家都认可并自愿遵守的准则。在工程合同签订后，建设工程参与各方经过讨论协商后才会签署 Partnering 协议。该协议并不改变参与各方在有关合同规定范围内的权利和义务关系，参与各方对有关合同规定的内容仍然要切实履行。Partnering 协议主要确定了参与各方在建设工程上的共同目标、任务分工和行为规范，是工作小组的纲领性文件。Partnering 协议的内容也不是一成不变的，当有新的参与者加入时，或某些参与者对协议的某些内容有意见时，都可以召开会议讨论对协议内容进行修改。

(4) 信息的开放性。

Partnering 模式强调资源共享，信息作为一种重要的资源必须公开，同时，参与各方要保持及时、经常和开诚布公的沟通，在相互信任的基础上，要保证工程的设计资源、投资、进度、质量等信息能被参与各方及时、方便地获取。这不仅保证建设工程目标得到有效控制，而且能减少许多重复性的工作，降低成本。

4. Partnering 模式与其他模式的比较

为了简明起见，将 Partnering 模式与建设工程组织管理的其他模式的对比(见表 7.1)。

表 7.1　Partnering 模式与其他模式对比表

类　别	传统模式	Partnering 模式
目标	项目要素的量度和评定标准弹性差异大，承包商偏好追求成本、工期等硬指标的实现，而质量、风险等软指标对业主的影响也甚大，造成目标差异。如业主压价，承包商过于追求低成本等	将建设工程参与各方的目标融为一个整体，在实现甚至超越业主预定目标的同时，充分考虑项目其他方利益，着眼于不断提高和改进。建立绩效评价、激励机制，使项目各方在共同目标前提下有正确处理项目要素关系的积极性
信任	信任建立在完成建设工程能力的基础上，因而每个建设工程均需组织招标(包括资格预审)	信任建立在共同的目标上，不隐瞒任何事实以及相互承诺的基础上，长期合作可以采用议标的形式
沟通	业主、设计师、承包商、工程师对项目信息的掌握是不对称的，沟通不充分，使各方工作导向产生偏离，在项目实施过程中发生相互违背的行为	建立伙伴沟通机制，信息对相关各方透明公开，借助一体化信息系统，信息传递及时、准确
冲突	随着工程进行会不断出现新情况，引起工作范围、设计、资源安排、工程量、进度等方面的变化，造成项目参与各方的讨价还价发生利益冲突。可能因争议多、数额大，导致诉讼或仲裁	由于项目参与各方希望保持长远关系，在解决问题过程中彼此合作的可能大大增加。通过项目状态评价和冲突处理机制进行协调控制，预见和避免潜在问题，及时化解冲突，防止积重难返。争议和索赔少，甚至完全避免
合同	传统的具有法律效力的合同	在具有强约束力的传统合同基础上加上具有软约束力的 Partnering 协议
期限	合同规定的期限	既可以在一个建设工程上开展合作，也可以在多个建设工程上长期合作
收益	根据建设工程完成情况的好坏，施工单位有时可能得到一定的奖金(如提前工期奖、优质工程奖)或再接到新的工程	认为建设工程产生的结果很自然地已被彼此共享，各自都实现了自身的价值；有时可能就建设工程实施过程中产生的额外收益进行分配或再接到新的工程

5. Partnering 模式的适用范围

Partnering 模式不能够单独使用，必须和其他项目管理模式结合使用，互相补充，互相促进，较为常见的情况是与总分包模式、项目总承包模式、CM 模式结合使用。从 Partnering 模式的实践情况来看，并不存在适用范围的限制，但是，Partnering 模式的特点决定了它适用于以下几种类型的建设工程。

(1) 业主长期有投资活动的建设工程。

比较典型的有代表政府进行基础设施建设投资的业主建设工程、大型房地产开发项目、商业连锁建设工程等。由于长期有连续的建设工程作保证，业主与施工单位等工程参与各方的长期合作就有了基础，有利于增加业主与建设工程参与各方之间的了解和信任，从而可以签订长期的 Partnering 协议，在项目实施过程中不断学习改进，取得比在单个建设工程上应用 Partnering 模式更好的效果。

(2) 复杂的不确定性因素较多的建设工程。

如果建设工程的组成、技术、参与单位复杂，尤其是技术复杂，施工的不确定性因素多，在采用一般模式时，往往会产生较多的合同争议和索赔，容易导致业主和施工单位产生对立情绪，相互之间的关系紧张，影响整个建设工程目标的实现，其结果可能是两败俱伤。在这类建设工程上采用 Partnering 模式，可以充分发挥其优点，能协调参与各方之间的关系，有效避免和减少合同争议，避免仲裁或诉讼，较好地解决索赔问题，从而更好地实现建设工程参与各方共同的目标。

(3) 国际金融组织贷款的建设工程。

按贷款机构的要求，这类建设工程一般应采用国际公开招标(或称国际竞争性招标)，常常有外国承包商参与，合同争议和索赔经常发生而且数额较大。另外，一些国际著名的承包商往往有 Partnering 模式的实践经验，至少对这种模式有所了解。因此，在这类建设工程上采用 Partnering 模式容易被外国承包商所接受并较为顺利地运作，从而可以有效地防范和处理合同争议和索赔，避免仲裁或诉讼，较好地控制建设工程的目标。当然，在这类建设工程上，一般是针对特定的建设工程签订 Partnering 协议而不是签订长期的 Partnering 协议。

(4) 不宜采用公开招标或邀请招标的建设工程。

例如，军事工程、涉及国家安全或机密的工程、工期特别紧迫的工程等。在这些建设工程上，相对而言，投资一般不是主要目标，业主与施工单位较易形成共同的目标和良好的合作关系。而且，虽然没有连续的建设工程，但良好的合作关系可以保持下去，在今后新的建设工程上仍然可以再度合作。这表明，即使对于短期内一个确定的建设工程，也可以签订具有长期效力的协议 (包括在新的建设工程上套用原来的 Partnering 协议)。

7.4 项目管理模式典型案例分析

7.4.1 案例 1

案例背景

成都自来水六厂 B 厂

1) 项目概况

1996 年年初，成都市政府向国家计委申请采用 BOT 模式建设成都自来水六厂 B 厂。

1997 年 1 月，国家计委正式批准该项目作为我国第一个城市供水 BOT 正式试点项目。成都市政府随即委托了招标代理人，正式开始了对外招标工作。

1997 年 4 月，成都市政府在《人民日报》和《中国日报》发布了成都六厂 B 项目资格预审通告，该项目公开招标工作拉开帷幕，经过近 1 年多的招标工作，成都市政府于 1998 年 7 月 12 日向法国威望迪和日本丸红株式会社联合体颁发了中标通知书。随后他们起草项目的特许权协议，国家计委于 1999 年 2 月 12 日正式批复了特许权协议。1999 年 6 月对外贸易经济部批准了项目公司的章程，完成项目公司的注册成立工作。1999 年 7 月 12 日项目公司与承包商签订设备供应和项目施工合同，1999 年 8 月 11 日，成都市政府与项目公司在北京正式签署了特许权协议，并于 8 月 20 日项目达成融资交割，这意味着成都市自来水六厂 B 厂 BOT 模式正式生效并启动。

成都自来水六厂 B 厂位于四川省成都市。设计最大供水能力为每日 46 万吨，正常日供水为 40 万吨，总投资为 1.065 亿美元，全部来自国外。该项目的全部投资都是通过项目融资方式筹措，其中总投资的 30%即 0.318 亿美元为股东投资，两个发起人按照 60∶40 的比例向项目公司出资，具体比例为法国威望迪占 60%，日本丸红株式会社占 40%，出资额作为项目公司的注册资本；其余的 70%通过有限追索的项目融资方式筹措。项目融资贷款由亚洲开发银行和欧洲投资银行等 5 家联合承贷，法国里昂信贷银行为境外代理银行，项目特许期为 18 年，其中建设期 2.5 年，运营期 15.5 年。水厂建成后由项目公司负责运营，特许期满后，项目公司将水厂设施所有权无偿移交给成都市人民政府或由其指定的成都市自来水公司。

项目于 1999 年 8 月动工，2002 年 2 月成功向城市管网供水，标志着我国第一个正式采用 BOT 模式建设的城市供水基础设施项目获得成功，该厂应在 2017 年 8 月向成都市自来水厂移交。

2) 项目的组织结构

该项目的实施，涉及众多角色：项目发起人、贷款银行、保险公司、建设承包商、设备原材料供应商、运营公司、产品购买者和各种顾问等，每个角色与项目公司之间的关系都是一种双向关系。

案例问题

简述成都自来水六厂 B 厂采用 BOT 模式的优势。

案例分析

BOT 项目管理模式的主要优势有：缓和政府的财政压力、减少政府风险、提高项目的运作效益、给项目所在国带来先进的技术和经验管理。

参考答案

成都市自来水六厂 B 厂自 1997 年 1 月国家计委正式批准进行 BOT 模式试点至 1999 年 8 月成都市政府和项目公司正式签署特许权协议并开工建设，仅 2 年 7 个月时间，在这么短的时间内完成一个总投资 1.065 亿美元项目的招投标及项目融资工作，这在国内同类项目中非常罕见。

特许协议是 BOT 投资方式赖以运行的基础，协议是一系列合同文件签订的基石。例如，B 项目特许权协议中关于风险分担的原则：风险与回报相适应的原则，由投资人根据项目的风险程度确定相应的回报；风险由最具控制力的一方承担的原则，若一方不能独立承担，则由双方共同承担；成本原则，风险由管理和控制该风险成本最低的一方承担。根据协议中这一原则，项目参与方合理承担项目风险，将工程风险损失降至最低。

项目建设后，由法国通用水务、日本丸红、成都市自来水厂共同组建运营公司，在项目运营期间，成都自来水厂学习国外先进管理经验，提高自身管理水平，为协议到期后的接收管理提前做好准备(见图 7.8)。

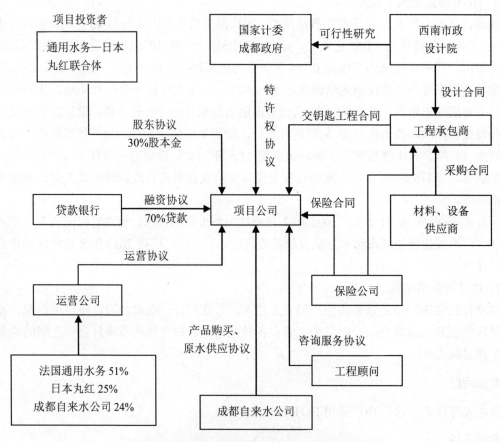

图 7.8 成都自来水厂 B 厂 BOT 项目组织结构

7.4.2 案例 2

案例背景

地铁将军澳延长线路 604 项目

地铁将军澳延长线路包括 13 个建筑合同、4 个建筑服务合同和 17 个 E&M 合同。604

项目是地铁将军澳延长线路的一个合同段。项目业主是香港地铁公司(MTRC)，属于政府控股的上市公司。该项目合同额为 4.37 亿港币，授予一家日本建筑公司 Kumagai Gumi Ltd(KG) 建设实施，项目于 1999 年年底开工，2001 年 11 月竣工。

香港地铁公司拥有自己的项目部，该项目部人员具有丰富的项目管理经验，且一直认为有效的项目管理需要咨询人员、承包商、业主之间的相互合作。1998 年地铁将军澳延长线路开始建设，该项目部人员意识到需要创造一个合作项目环境以便达到公司期望的高质量。基于以上考虑，项目部组建了工作小组研究 Partnering 模式。工作小组重点研究 Partnering 带来的效益和如何将 Partnering 模式引入到工程项目中。通过几个月的研究和实地考察，工作小组得出结论：Partnering 模式提高了资金效益，明确了工程进度，改善了沟通，提高了合作，增强了解决问题的能力。这表明了采用 Partnering 的潜在利益。工作小组向项目部建议：Partnering 不一定适合所有的工程项目，引入 Partnering 应逐步有序进行；首先应建立 Partnering 关系，然后考虑经济效益。604 合同签订之后，MTRC 立即采用 Partnering 模式。

1) Partnering 实施

为了成功实施 Partnering，香港地铁公司发展了一系列实施方法。

(1) 举办管理层 Partnering 研讨会。由专家为香港地铁公司管理层讲解 Partnering 模式概念、实施方法和潜在效益等，取得高层管理者对 Partnering 的支持，为 Partnering 实施提供了资源保障。

(2) 举办 Partnering 讨论会。项目主要参与方派人组成 Partnering 工作小组，举办第一次讨论会。为了有效举办 Partnering 讨论会，香港地铁公司聘请中立第三方协调和组织。项目主要参与方通过讨论明确了项目的共同目标和实施方法，形成了 Partnering 协议。Partnering 协议中共同目标包括：建立合作工作关系，按时完工，提高质量，减少浪费和有效解决争端。在项目进行过程中不定期举行 Partnering 讨论会，使得 Partnering 概念不断被强化。

(3) 举办 Partnering 评价会。每月举办一次 Partnering 评价会，由 MTRC 和 KG 轮流主持，用来评价 Partnering 模式实施状况。在评价会前，项目业主和承包商的相关人员完成 Partnering 模式实施状况的评价表。Partnering 模式实施状况通过 13 项指标完成情况反映：信任、真诚、沟通、合作、工作满意度、工期、质量、安全、成本、资源、减少浪费、第三方的需求以及解决争议的办法。评价表由各方的 Partnering 负责人汇总。在评价会议上讨论每一项评价指标，指出变化的原因，并提出相应的措施。Partnering 评价会促进 Partnering 实施水平不断提高。根据对 Partnering 实施状况的统计，Partnering 实施水平总趋势是上升的。同时 Partnering 评价会鼓励了项目各方积极参与和公开交流，提高了参与者间的承诺，有助于消除传统方式的层级结构。

(4) 集体活动。由 Partnering 主持人负责，在项目实施中组织一系列集体活动如足球赛、篮球赛等，以促进项目人员的个人关系，提高团队合作精神，创造积极的合作交流环境。

(5) Partnering 通信。香港地铁公司编写了一份名为《双赢》的 Partnering 通信。Partnering 通信月刊免费派送给 MTRC 的员工、承包商及咨询人员。该通信报道 Partnering 模式的成功案例、Partnering 模式经验、集体活动，及其项目最新动态等，提高了员工对 Partnering

的认识。该通信也说明了 MTRC 对 Partnering 的承诺，提高员工对 Partnering 模式的信心。

(6) 激励协议。在几个月深入讨论的基础上，MTRC 和承包商签订了一份激励协议，该协议作为补充协议生效。这份协议明确了可预见风险在 MTRC 和 KG 之间的分配以及其他风险由双方共担，并规定了共担风险的目标成本(目标成本的超支或节余由双方等额分担)，以及盈利/损失的分担公式。该协议使各项风险具体化、明确化，减少责任的不明确性。分享目标成本的节余激励 KG，因此，价值管理被引入以减少成本，从而实现了 MTRC 和 KG 的双赢。

除了以上提到的实施方法，MTRC 还采用关键绩效指标(Key PerformanceIndicators)和合同报告。KPI 和合同报告对合同履行情况进行定量分析。

2) Partnering 效益

(1) 促成了项目提前竣工，使得建设成本大大低于预算。在沟通方面，更多采用了非正式的沟通，创造了融洽的气氛，提高了工作效率。根据对 604 合同的统计，书面信函的总趋势是下降的，除了几次因建设强度引起的增加。

(2) MTRC 和 KG 签订激励协议后，该协议对项目实施产生了积极的影响：承包商提出的索赔数目从平均每月 4 项减到平均每月 1 项；索赔批准率从 94%提高到 98%；处理索赔的时间从每项平均 170 天减到每项平均 40 天。

案例问题

简述本项目采用 Partnering 模式成功的关键。

案例分析

该项目成功的关键是项目参与方自愿参与，相互信任，同时项目参与各方保持及时、经常和开诚布公的沟通，在相互信任的基础上，保证工程的设计资源、投资、进度、质量等信息能被参与各方及时、方便地获取。这保证建设工程目标得到有效控制，同时减少许多重复性的工作，降低成本。

参考答案

本项目采用非合同化方式引入 Partnering 模式，遵循一般实施程序。项目业主发展了一系列措施：举办管理层 Partnering 研讨会，取得了高层管理者的支持，实现了承诺；举办 Partnering 讨论会形成 Partnering 协议，明确了共同目标和实施方法；举办 Partnering 评价会增强了沟通，提高信息的开放性；举办集体活动，提高相互信任；发行 Partnering 通信，项目参与方及时、准确了解项目最新动态，提高了员工对 Partnering 模式的信心等。这些措施保证了 Partnering 核心理念的实现，其中最值得借鉴的是签署激励协议，实施盈亏共担激励机制，从而实现项目参与方的多赢。

本 章 练 习

一、单项选择题

1. Partnering 协议的起草方是(　　)。
   A. 业主　　　　　　　　B. 咨询单位
   C. 承包商　　　　　　　D. 不确定

2. 下列关于 Partnering 协议的表述中，正确的是(　　)。□
   A. Partnering 协议是法律意义上的合同
   B. Partnering 协议均由业主方负责起草
   C. Partnering 模式一经提出就要签订 Partnering 协议□
   D. Partnering 的参与者未必一次性全部到位

3. 新加坡的资格监理师相当于中国的(　　)。
   A. 总监理工程师　　　　B. 专业监理工程师
   C. 监理员　　　　　　　D. 安全员

4. 我们一般所说的 BOT 指的是(　　)。
   A. BT　　　　　　　　　B. BOO
   C. BOOT　　　　　　　 D. BOOST

5. "一个有经验的承包商不可预见且无法合理防范的自然力的作用"的风险,在(　　)模式中也由承包商承担。
   A. CM　　　　　　　　　B. BOT 模式
   C. Partnering　　　　　　D. EPC

二、多项选择题

1. EPC 模式的基本特征不包括(　　)。
   A. 承包商处于项目核心地位　　B. 业主承担大部分风险
   C. 总价合同　　　　D. 单价合同　　　　E. 业主易于管理项目

2. 下列关于 Partnering 模式的表述中，正确的是(　　)。
   A. Partnering 协议等同于一般意义上的合同
   B. 采用 Partnering 模式需要高层管理的参与
   C. 一般是业主提出 Partnering 模式的建议
   D. Partnering 协议通常由承包商起草
   E. Partnering 特别适用于不采用公开招标和邀请招标的建设工程

3. 下列论述正确的有(　　)。
   A. BOO 项目的所有权在期满后须交还给政府
   B. BOOT 项目的所有权在期满后不再交还给政府

  C. 采取 BOO 方式，从项目建成到移交给政府这一段时间一般比采用 BOOT 方式
短一些

  D. BOO 即建设、拥有、经营

  E. BOO 与 BOOT 属于 BOT 基本模式的变化与发展模式

4. 下列关于非代理型 CM 模式的表述中，正确的是( )。

  A. CM 单位对设计单位有指令权

  B. 业主可能与少数施工单位和材料、设备供应单位签订合同

  C. CM 单位在设计阶段就参与工程实施

  D. 业主与 CM 单位签订咨询服务合同

  E. GMP 的具体数额是 CM 合同谈判中的焦点和难点

5. 下列关于代理型 CM 模式的表述中，正确的有( )。

  A. GMP 数额的谈判是 CM 合同谈判的焦点和难点

  B. CM 单位对设计单位没有指令权

  C. 业主与少数施工单位和材料、设备供应单位签订合同

  D. CM 单位是业主的咨询单位

  E. 代理型 CM 模式的管理效果没有非代理型 CM 模式的管理效果好

参 考 文 献

[1] 建设工程监理规范(GB/T 50319—2013). 北京：中国建筑工业出版社，2013

[2] 中国建设监理协会. 建设工程监理概论(第三版). 北京：知识产权出版社，2013

[3] 马楠. 建设工程法规实务. 北京：清华大学出版社，2012

[4] 张向东. 工程建设监理概论. 北京：高等教育出版社，2005

[5] 徐锡权. 建设工程监理概论. 北京：北京大学出版社，2008

[6] 杨峰俊，等. 工程建设监理概论(第2版). 北京：人民交通出版社，2007

[7] 孙锡衡，等. 全国监理工程师执业资格考试案例题解析. 天津：天津大学出版社，2013

参考文献

[1]
[2]
[3]
[4]
[5]
[6]
[7]